龙芯中科简介

通用处理器是信息产业的基础部件，是电子设备的核心器件。通用处理器是关系到国家命运的战略产业之一，其发展直接关系到国家技术创新能力，关系到网络安全，是国家的核心利益所在。

"龙芯"是我国最早研制的高性能通用处理器系列，于 2001 年在中科院计算所开始研发，得到了中科院、863 计划、973 计划、核高基等大力支持，完成了十年的核心技术积累。2010 年，中国科学院和北京市政府共同牵头出资，龙芯中科技术有限公司（简称"龙芯中科"）正式成立，开始市场化运作，旨在将龙芯处理器的研发成果产业化。

龙芯中科面向国家信息化建设的需求，面向国际信息技术前沿，以创新发展为主题，以产业发展为主线，以体系建设为目标，坚持自主创新，掌握计算机软硬件的核心技术，为网络安全战略需求提供自主、安全、可靠的处理器，为信息产业及工业信息化的创新发展提供高性能、低成本、低功耗的处理器。

龙芯中科致力于龙芯系列 CPU 设计、生产、销售和服务。主要产品包括面向行业应用的"龙芯 1 号"小 CPU，面向工控和终端类应用的"龙芯 2 号"中 CPU，以及面向桌面与服务器类应用的"龙芯 3 号"大 CPU。目前，龙芯面向网络安全、办公与信息化、工控及物联网等领域与合作伙伴展开广泛的市场合作，并在政府、能源、金融、交通、教育、装备等行业领域取得了广泛应用。

龙芯中科坚持"为人民做龙芯"的核心理念，坚持实事求是的思想方法，坚持自力更生艰苦奋斗的工作作风，掌握高性能通用 CPU 的核心设计能力，具备完全自主知识产权。龙芯中科拥有高新技术企业、软件企业、国家规划布局内集成电路设计企业、高性能 CPU 北京工程实验室以及相关安全资质。目前，与龙芯开展合作的厂商达到上千家，下游开发人员达到数万人，基于龙芯 CPU 的自主信息产业体系正在逐步形成。

龙芯历程 ➡

2001

2001 年 5 月
在中科院计算所知识创新工程的支持下，龙芯课题组正式成立

2001 年 8 月
龙芯 1 号设计与验证系统成功启动 Linux 操作系统

2002

2002 年 8 月
我国首款通用 CPU 龙芯 1 号（代号 X1A50）流片成功

2003

2003 年 10 月
我国首款 64 位通用 CPU 龙芯 2B（代号 MZD110）流片成功

2004

2004 年 9 月
龙芯 2C（代号 DXP100）流片成功

2006

2006 年 3 月
我国首款主频超过 1GHz 的通用 CPU 龙芯 2E（代号 CZ70）流片成功

2007

2007 年 7 月
龙芯 2F（代号 PLA80）流片成功，龙芯 2F 为龙芯第一款产品芯片

2009

2009 年 9 月
我国首款四核 CPU 龙芯 3A（代号 PRC60）流片成功

2010

2010 年 4 月
由中国科学院和北京市共同牵头出资入股，成立龙芯中科技术有限公司，龙芯正式从研发走向产业化

2012

2012 年 10 月
八核 32 纳米龙芯 3B1500 流片成功

2013

2013 年 12 月
龙芯中科技术有限公司迁入位于海淀区中关村环保科技示范园的龙芯产业园内

2015

2015 年 8 月
龙芯新一代高性能处理器架构 GS464E 发布

2015 年 11 月
第二代高性能处理器产品龙芯 3A2000/3B2000 实现量产并推广应用

2017

2017 年 4 月
龙芯最新处理器产品龙芯 3A3000/3B3000 实现量产并推广应用

2017 年 10 月
龙芯 7A1000 桥片流片成功

2019

2019 年
办公信息化应用全面展开，第三代处理器产品 3A4000/3B4000 成功推出

LOONGSON 龙芯

龙芯CPU产品 →

	Big CPU 桌面/服务器类	**Middle CPU** 终端/工控类	**Small CPU** 专用类

2016年之前

Big CPU:

65nm,1GHz
4 GS464 core
16GFLOPS

LS3A1000

32nm,1.2GHz
8 GS464v core
150GFLOPS

LS3B1500

40nm,1GHz
(800MHz)
4 GS464E core

LS3A2000/3B2000
(LS3A1500-I)

Middle CPU:

90nm,800MHz
GS464 core

LS2F0800

65nm,1GHz
GS464 core
SoC & NB/SB

LS2H1000

65nm,800MHz
GS464 core

LS2I0800

Small CPU:

LS1A0300

LS1B0200

LS1C0300

LS1D MCU

2016

28nm, 1.5GHz
4 GS464E core

LS3A3000/3B3000

LS1H MCU

2017

40nm,
3A配套桥片

LS7A1000

40nm,1GHz
2 GS264 core

LS2K1000

2018

LS1C101

2019

28nm, 2GHz
4 GS464V core
LS3A4000/3B4000

LS1A0500

2020

28nm,
3A配套桥片
LS7A2000

12nm,2.5GHz
4/16 GS464V core
LS3A5000/3C5000

28nm,2GHz
2 GS264 core
LS2K2000

1D6
Application specific
embedded SoCs

LOONGSON 龙芯

教育推广计划 ➡

■ **龙芯高校计划：以培养计算机的系统能力为目标，教大学生如何造计算机而不是简单用计算机**

▶ 龙芯高校开源计划 2.0
  提升开源 CPU IP 核的易用度
  开源 IP 核开发指导
  丰富开源 CPU IP 核的系列化
  开源 IP 核持续升级
  拓展开源 CPU IP 核的应用面

▶ 龙芯嵌入式大学计划
  嵌入式系统能力的培养是一个承前启后的过程。一方面，嵌入式系统强调对于应用场景需求的理解和抽象，可以启发学生对科研与实际应用落地结合的思考；另一方面，嵌入式系统注重开发者对于底层原理的掌握与应用，有利于激发学生对原理性内容的深度探究。

▶ 科研、产品开发合作、龙芯联合实验室
▶ 技术培训、论坛、合作课程、实验手册、教学改革
▶ 龙芯—教育部产学合作协同育人项目

"龙芯杯"全国大学生计算机系统能力培养大赛

全国大学生嵌入式芯片与系统设计竞赛

■ **配套实验平台**

CPU 设计与体系结构教学实验平台

龙芯派项目开发实验箱

龙芯口袋实验室

龙芯 1B 嵌入式开发学习套件

龙芯工控安全攻防实训环境

■ **龙芯普教计划：基于龙芯处理器，开展了广泛的中小学信息化教育应用**

▷ 基于龙芯的教育电脑
▷ 基于龙芯的电子白板
▷ 龙芯版极域电子教室软件
▷ 龙芯版教学软件
▷ 省信息技术课教材（龙芯版）
▷ 龙芯 Steam 创客套件及教材
▷ 龙芯 Steam 教育实施方案
▷ 龙芯科技创新人才培养教育计划

国家出版基金项目
NATIONAL PUBLICATION FOUNDATION

龙芯中科
LOONGSON TECHNOLOGY
中国自主产权
芯片技术与应用丛书

"十三五"
国家重点出版物出版规划项目

用"芯"探核

龙芯派开发实战

胡伟武 杜安利 乔崇 叶骐宁 等／著

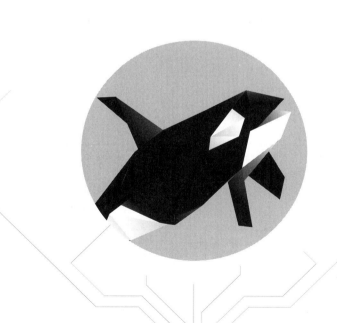

人民邮电出版社
北京

图书在版编目（CIP）数据

用"芯"探核 ：龙芯派开发实战 / 胡伟武等著. --
北京 ：人民邮电出版社，2020.12
（中国自主产权芯片技术与应用丛书）
ISBN 978-7-115-54520-6

Ⅰ . ①用… Ⅱ . ①胡… Ⅲ . ①微处理器－系统设计－
高等学校－教材 Ⅳ . ①TP332.2

中国版本图书馆CIP数据核字(2020)第133114号

内 容 提 要

　　这是一本介绍如何快速熟悉、掌握龙芯派开发方法的专著。本书基于龙芯派二代开发板，首先由浅入深地介绍了龙芯派二代的架构、龙芯派的启动和开发配置、Linux 基本操作与常用工具等内容，帮助读者快速上手龙芯派的实际操作；然后通过 Qt 编程、智能家居、无人机编队系统、数字采集系统、个人路由器、网络加速、图像识别、语音关键词检索等多个项目，手把手地教给读者龙芯派的开发方法，并提供了项目代码供读者一步步学习。

　　本书适合工业控制、网络通信等领域的开发者，计算机相关专业的大学生，以及 Linux 爱好者阅读。

　◆ 著　　　　胡伟武　杜安利　乔　崇　叶骐宁　等
　　　责任编辑　俞　彬
　　　责任印制　王　郁　马振武

　◆ 人民邮电出版社出版发行　　北京市丰台区成寿寺路 11 号
　　　邮编　100164　电子邮件　315@ptpress.com.cn
　　　网址　https://www.ptpress.com.cn
　　　大厂回族自治县聚鑫印刷有限责任公司印刷

　◆ 开本：787×1092　1/16　　　　　彩插：2
　　　印张：22.5　　　　　　　　　　2020 年 12 月第 1 版
　　　字数：524 千字　　　　　　　　2020 年 12 月河北第 1 次印刷

　　　　　　　　　　定价：69.00 元
　　读者服务热线：(010)81055410　印装质量热线：(010)81055316
　　　　　　　　　反盗版热线：(010)81055315
　　　广告经营许可证：京东市监广登字 20170147 号

《用"芯"探核：龙芯派开发实战》作者名单

章节	作者	作者单位
第 01 章	杜安利　叶骐宁	龙芯中科技术有限公司
第 02 章	杨嘉勋	—
第 03 章	张磊	—
第 04 章	张磊	—
第 05 章	张岩　叶骐宁	龙芯中科技术有限公司
第 06 章	陈华宾　王鑫　丁代宏	厦门大学
第 07 章	林和志　章绍晨　石青州　王志川	厦门大学
第 08 章	任旭东　高飞　付江　甘振旺　张桐　张争	北京神州慧安科技有限公司
第 09 章	黄邦浪	深圳市路由心生科技有限公司
第 10 章	乔崇　孙丞廉	龙芯中科技术有限公司
第 11 章	赵俊超　兰辉艳	成都信息工程大学
第 12 章	张鹏远　刘作桢	中国科学院声学研究所

中国自主产权芯片技术与应用丛书

编委会

总主编

胡伟武　　　龙芯中科技术有限公司董事长

张　戈　　　龙芯中科技术有限公司副总裁

靳国杰　　　龙芯中科技术有限公司总裁助理

编　委

杜安利　郭同彬　叶骐宁　陈华才

编辑工作委员会

主　任

张立科

副主任

俞　彬　刘　琦

委　员

宋吉文　马　嘉　刘　涛　赵祥妮　赵　轩　张天怡

赵　一　李天骄　毕　颖　陈万寿　杨海玲　陈冀康

序言

龙芯处理器从无到有，从基本可用到越来越好用，已经有 20 个年头。这 20 年来，龙芯团队的伙伴们挥洒汗水，走过弯路，经历过坎坷，好在都坚持下来了，成就了生命中最美好的年华。

多年来，我一直想写一些与国产 CPU 嵌入式开发相关的文章和教程，然而由于种种原因，未能成稿。近年来我们欣喜地看到，国产软硬件不断发展，越来越多的开发者开始涉足国产软硬件开发。但是，任何事物的发展都有漫长的过程，开发资料的匮乏是广大国产软硬件开发者遇到的普遍问题。

此次，本书的出版有赖于张鹏远、陈华宾、林和志、张友平、杨嘉勋等老师和朋友的支持，他们不仅选用龙芯派开发产品，还为本书提供了大量的实操案例。本书内容包含了内核开发、驱动移植、Qt 编程、网络加速、无人机、工业控制、人工智能等时下热门的应用，也符合有志于国产化软硬件开发的初学者的学习曲线。如"第 08 章 基于 libmodbus 开发数字采集系统"详细介绍了在龙芯派上开发基于 libmodbus 的用于工业控制的应用的方法，再如"第 11 章 使用 OpenCV+Qt 实现图像识别"介绍了在龙芯派上开发人工智能应用的方法。

龙芯派采用龙芯第二代嵌入式处理器——龙芯 2K1000，这款处理器主要用于高端嵌入式领域。双核 1GHz 的性能和丰富的 I/O 接口赋予了基于龙芯 2K1000 上的应用无尽的开发可能，同时我们开放了包括内核、Bootloader、操作系统在内的所有源码，因此开发者可以自由地选择学习路径。我们希望用开放的态度，为广大关注国产软硬件发展的开发者提供一个优质的开发平台，不仅方便所有人了解国产 CPU 的进步，也让开发者能够快速熟悉、上手国产软硬件开发平台，在上面开发自己的软硬件设备，为我国的国产化事业做出贡献。

未来的路还很长，龙芯将砥砺前行。谨以此书献给关心、支持以及有志于从事国产软硬件产品开发的同仁们！

胡伟武，龙芯中科技术有限公司董事长

2020 年 12 月于北京

前 言

为什么龙芯适合国产软硬件开发入门

如果你对计算机软硬件感兴趣，将不难发现近几年国产软硬件的厂商不断推陈出新，国产软硬件也在向着好用的目标不断迈进。那么，在众多国产硬件平台中，为什么推荐选择龙芯入门国产软硬件开发呢？

● 龙芯处理器有丰富的产品线和广阔的应用空间。

龙芯拥有从微控制单元（MCU）到片上最小系统（SoC）再到 CPU 的完整产品线，覆盖了前端采集、边缘计算转发、终端计算的完整生态链路，由广泛的行业应用带来更大的应用空间，图 0.1 展示了使用龙芯处理器的部分应用。对于开发者来说，在龙芯派上学习到的开发方法，同样适用于龙芯的高性能平台（龙芯3A3000 和 3A4000 处理器），对于龙芯 1 号的 MCU 平台学习也有启发之处。目前，龙芯处理器已经应用在办公计算机、工业服务器、网络设备、工业控制、能源、交通等多个领域，国产软硬件生态体系的崛起已经形成趋势。

图 0.1　使用龙芯处理器的部分应用

● 龙芯能够满足学习者对计算机领域不断深入探索的需求。

从"用 CPU"到"造 CPU"的完整流程，从指令集扩展到微处理器结构，从内核、Bootloader 到操作系统，龙芯团队都坚持自己编写代码，掌握 CPU 设计和应用的核心技术。同时，龙芯秉持着开放的态度，建立软硬件生态，向高校开源了在行业中广泛应用的 GS132 和 GS232 指令，并开源了 PMON、内核以及操作系统源码。图 0.2 所示是龙芯社区开源项目源码库，龙芯实现了自主与自由相得益彰。

图 0.2　龙芯社区开源项目源码库

● 在龙芯平台上开发可获得成就感。

国产处理器和国外同类产品的竞争已经从性能转移到了生态。国产处理器在应用参考、开发资料方面的相对空白，为国产软硬件的开发者提供了更大的舞台，使用龙芯派作为开发平台的应用也在全国大学生嵌入式芯片与系统设计竞赛暨全国大学生智能互联创新大赛中多次斩获全国奖项。

如何使用这本书

不得不说，拿到这本书的读者是幸运的。本书涵盖了 Linux 内核开发、云管端系统搭建、Qt 编程、图像识别等时下热门的项目，并提供了项目代码供读者一步步学习在龙芯平台进行应用开发的方法。

拿到龙芯派和这本书后，建议读者先粗略看一遍目录，选取自己感兴趣的项目，按照书中的步骤指引操作实现。一些章节还提供了实战开发内容，有余力的读者也可以按照实战开发中的方向自行探究。

本书资源

本书提供了以下资源。

● 项目源码。

● 第 11 章的编译文件，文件名分别为 opencv_contrib.tar 和 OPENCV-build.zip。

● 龙芯派的官方合作厂家。

读者可添加本书 QQ 群（群号：778927990），获取本书的相关资源及信息。

杜安利　乔崇

2020 年 12 月

第 01 章　初识龙芯派

第 02 章　启动龙芯派

CONTENTS
目　录

第 03 章　使用龙芯派

第 04 章　龙芯派的软件开发

第 05 章　基于 Qt 开发拼图游戏的设计与实现

CONTENTS
目　录

第06章 使用传感器搭建智能家居原型

第07章 基于室内定位技术的无人机编队系统

第 08 章 基于 libmodbus 开发数字采集系统

第 09 章 使用 OpenWrt 搭建个人路由器

CONTENTS

目　录

第 10 章　使用 DPDK 进行网络加速

第 11 章　使用 OpenCV+ Qt 实现图像识别

第 12 章　语音关键词检索

CONTENTS
目　录

第 **01** 章

初识龙芯派

本章将带领读者从龙芯派二代的主板出发，了解龙芯派二代的接口外设，以及在龙芯派上进行软硬件开发之前，读者还需要了解的背景知识。

1.1 主板简介

龙芯派二代相较于第一代产品，其接口更丰富、存储模式更合理，更加适合开发者学习使用。因此，本书的内容都是围绕龙芯派二代（以下简称龙芯派）进行构建的。图 1.1 是龙芯派开发板的外观。

龙芯2K1000处理器

图 1.1　龙芯派开发板外观

龙芯派是一块 12cm×12cm 的方形主板，在它的中间有一颗方形的芯片，这就是龙芯2K1000 处理器。作为片上最小系统（SoC），龙芯 2K1000 处理器将为龙芯派的图像处理、通用运算、I/O 处理提供强劲的支撑。图 1.2 展示了龙芯派的接口。

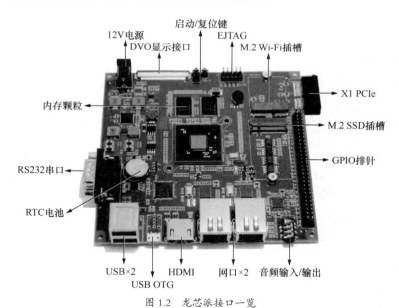

图 1.2　龙芯派接口一览

龙芯派的左侧是 1 路 RS232 串口，它对于嵌入式设备的调试非常重要。

龙芯派的下方从左到右依次是 2 路 USB 2.0 接口、1 路 USB OTG 接口、1 路 HDMI、2 路千兆网口和 1 个音频输入 / 输出接口，覆盖了使用龙芯派的显示、数据传输、网络通信等接口功能。

龙芯派的右侧是 GPIO 排针接口，在嵌入式开发中，很多外设的信号都是通过 GPIO 通信实现的，这对于嵌入式开发非常重要。GPIO 排针上方是 1 路 X1 PCIE 接口，利用该接口，龙芯派可以实现多样化的高速外设扩展，比如网卡、加密卡、FPGA 加速卡都可以使用这个接口，让龙芯派的功能变得更强大。PCIE 接口的左侧分别是 M.2 Wi-Fi 插槽和 2242 规格的 M.2 SSD（固态硬盘）插槽，M.2 Wi-Fi 插槽可以接入无线网卡为龙芯派配置无线网络，龙芯派运行的内核以及文件系统都会被安装在固态硬盘中，固态硬盘已经预装好了 Loongnix 系统。

龙芯派的上方是电源接口和 DVO 显示接口，DVO 显示接口可以连接 LCD 液晶屏。DVO 显示接口右侧是 EJTAG 调试接口，配合龙芯的 EJTAG 调试器可以完成 gdb 调试和断点调试。

1.2　背景知识

龙芯派作为一个卡片型的开发板，可以实现个人计算机上的很多功能，但是和我们日常使用的电子设备有些许不同。在进入龙芯派应用开发前，我们应该了解一些关于龙芯的基础知识。同时，我们也应该了解龙芯处理器是从何而来，为什么要从龙芯入门国产软硬件的开发。

1.2.1　LoongISA、ARM 和 X86

ARM 和 X86 对于我们来说并不陌生。现在大部分智能手机里的中央处理器（CPU），如高通的骁龙系列、华为的麒麟系列、展讯的虎贲系列，都是基于 ARM 指令集进行设计的。而我们的个人计算机内的 CPU，如 Intel 的酷睿系列和 AMD 的锐龙系列，则是基于 X86 指令集设计的。

龙芯处理器和上文提及的芯片不仅在工艺上不一样，使用的指令集架构也有很大区别。龙芯处理器使用的是由龙芯团队自主设计的 LoongISA 指令集，可以兼容 MIPS 指令集。

LoongISA 指令集基于 MIPS 指令集做了很多扩展。龙芯的高性能处理器 3A4000 采用的 LoongISA 2.0 指令集架构，已经和现在的 MIPS 指令集走出了完全不同的一条路。

尽管 LoongISA 指令集和 ARM、X86 乃至于 MIPS 指令集都有所不同，但是龙芯完成了 Linux 以及系统层级之上的基础件、中间件等工作，所以开发者在使用龙芯处理器时，相较于基于 ARM、X86 指令集的处理器其实没有本质的区别。因此，自主指令集架构并不意味着是封闭系统，由于龙芯在软件上坚持开源和开放，开发者能够自由地进行软硬件开发，安全可控与自由开源在龙芯处理器上交相辉映。

1.2.2　龙芯处理器的起源和发展

龙芯处理器起源于中科院计算所的龙芯课题组。在龙芯课题组夙兴夜寐的奋战下（见图 1.3），龙芯 1 号处理器在 2001 年完成设计，2002 年流片成功，是首个由中国人自主设计的高性能 CPU。在研发之初，按照中国"贱名好养活"的习俗，龙芯 1 号处理器的小名叫"狗剩"，英文名叫"Godson"。

图 1.3　龙芯课题组成员把办公室当卧室，在艰苦条件中研制龙芯

截至目前，从"狗剩"出发，龙芯已经研发量产了几十款 CPU，覆盖了高性能计算、终端和边缘计算、数据采集等从高到低的算力要求，如图 1.4 所示。龙芯派上搭载的龙芯 2K1000 处理器正是龙芯在高端嵌入式领域推出的高性能处理器。

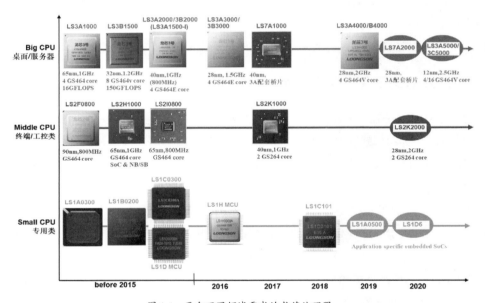

图 1.4　面向不同领域需求的龙芯处理器

在很多领域，如电视机、马路上的红绿灯、智能门锁、充电桩等都有龙芯的身影。龙芯处理器作为硬件本体安全的强力支撑，为普罗大众的生活默默提供保障。

第 **02** 章

启动龙芯派

【目标任务】

了解龙芯派从启动到连接外设到安装系统的内容，包括龙芯平台的硬件构成、系统架构等知识，为后续的开发做好铺垫。

2.1 第一次上电启动

刚拿到龙芯派，面对一块接口繁多的电路板，你可能感觉无从下手。本节将从如何开机，到如何连接并使用各种外设，指导你玩转龙芯派。

2.1.1 上电检查与开机

此刻，面对龙芯派，你的心情应该是万分激动的吧。不过，请先别急。首先，我们需要检查一下电路板本身，以避免贸然上电带来不必要的损坏。请仔细检查电路板的两面有无明显的变形，电子元器件有无脱落，插针之间是否短路。

如果一切都没有问题，那么就可以准备第一次开机启动了。首先，让我们连接上 12V-DC 电源，本次开机，我们将只连接 RS232 串口作为基础的输入输出接口。在开机之前，请先参照下一小节对串口上位机进行配置。然后，你就可以按下电源按钮，等待电路板上的蜂鸣器发出"滴"的一声，龙芯派就成功开机了。

2.1.2 串口通信获知主板状态

上一小节，我们提到了"RS232 串口"是本次启动时唯一的输入输出接口。那么串口到底是什么呢？在现代个人计算机出现之前的电传打字机时代，串口就曾被用于连接大型中央计算机与电传终端，用于传输按键输入与纸或屏幕上的字符输出。后来，伴随着个人计算机的普及，串口也被用于连接当时的鼠标、键盘等外设，直到被大家所熟知的 USB 取代。由于串口协议简单、可靠性高，许多嵌入式设备（包括龙芯派）仍把它作为交互与调试手段。在龙芯派上，其应用原理仍然没有偏离电传打字机时代的设计，即作为"电传打字机"的个人计算机（上位机）向作为"中央计算机"的龙芯派（下位机）发送输入输出请求，如图 2.1 所示。

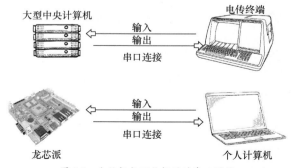

图 2.1 上位机与下位机通过串口通信

由于现在的个人计算机上很难见到串口，所以需要使用 USB-RS233 母头转接器对龙芯派进行调试，如图 2.2 所示。转接器的一端连接上位机的 USB 接口，另一端连接龙芯派的 RS232 公头。

在作为上位机的 Linux 操作系统下，主流转接线所使用的 CH340/FT232/PL2303 芯片均有良好的驱动支持。接下来，让我们插上 USB 端，一起来配置上位机吧。

图 2.2　USB-RS233 母头转接器

Linux 下的串口工具已经不止 Minicom 一个，还包括图形界面的 cutecom、PuTTY，命令行界面的 picocom 等。下面列举了几种常用的串口工作的通信方法，读者可以根据自己的需求选择合适的工具。

（一）使用 PuTTY 进行串口通信

首先，在 Linux 上位机上安装一个叫作 PuTTY 的开源软件，它可以直接从发行版的软件仓库中获取，在使用 apt 作为包管理器的发行版中使用 `sudo apt get install putty` 命令进行安装。

然后，通过 `sudo putty` 命令启动 PuTTY。如果你不想以 root 权限启动，那么需要将当前用户加入"uucp"或"dialout"组（视发行版而异）以获得串口访问权限。

打开 PuTTY，在图形界面中配置串口参数。首先，将"Connection Type"设置为"Serial"，即串口。然后，将"Serial line"改为"/dev/ttyUSB0"（注意大小写）。如果上位机只插了一个转换器，那么"Serial line"恒为"/dev/ttyUSB0"，否则编号可能有变化，你可以配合内核的 dmesg 输出来获知编号，并且将"Speed"改为"115200"。此处的 Speed 指串口作为输入输出接口的比特率，如果出错可能导致接下来出现乱码等问题; 115200 这个数据是比较通用的比特率，被配置在龙芯派的固件中不可修改。配置完成后如图 2.3 所示。

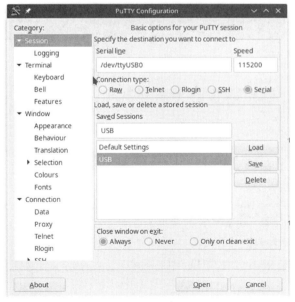

图 2.3　配置串口

接下来，我们就可以单击右下角的【Open】按钮，打开控制台，迎接你的将是一个全黑的输入窗口，就像曾经的电传打字机终端一样，如图 2.4 所示。

图 2.4 串口控制台

在我们按下龙芯派的启动 / 复位键后，不出意外，窗口中就会开始输出大量字符。你是不是每一个字都看得懂，但是不明白它们在一起是什么意思？这很正常。让我们来梳理一下在龙芯派上Linux 启动的几个环节。

在你按下开机键的一瞬间，CPU 复位后，便从龙芯派上的 SPI Flash 中开始取指运行。而SPI Flash 主要存放 PMON 的代码。PMON 是一个 Bootloader，承担了龙芯平台下类似于 PC机的 BIOS 功能。PMON 用于初始化 CPU 的时钟、内存及其他部件，同时提供一些基础启动服务，并且从存储介质中加载下一步需要运行的操作系统内核，如图 2.5 所示。了解每个步骤的状态以及用途，可以帮助你诊断可能发生的问题，也可以帮助你认识龙芯处理器的软件架构。

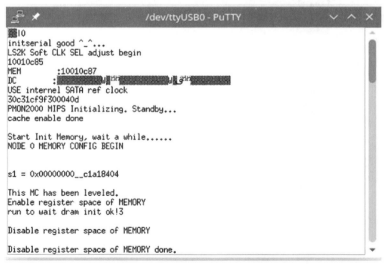

图 2.5 串口开始打印

启动的时候，首先你会看到类似图 2.6 所示的输出，这是 PMON 在配置 CPU 的时钟、TLB

等部件。如果能有如下输出，就证明 CPU 本身基本正常。

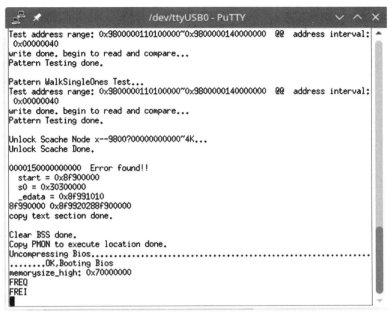

图 2.6　串口输出

　　然后，PMON 会初始化内存，对内存进行测试，并且将自己拷贝进内存，执行结果如图 2.7 所示。内存不稳定是在龙芯平台上比较常见的问题，如果卡死在这里，就代表硬件或基础的供电存在问题。

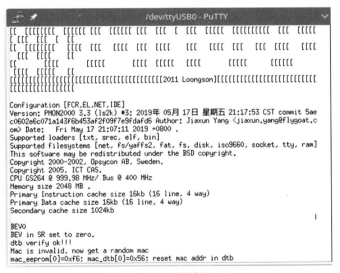

图 2.7　PMON 内存初始化

　　然后，PMON 会继续初始化 PCI 等设备，执行结果如图 2.8 所示，创建各种结构给内核传参并且加载内核。不过本次启动，就让我们连续按键盘的【C】键以中断加载内核的过程，进入 PMON 的命令行，然后在命令行中输入 halt 关机。如果错过了这次机会，强行断开电源也是安全的。

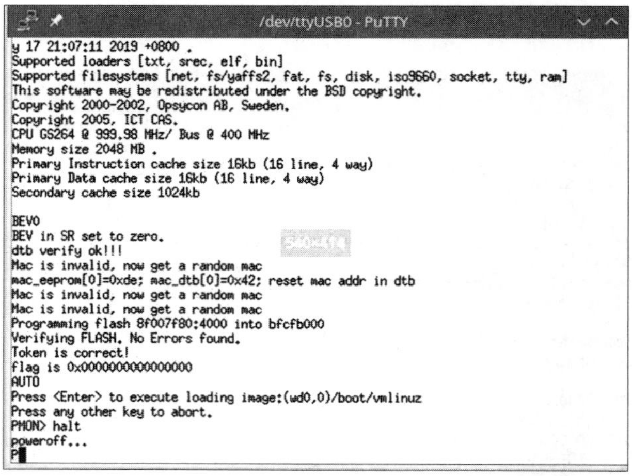

图 2.8　初始化设备

（二）使用 Minicom 进行串口通信

无论在应用还是软件开发过程中，我们都会经常用到串口，比如调试交换机和路由器、查看嵌入式设备的输出等。前文已经介绍过 PuTTY，而 Minicom 就是一款命令行模式的串口通信软件，有点像 Windows 下的超级终端，但是功能更加强大。使用 Minicom 操作串口设备（如 /dev/ttyUSB0）需要 root 权限，所以在执行 Minicom 时需要加上 sudo。

Minicom 最基础的功能就是通过串口查看设备的输出和给设备发送命令，首先在 Linux 上位机中安装 Minicom，在龙芯派上也可以使用 Minicom，但是我们一般都是在 PC 上通过串口调试开发板时才会用，通常不会直接在开发板上使用它。

在 Linux 上位机的终端执行下面的命令安装 Minicom。

● 在 Fedora 系统的上位机执行以下命令。

```
sudo yum install minicom
```

● 在 Ubuntu/Debian 系统的上位机执行以下命令。

```
sudo apt-get install minicom
```

然后使用 Minicom 打开串口，注意在 Linux 中操作硬件外设需要 root 权限。

```
sudo minicom -D /dev/ttyS3


Welcome to minicom 2.7.1


OPTIONS: I18n

Compiled on May  3 2018, 15:20:11.

Port /dev/tty8, 20:52:54


Press CTRL-A Z for help on special keys
```

按住【Ctrl+A】组合键，松开后再按住【Z】键，会打开 Minicom 主界面，如图 2.9 所示。

```
+-----------------------------------------------------------+
|                    Minicom Command Summary                |
|                                                           |
|            Commands can be called by CTRL-A <key>         |
|                                                           |
|             Main Functions              Other Functions   |
|                                                           |
| Dialing directory..D  run script (Go)....G | Clear Screen.......C |
| Send files........S   Receive files.....R | cOnfigure Minicom..O |
| comm Parameters...P   Add linefeed......A | Suspend minicom....J |
| Capture on/off....L   Hangup............H | eXit and reset.....X |
| send break........F   initialize Modem...M | Quit with no reset.Q |
| Terminal settings..T  run Kermit........K | Cursor key mode....I |
| lineWrap on/off...W   local Echo on/off..E | Help screen........Z |
| Paste file........Y   Timestamp toggle...N | scroll Back........B |
| Add Carriage Ret...U                       |                      |
|                                                           |
|         Select function or press Enter for none.█         |
+-----------------------------------------------------------+
CTRL-A Z for help | 115200 8N1 | NOR | Minicom 2.7.1 | VT102 | Offline | tty8
```

图 2.9　Minicom 主界面

按住【P】键进入串口参数设置界面，串口的波特率默认为 115200，如图 2.10 所示。

```
+---------[Comm Parameters]----------+
|                                    |
|       Current: 115200 8N1          |
| Speed            Parity      Data  |
| A: <next>        L: None     S: 5  |
| B: <prev>        M: Even     T: 6  |
| C:    9600       N: Odd      U: 7  |
| D:   38400       O: Mark     V: 8  |
| E: 115200        P: Space          |
|                                    |
| Stopbits                           |
| W: 1             Q: 8-N-1          |
| X: 2             R: 7-E-1          |
|                                    |
|                                    |
| Choice, or <Enter> to exit? █      |
+------------------------------------+
CTRL-A Z for help | 115200 8N1 | NOR | Minicom 2.7.1 | VT102 | Offline | tty8
```

图 2.10　设置串口波特率

在 Command Summary 页面，按住【S】键可以进入上传 / 下载文件界面，上传文件界面如图 2.11 所示。

根据需要可以选择列表中的任意一种，同时在串口另一端需要使用相同的协议进行通信。比如，选择 zmodem 进行上传文件时，会提示我们选择要传输的文件，然后确认并开始传输，如图 2.12 所示。

图 2.11　上传文件界面

```
+------------------[Select one or more files for upload]------------------+
|Directory: /home/zhang                                                   |
| .gitconfig                                                              |
| .profile                                                               |
| .python_history                                                        |
| .shell.pre-oh-my-zsh                                                   |
| .sudo_as_admin_successful                                              |
| .viminfo                                                                |
| .vimrc                                                                  |
| .wget-hsts                                                              |
| .zcompdump                                                              |
| .zcompdump-DESKTOP-NK9U9TH-5.4.2                                        |
| .zcompdump-DESKTOP-NK9U9TH-5.5.1                                        |
| .zprofile                                                               |
| .zsh_history                                                            |
| .zshrc                                                                  |
|█.zshrc.swp                                                              |
|            ( Escape to exit, Space to tag )                             |
+-------------------------------------------------------------------------+

        [Goto]  [Prev]  [Show]    [Tag]  [Untag]  [Okay]

CTRL-A Z for help | 115200 8N1 | NOR | Minicom 2.7.1 | VT102 | Offline | tty8
```

图 2.12　传输界面

最后，使用结束，按住【Ctrl+A+Q】组合键退出串口工具。

2.2　连接显示器

显示模块是嵌入式设备中很重要的外设。大量的人机交互操作都要通过显示模块实现，由于应用场景的多样性，我们在嵌入式应用场景中接触的显示模块要比日常生活中的个人计算机显示器更为繁杂。

2.2.1　关于显示器的基础知识

谈到显示，就不得不说一下显示的本质了。显示设备采用的技术多种多样，但其目的万变不离其宗，即把一个个不同颜色的像素点以光学的形式展现出来。而显示输出侧的设备功能也一样简单，将内存中以一定颜色格式存储的一个个像素点数据组成的"帧"转换成电信号的形式传送给显示器。

这里，让我们聚焦显示输出侧，也就是龙芯派所扮演的角色。作为输出侧，有几个参数起决定性作用，这也就是所谓的"显示模式"。首先，要确定每一帧的格式，即确定每个像素点的大小和像素点的排布。而每个像素点的格式就决定了像素点的大小，常见的格式有 RGB888、YUV422 等，具体可以参见"FourCC"标准；分辨率则决定了像素点排布，硬件总是从左到右一行一行地扫描内存并转换为电信号，并且在适当的时候发出"同步"信号让显示器获知新的行/帧的起点。接下来，要让显示动起来，刷新率则起至关重要的作用。刷新率决定了硬件以什么样的速度做信号转换，即每秒送出多少帧。这必须与硬件严格匹配，如果超出硬件的能力范围，就会出现显示错乱的情况。

那么这些参数是如何被设定的呢？Linux 系统使用一种叫作 KMS（Kernel Mode Setting）的机制，其主要原理就是比对输出端支持的显示模式与显示器端支持的显示模式，从而决定两边都支持的最佳质量的显示模式，然后设置硬件使其按照这种模式输出。其中，输出端支持的显示模式列表由驱动程序提供，而显示器端所支持的显示模式列表在大部分情况下通过解码一种名为"EDID"的数据提供。EDID的全称是"Extended Display Identification Data"，其主体是存储在显示设备 EEPROM 中的一段二进制，一般通过 I²C 协议读取。这段二进制包含了对显示器厂商型号等信息的描述，以及显示器支持的显示模式和时序信息。而在一些没有 EDID 的场合，则需要手动提供这张列表给内核。

2.2.2 连接显示器

龙芯 2K1000 处理器一共有两路显示控制器，均为 RGB 输出，其中第一路直接以 FPC 排线的形式引出，第二路则通过 Sii9022 桥转接为 HDMI，可以连接大多 HDMI 显示器。

如果连接一般的 HDMI 显示器，你只需要将 HDMI 线连接在龙芯派上即可。由于软件原因，龙芯派的 HDMI 没有良好的热插拔支持，所以请在上电之前就插好显示器。如果显示不居中，可以按一下显示器上的自动调整按钮。如果分辨率不合适，则证明内核并没有通过 EDID 识别显示器，你需要参照 2.2.3 节的方法手动进行调整。

如果连接的是 RGB 显示器，对于龙芯派已适配的显示器，只需在断电状态下轻轻掀起 FPC 插槽上的黑色卡片，将 FPC 排线接口的金手指向下插入到底，然后再按紧卡片即可。开机后即可看到显示输出。

2.2.3 修改显示模式

上一小节提到显示器的分辨率在很多情况下由探测 EDID 决定，然而有时外置屏幕的 RGB 接口并不包含 EDID 相关引脚，这时候就需要进系统之后进行手动修改。

首先，我们需要确认修改的是 DRM 的哪个 Connector 设备，直接输入 `xrandr` 命令就可以展示出所有的 Connector 设备。一般情况下，VGA-1 指的是板载 RGB 接口，VGA-2 指的是 HDMI 输出。如果因为输出参数过于"离谱"导致无法显示，则可能需要通过串口之类的方式调试。

> ⚡ **注意：**
> 龙芯派的出厂内核并不适用本节内容，请更新到 release-1903 之后使用 DRM 驱动的版本。

随后，我们需要通过 `cvt` 命令生成屏幕在对应分辨率下的参数，下面以 1280×1024 分辨率为例手动修改显示参数。

在龙芯派的终端输入 `cvt 1280 1024` 命令，会得到类似于如下内容的输出。

```
# 1280×1024 59.89 Hz (CVT 1.31M4) hsync: 63.67 kHz; pclk: 109.00 MHz
  Modeline "1280×1024_60.00"  109.00  1280 1368 1496 1712  1024 1027 1034 1063 -hsync +vsync
```

然后，通过 `--newmode` 参数新建一种 xrandr 模式，输入上面所得到的查询结果，省略 Modeline 关键词。

```
 xrandr --newmode "1280×1024_60.00"  109.00  1280 1368 1496 1712  1024 1027 1034 1063
-hsync +vsync
```

新建 xrandr 模式后，我们需要把该模式添加到当前的输出设备（假定为 VGA-1）。由于一些参数已经事先设置好，只需输入模式名称即可，即 1280×1024_60.00。

```
xrandr --addmode VGA-1 1280×1024_60.00
```

最后，把 VGA-1 的分辨率指定为刚刚添加的新模式。

```
xrandr --output VGA-1 --mode 1280×1024_60.00
```

> **⚡ 注意：**
>
> 这样做出的修改仅仅在当前会话有效，所以需要每次启动都输入一次 newmode、addmode 和 output 相关的命令。如果希望每次启动之后都被设定为正确的分辨率，则可能需要将这些命令加入 ~/.xprofile 或其他启动时运行的脚本中。

当然，如果你需要在启动的时候就得到正确的显示，也可以在内核中对代码进行修改，这种方法是一劳永逸的。具体来说，获得目前最新的内核代码，找到 drivers/gpu/drm/loongson/loongson_connector.c，其中有 loongson_vga_detect() 和 loongson_vga_get_modes() 两个函数。第一个用于检测插槽上有无显示器存在，第二个用于判断显示器的模式，可以直接覆盖这两个函数以满足你的需求。

这里提供一种范例修改方法，这种方法达到的目的是 VGA-1 路（也就是龙芯派的 RGB 屏接口）输出 1920×1080 信号，而 VGA-2（HDMI 接口）不输出显示信号，具体实现代码如下。

```
1.   if (drm_connector_index(connector) == 0) /* Connector 0 connected with DVO-0 or VGA-1 */
2.           return connector_status_connected;
3.
4.           return connector_status_disconnected;
5.
6.   }
7.
8.   static int loongson_vga_get_modes(struct drm_connector *connector)
9.   {
10.
11.  int ret = 0;
12.  if (drm_connector_index(connector) == 0) {
13.      ret = drm_add_modes_noedid(connector, 1920, 1080);
14.      drm_set_preferred_mode(connector, 1920, 1080);
15.  }
16.      return ret;
17.  }
```

需要设置其他分辨率时可以依样画葫芦修改代码中的第 13 行和第 14 行。之后请按照第 03 章的方法对内核配置编译，并替换当前系统的内核。

2.3 连接网络

嵌入式系统很重要的部分在于互联，通过网络与上位机或者下位机连接，实现数据的传输。连接方式可以分为有线连接和无线连接两种。

2.3.1 连接有线网络

龙芯派提供了两个标准的 RJ45 千兆全双工有线网络接口（网口），全部由龙芯 2K 的 Synopsys Desgnware GMAC 控制器经由 PHY 转接得来。并且，PHY 可自适应 TI-586A/B 两种线序，也就是说可以用直通线连接任意的 RJ45 网络设备。因此，龙芯派的这两种网络接口有多种用法，既可以作为传统意义上的"路由器"连接下游设备，也可以作为普通计算机的网络接口用于连接互联网。

关于如何配置一般情况下的网络连接，请参见 2.3.3 节。这里主要讲解如何让龙芯派作为路由器连接下游设备。

首先，我们需要安装必要的软件，在龙芯派的终端内输入以下命令安装依赖。

```
yum install NetworkManager-tui dnsmasq
```

接下来，使用串口连接龙芯派，或在系统内新建一个终端，输入 nmtui，会出现一个伪 GUI 窗口，如图 2.13 所示。这是 Networkmanager 的配置器，可以使用上下左右键选择，通过按回车键（【Enter】键）确认。选择【编辑连接】选项，并按回车键确认。

图 2.13　Networkmanager 的配置器

选定右边的【添加】选项并按回车键。选定【以太网】为连接类型，并选择【创建】选项然后按回车键确认，如图 2.14 所示。

创建以太网连接后需要进行信息编辑，这里主要填入的是【设备】和【IPv4 配置】，如图 2.15 所示。设备代表我们需要使用的网卡，可以用 ip addr 命令取得设备名，一般是以 enp 开头的一串字符。其次我们需要注意的是 IPv4 配置，需要将模式改为【共享】，并填入地址和网关参数（均指向你希望的本机 IP），并且选定【需要 IPv4 地址来完成这个连接】选项，如图 2.16 所示。

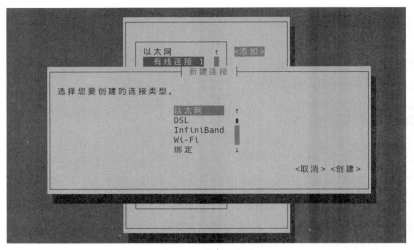

图 2.14　创建以太网

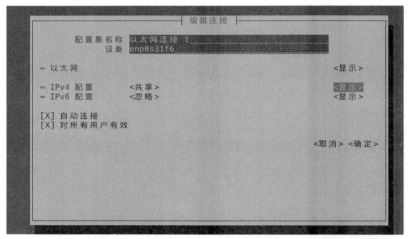

图 2.15　配置信息

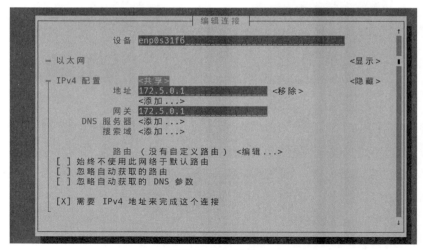

图 2.16　IPv4 配置

最后选定确认，按【Esc】键回到初始界面，进入【启用连接】页面，选择之前创建的连接，并单击【激活】选项，如图 2.17 所示。

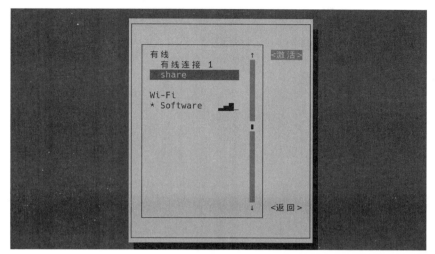

图 2.17 激活连接

这样，所有连接上对应网卡的设备都可以通过 DHCP 获取到自己的 IP 地址。如果你想要自己配置连接设备的 IP 地址，只需要确保配置的地址与龙芯派上配置的网关地址在同一网段内即可。龙芯派可以和这些设备实现互联互通，这样极大地便利了网络摄像头等设备的直连使用。

2.3.2 连接无线网络

无线网络同样可以使用 nmtui 工具进行连接。龙芯派提供了一个 M.2 Key-E 接口，可供连接无线网络模块，如图 2.18 所示。

无线网络模块接口

图 2.18 无线网络模块接口

在安装受支持的模块并连接天线之后，可以轻易地连接无线网络，甚至可以作为热点供其他设备使用。这里，我们已验证的无线网络模块有高通的 NFA435/QCA9377 模块。

在安装无线网络模块之后，在终端输入 `nmtui-connect` 命令，就会展示出所有可用的 Wi-Fi 连接，如图 2.19 所示。

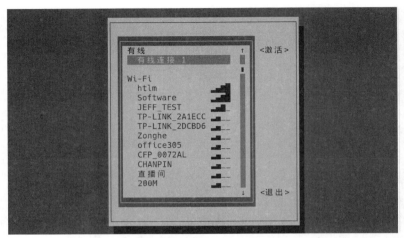

图 2.19　所有可用的 Wi-Fi 连接

选择你想要连接的网络，如果有密码的话会提示输入，然后按回车键确定连接，如图 2.20 所示。接下来会提示正在连接，不出意外的话马上就能连接成功，可以通过 `ip addr` 命令查看有无 IP 地址输出验证。

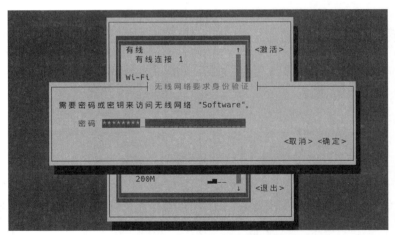

图 2.20　连接无线网络

2.3.3　修改网络参数

有时候，我们需要以固定 IP 或者其他形式连接网络，也可以使用 nmtui 工具对现有的网络连接进行修改。在 nmtui 首页选定你想编辑的连接，选择【编辑】选项，如图 2.21 所示。然后在弹出的【编辑连接】页面，即可对选定的连接的 IP 地址等参数做出修改，如图 2.22 所示。

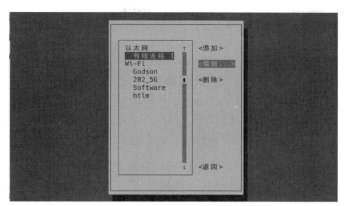

图 2.21 选择需要编辑的连接

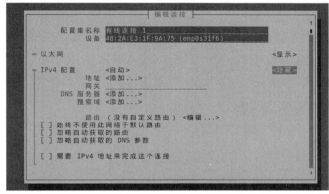

图 2.22 编辑连接

2.3.4 网络应用：SSH 远程控制

SSH 是 Linux 平台下比较通用的远程控制应用，可以连接到远端机器并作命令行控制，类似于通过网络透传的串口。SSH 的安装配置方法如下。

首先，在龙芯派的终端安装软件包，输入以下命令。

```
yum install openssh-server -y
```

然后，通过 nano 等工具编辑 /etc/ssh/sshd_config，应用以下选项。

```
1.    Port=22    # 设置 SSH 的端口号是 22
2.    Protocol 2 # 启用 SSH 版本 2 协议
3.    ListenAddress 0.0.0.0    # 设置服务监听的地址
4.    PermitRootLogin   yes    # 禁止 root 用户登录
5.    PermitEmptyPasswords no    # 用户登录需要密码认证
6.    PasswordAuthentication  yes  # 启用口令认证方式
```

最后，在龙芯派的终端输入以下命令通过启用并设置服务为开机启动，就可以在同网段的机器下使用 ssh username@xxx.xxx.xxx.xxx 的形式连接。

```
Systemctl enable sshd
Systemctl start sshd
```

2.3.5　网络应用：Samba 文件共享

Samba 是在 Linux 和 UNIX 系统上实现 SMB 协议的一个开源软件，由服务器及客户端程序构成。SMB 是一种在局域网上共享文件和打印机的通信协议，它为局域网内的不同计算机提供共享文件及打印机等资源的服务。SMB 协议是客户机 / 服务器型协议，客户机通过该协议可以访问服务器上的共享文件系统、打印机及其他资源。

Samba 既可以用于 Linux 与 Windows 系统之间的文件共享和打印机共享，也可以用于 Linux 与 Linux 之间的资源共享。

Samba 由两个主要程序组成，分别是 smbd 和 nmbd。这两个守护进程在服务器启动到停止期间持续运行，功能各异。smbd 和 nmbd 使用的全部配置信息都保存在 smb.conf 文件中。smb.conf 向 smbd、nmbd 两个守护进程说明输出什么以便共享，共享输出给谁及如何进行输出等。

那么让我们来看看如何安装和配置 Samba。

首先，在终端输入以下命令安装软件包。

```
yum install samba samba-client
```

接下来，修改配置文件以设置共享权限与目录。

```
/etc/samba/smb.conf
```

```
1.   [global]
2.         workgroup = MYGROUP
3.         server string = Samba Server Version %v
4.         log file = /var/log/samba/log.%m
5.         max log size = 50
6.         security = user
7.         map to guest = Bad User
8.         load printers = yes
9.         cups options = raw
10.  [share]
11.        comment = share
12.        path = /home/samba # 共享目录
13.         directory mask = 0777 # 目录权限
14.        create mask = 0777 # 创建的新文件权限
15.        browseable = yes
16.        guest ok=yes
17.        writable=yes
```

然后，创建共享目录并赋予权限，具体代码如下。

```
mkdir /home/samba
chmod -R 777 /home/samba
chown nobody:nobody /home/samba
```

最后，启动并应用服务，具体代码如下。

```
systemctl start smb
systemctl enable smb
```

配置完成后，可以在 Windows 环境下使用 \\xxx.xxx.xx.xx\share 命令或者在 Linux 环境下使用 smb:\\xxx.xxx.xx.xx\share 命令访问。

2.4　安装系统

2.4.1　平台基础知识

首先，让我们来了解一些关于龙芯平台上系统的基础知识。我们都知道龙芯平台有一个基础程序叫作 PMON，起到类似于 X86 的 BIOS 的作用，即初始化硬件并引导内核。

那么引导内核的过程又是怎样完成的呢？ PMON 会从当前选定的启动盘的第一个分区读取 boot.cfg 配置文件，该文件主要是描述了三大关键信息，包括启动项的名字、内核 ELF 文件的位置和 initrd 的位置。我们都知道内核是 Linux 最原始、最基础的组件。而 ELF 则描述了二进制文件格式。initrd 又是什么呢？ 原来，因为 Linux 内核的 ELF 文件并不一定包含设备需要的所有驱动，ELF 内的模块会始终存在内存中无法被踢出，如果将大多数设备的驱动都放置在 ELF 内的话，会导致 ELF 过于庞大，在启动之后占用过多的内存。同时，由于复杂度的限制，PMON 也无法像内核那样高速自由地读写文件系统，由 PMON 加载的部分的体积也应该尽量地缩小。

因此有许多驱动以内核模组（Kernel Modules）的形式存在于内核外部。内核模组可以相对自由地被加载 / 卸载，udev 等机制可以很好地在检测到设备存在之后载入对应模块，避免资源浪费。但是内核模组需要一个相对完整的 RootFS 根文件系统才能被载入。RootFS 包含维持 Linux 运行的必要用户态程序。鉴于现代计算机的存储体系非常复杂，我们也无法将所有读写硬盘需要的驱动都放置在内核中，而有一些复杂的存储系统，比如，RAID 既要进行读写还要进行软件配置，因此在早期启动阶段急需一个可以完成这些任务的 RootFS。initrd 应运而生，它包含一个微缩的 RootFS，由 Bootloader 在启动时将其一并载入内存，内核将其作为一个 RamDisk（内存文件系统）。由 RamDisk 完成对存储设备及其他必要组件的进一步初始化，而后进行 Switch Root 将 RootFS 切换到最终的目标文件系统，而后 initrd 会从内核中释放，这段内存将再次成为可用空间。

而 PMON 对文件系统的支持比较有限，因此启动过程中需要由 PMON 读写的部分文件格式被限制为 Fat16/32、Ext2/3 和早期版本的 Ext4。内核则在文件系统上有很大的自由度，支持数十种文件系统，因此最终的 RootFS 选择自由度很大。我们一般选择 Ext4，同样可以选择有更好的性能、更强大的功能的 BtrFS/xfs，也可以选择针对可能被随时断电的只读环境设计的 SquashFS 等。

2.4.2 安装 Loongnix

Loongnix 是龙芯公司针对龙芯平台定制的操作系统，基于 Fedora 21，包含大量对龙芯平台的优化。在高度定制的背景下，安装系统的流程并不复杂，自动化的安装器会替你做好大部分的事情，只需要少量的手工干预。

首先，我们需要从龙芯官方渠道下载最新的 Loongnix 安装盘，并准备一个 2GB 以上的安装 U 盘，确保设备上的 PMON 已经更新到最新版本。在上位机中使用 dd 命令将安装盘写入 U 盘。

```
dd if=xxx.iso of=/dev/sdY # xxx 代表安装盘 iso 镜像文件路径，Y 代表待写入 U 盘设备符
```

dd 命令在执行后会进入类似于假死的状态，实际上程序在不断地向 U 盘写入文件，在写入完成之后会给予相应的提示。

待写入完成，请输入 sync 命令以确保文件从系统缓存区真正写入 U 盘。确认写入完毕之后，即可从宿主机上拔出 U 盘，再将龙芯派完全断电，连接显示器，插上 U 盘并开机。

稍后，屏幕上将显示数个安装选项，使用键盘将光标移动到标注有【Loongson2K Installation】的选项。然后，屏幕上会闪过许多日志，最终进入桌面。如果没能顺利地进入桌面，主要可能的原因有 U 盘写入异常、U 盘兼容性问题，这两者均可以由重写 / 更换 U 盘解决。而其他可能的原因有 PMON 版本并不是最新的或者 Loongnix 的安装盘并不匹配你的设备，这些问题一般需要联系龙芯支持解决。

进入桌面后，请双击【安装系统】按钮进入安装程序。进入安装界面后，选择语言，单击右下角的【继续】按钮，进入安装配置界面。

选择中文安装后，单击【安装位置】按钮手动配置分区，如图 2.23 所示。

图 2.23　选择安装位置

选定安装磁盘，并勾选【我要配置分区】选项，以进行手动分区，如图 2.24 和图 2.25 所示。

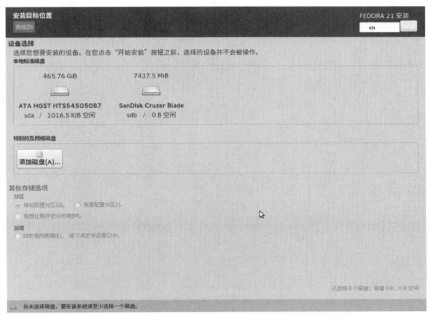

图 2.24　配置硬盘分区

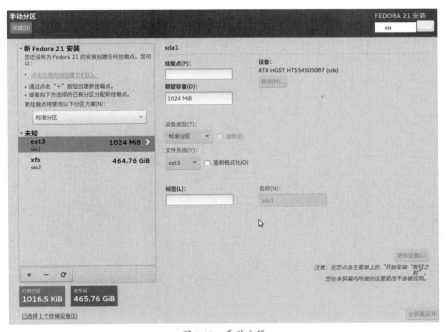

图 2.25　手动分区

随后开始新建分区，第一个分区必须设置为 Boot 分区，如图 2.26 所示。

图 2.26　配置 Boot 分区

　　第二个分区则比较自由，挂载点为 /，期望容量可以为空，这样可以最大化地利用剩余的磁盘空间，如图 2.27 所示。

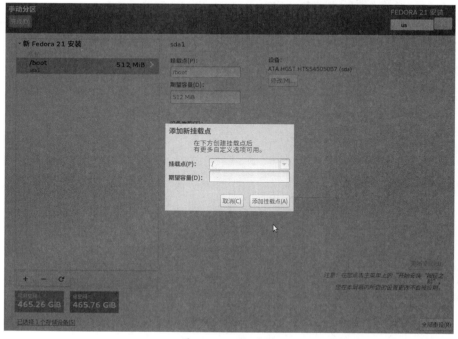

图 2.27　配置 / 分区

　　使用 EXT3 文件系统，分区完成后磁盘布局大致如图 2.28 所示。等待一段时间，系统将会按照设置的分区进行安装。

图 2.28 完成硬盘分区

2.4.3 安装 Debian

Debian 是一个通用性极强的 Linux 发行版，其 mips64el 分支对龙芯也有较好的支持。我们可以借助 Loongnix Live Disk 下的 debootstrap 工具轻而易举地安装 Debian 基础系统。

首先，我们需要编译或者从龙芯下载一个配置正确且包含网络与磁盘功能的内核。将龙芯派联网并启动进入 Live Disk，然后打开一个终端。

使用 fdisk 工具对硬盘进行分区，fdisk 的使用方法可以参见 4.2.3 节。最终将 /dev/sda 分为 sda1 与 sda2 两个分区。sda1 约占 512MB，作为 Boot 分区；sda2 大小任意，但需大于 5GB，作为 RootFS 分区。对这两个分区进行格式化，代码如下。

```
mkfs.ext3 /dev/sda1
mkfs.ext4 /dev/sda2
```

挂载这两个分区并创建 boot 目录，代码如下。

```
mount /dev/sda2 /mnt
mkdir /mnt/boot
mount /dev/sda1 /mnt/boot
```

使用 yum install 命令安装 debootstrap，代码如下。

```
yum install -y debootstrap
```

从网络下载 Debian 基础系统，代码如下（需后接 debian 网站地址）。

```
debootstrap --arch mips64el buster /mnt
```

将预备好的内核的 vmlinuz 放入 /mnt/boot/，在 /mnt/boot/ 下创建 boot.cfg，具体内容如下。

```
1.    timeout 5

2.    default 0

3.    showmenu 1

4.

5.    title Debian GNU/Linux, with vmlinuz

6.        kernel (wd0,0)/vmlinuz

7.        args root=/dev/sda2 console=tty console=ttyS0,115200
```

并将内核模块放入 /mnt/usr/lib/modules。

在 /mnt/etc 下创建 fstab 文件，具体内容如下。

```
1.    # <file system>    <dir>    <type>    <options>         <dump>    <pass>

2.    tmpfs              /tmp     tmpfs     nodev,nosuid       0         0

3.    /dev/sda2          /        ext4      defaults,noatime   0         1

4.    /dev/sda1          /boot    ext4      defaults,noatime   0         2
```

以 chroot 进入创建的基系统，输入以下命令。

```
mount -t proc /proc /mnt/proc/
mount -t sysfs /sys /mnt/sys/
mount -o bind /dev /mnt/dev/
chroot /mnt /bin/bash
```

为 root 用户创建密码，代码如下。

```
passwd root
```

配置时区，代码如下。

```
dpkg-reconfigure tzdata
```

配置语言，代码如下。

```
apt-get install locales
dpkg-reconfigure locales
```

最后，使用如下命令重启。

```
exit
reboot
```

至此，大功告成，你已经进入了新安装的 Debian 系统，可以根据互联网上其他教程安装桌面环境以及其他应用。Debian 是自由的，你可以做任意你想做的事情。

第 **03** 章

使用龙芯派

本章首先介绍龙芯派所支持的 Loongnix 操作系统，介绍如何在龙芯派上安装 Linux 操作系统，接着介绍 Linux 的基本操作和龙芯派上常用的软件。通过学习本章内容，读者可以掌握 Linux 的基础知识，能够在龙芯派上使用 Linux 完成简单的工作，为接下来在龙芯派上进行软件开发奠定基础。

【目标任务】

了解龙芯派支持的 Loongnix 操作系统，并且能够熟练地使用 Linux 和各种常用软件帮助我们开发、调试，为以后的工作打下良好的基础。

【知识点】

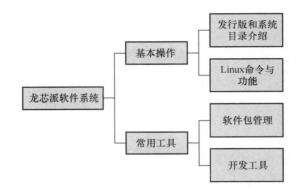

3.1 基本操作

各种 Linux 发行版除了其选用的软件包管理器和预装的软件不同外，其余大部分功能都是相同的，对于用户来说区别不大，基本的操作都是一样。而龙芯派默认预装了 Loongnix 操作系统，接下来，我们针对 Loongnix 操作系统向普通用户介绍一下 Linux 的基本操作，向开发者介绍一下 Linux 的软件开发环境。

3.1.1 龙芯支持的 Linux 发行版

Loongnix 操作系统是龙芯开源社区推出的 Linux 操作系统，作为龙芯软件生态建设的成果验证和展示环境，集成了龙芯在内核、驱动、图形环境等操作系统基础设施方面的最新研发成果，以"源码开放、免费下载"的形式进行发布，可直接应用于日常办公、生产、生活等场景，同时可供合作厂商、科研机构及龙芯爱好者等在龙芯平台上研发其品牌软件或专用系统。用户如果想要获取最新的 Loongnix 操作系统以及 PMON、内核、编译工具等基础软件，可以访问龙芯开源社区。

3.1.2 Linux 系统目录树

文件系统层次结构标准（Filesystem Hierarchy Standard，FHS）定义了 Linux 操作系统中的主要目录及目录内容。FHS 由 Linux 基金会维护。在 FHS 中，所有的文件和目录都出现在根目录"/"下，即使它们存储在不同的物理设备中。

　　FHS 定义了两层规范。第一层是 / 下面的各个目录应该放什么文件数据，例如 /etc 放置设置文件，/bin 与 /sbin 则放置可执行文件等。第二层则是针对 /usr 及 /var 这两个目录的子目录来定义，例如 /var/log 放置系统登录文件，/usr/share 放置共享数据等。详细的文件系统目录如表 3.1 所示。

表 3.1　文件系统目录

目录	描述
/	第一层次结构的根、整个文件系统层次结构的根目录
/bin/	需要在单用户模式可用的必要命令（可执行文件）；面向所有用户，例如 cat、ls、cp
/boot/	引导程序文件，例如 kernel、initrd；通常是一个单独的分区
/dev/	必要设备，例如 /dev/null
/etc/	特定主机，系统范围内的配置文件。 关于这个名称当前有争议。在贝尔实验室关于 UNIX 实现文档的早期版本中，/etc 被称为 etcetera，这是由于过去此目录中存放所有不属于别处的东西（然而，FHS 限制 /etc 存放静态配置文件，不能包含二进制文件）。自从早期文档出版以来，目录名称已被以各种方式重新定义。最近的解释包括反向缩略语，如"可编辑的文本配置"（Editable Text Configuration）或"扩展工具箱"（Extended Tool Chest）
/home/	用户的家目录，包含保存的文件、个人设置等，一般为单独的分区
/lib/	/bin/ 和 /sbin/ 中二进制文件必要的库文件
/media/	可移除媒体（如 CD-ROM）的挂载点（在 FHS-2.3 中出现）
/mnt/	临时挂载的文件系统
/opt/	可选应用软件包
/proc/	虚拟文件系统，将内核与进程状态归档为文本文件，例如 uptime、network。在 Linux 中，对应 Procfs 格式挂载
/root/	超级用户的家目录
/sbin/	必要的系统二进制文件，例如 init、ip、mount
/srv/	站点的具体数据，由系统提供
/tmp/	临时文件（参见 /var/tmp），在系统重启时该目录中文件不会被保留
/usr/	用于存储只读用户数据的第二层次；包含绝大多数的（多）用户工具和应用程序
/usr/bin/	非必要可执行文件（在单用户模式中不需要）；面向所有用户
/usr/include/	标准包含文件
/usr/lib/	/usr/bin/ 和 /usr/sbin/ 中二进制文件的库
/usr/sbin/	非必要的系统二进制文件，例如大量网络服务的守护进程
/usr/share/	体系结构无关（共享）数据

续表

目录	描述
/usr/src/	源代码，例如内核源代码及其头文件
/usr/local/	本地数据的第三层次，具体到本台主机。通常而言有进一步的子目录，例如 bin/、lib/、share/
/var/	变量文件——在正常运行的系统中其内容不断变化的文件，例如日志、脱机文件和临时电子邮件文件。有时是一个单独的分区
/var/cache/	应用程序缓存数据。这些数据是在本地生成的一个耗时的 I/O 或计算结果。应用程序必须能够再生或恢复数据。缓存的文件可以被删除而不导致数据丢失
/var/lib/	状态信息。由程序在运行时维护的持久性数据，例如数据库、包装的系统元数据等
/var/lock/	锁文件，一类跟踪当前使用中资源的文件
/var/log/	日志文件，包含大量日志文件
/var/run/	自最后一次启动以来运行中的系统的信息，例如当前登录的用户和运行中的守护进程。现已经被 /run 代替
/var/tmp/	在系统重启过程中可以保留的临时文件
/run/	代替 /var/run 目录

3.1.3　用户权限

　　Linux 是一个多用户、多任务的操作系统，具有很好的稳定性与安全性，在幕后保障 Linux 系统安全的则是一系列复杂的配置。本节将会介绍文件的所有者、所属组，以及其他人可对文件进行的读（r）、写（w）、执行（x）操作。

　　设计 Linux 系统的初衷之一就是为了满足多个用户同时工作的需求，因此 Linux 系统必须具备很好的安全性。root 用户是存在于所有类 UNIX 系统中的超级用户。它拥有最高的系统权限，能够管理系统的各项功能，如添加 / 删除用户、启动 / 关闭服务进程、开启 / 禁用硬件设备、安装 / 删除系统程序等。以 root 管理员的身份工作，虽然不会受到系统的限制，但是一旦使用管理员权限执行了错误的命令可能会直接毁掉整个系统，因此使用 root 权限进行操作时要特别注意。一般推荐使用普通用户进行操作，在需要管理员权限时再通过 sudo 或 su root 命令临时获取 root 权限。另外需要注意的是，Linux 系统的管理员之所以是 root，并不是因为它的名字叫作 root，而是因为该用户的身份号码（User IDentification，UID）的数值为 0。在 Linux 系统中，UID 和我们的身份证号码一样具有唯一性，因此可通过用户的 UID 值来判断用户身份。

　　为了方便管理属于同一类别的用户，Linux 系统中还引入了用户组的概念。通过使用用户组号码（Group IDentification，GID），我们可以把多个用户加入到同一个组中，从而方便为组中的用户统一规划权限或指定任务。

　　在 Linux 系统中创建每个用户时，将自动创建一个与其同名的基本用户组，而且这个基本用户组只有该用户。如果该用户以后被归纳入其他用户组，则该其他用户组称为扩展用户组。一个用户只有一个基本用户组，但是可以有多个扩展用户组，从而满足日常的工作需要。

在 Linux 系统中一切都是文件，每个文件的类型不尽相同，主要包含以下几类文件，Linux 使用不同字符加以区分。

- -：普通文件。
- d：目录文件。
- l：链接文件。
- b：块设备文件。
- c：字符设备文件。

在 Linux 系统中，每个文件都有所属的用户（所有者）和用户组，并且规定了文件的所有者、所属组以及其他用户对文件所拥有的可读（r）、可写（w）、可执行（x）等权限。对于一般文件来说，权限比较容易理解，可读表示能够读取文件的实际内容，可写表示能够编辑、新增、修改、删除文件的实际内容，可执行则表示能够运行一个脚本程序。但对于目录文件来说，其含义又有所不同，可读表示能够读取目录内的文件列表，可写表示能够在目录内新增、删除、重命名文件，而可执行则表示能够进入该目录。

文件的读、写、执行权限可以简写为 rwx，亦可分别用数字 4、2、1 来表示，文件所有者、所属组及其他用户权限之间无关联，如表 3.2 所示。

表 3.2　文件权限的字符与数字表示

权限项	读	写	执行	读	写	执行	读	写	执行
字符表示	r	w	x	r	w	x	r	w	x
数字表示	4	2	1	4	2	1	4	2	1
权限分配	文件所有者			文件所属组			其他用户		

综上所述，Linux 通过将文件的读、写、执行三种权限和文件的所有者、所属组结合起来就可以保证每个用户只能使用自己有权限的文件。普通用户就不会破坏别人的文件和环境，而 root 管理员可以进行所有特权操作，也可以使用其他用户的文件。

3.1.4　Linux 基础命令

Linux 最弱的地方是它的图形化界面，而最强的地方在于它的命令行界面 shell。通过 shell 可以完成各种操作，比如数据分析、软件开发、系统运维等。作为一个 Linuxer，需要知道并使用大量的命令，本书接下来介绍一些基础的 Linux 命令。

在使用 Linux 操作系统的过程中，用户如果想与计算机进行交互，可以通过终端（terminal）来输入命令和接收信息。下面我们先来看几个日常使用必不可少的命令。

（一）我是谁

在 Linux 中，每个人都是一个用户（user），要知道自己的用户信息可以使用 whoami 命令，输入命令后系统会输出当前用户名。

```
[loongson@localhost ~] whoami

loongson
```

（二）我的系统是什么

通常 Linux 系统的版本有两个，内核版本和系统版本。使用 uname 命令可以显示当前系统内核版本。

```
[loongson@localhost ~] uname -a

Linux localhost.localdomain 3.10.0 #2 SMP PREEMPT Thu May 23 21:47:31 CST 2019 mips64
mips64 mips64 GNU/Linux
```

输出信息指出了当前系统是 Linux，版本是 3.10.0，编译时间是 Thu May 23 21:47:31 CST 2019 等，具体内容可以通过 uname -h 命令获取帮助。

查看系统版本没有直接命令，需要查看发行版的版本信息文件 /etc/issue，输入下面的命令，系统会输出系统版本号。

```
[loongson@localhost ~] cat /etc/issue.net
Loongnix release 1.0 (Loongson)
Kernel \r on an \m (\l)
```

（三）我的龙芯派运行多长时间了

使用 uptime 命令可以获取 Linux 系统运行了多长时间，并且还可以得到系统目前有多少登录用户，系统在过去的 1 分钟、5 分钟和 15 分钟内的平均负载等信息。

```
[loongson@localhost ~] uptime
10:04:49 up  7:27,  0 users,  load average: 1.56, 1.79, 1.90
```

其中，10:04:49 是系统当前时间；up 7:27 是主机已运行时间，时间越长，说明机器越稳定；0 users 是用户连接数，是总连接数而不是用户数；load average: 1.56, 1.79, 1.90 是系统平均负载，统计最近 1 分钟、5 分钟、15 分钟内的系统平均负载。

还可以通过以下命令获取系统的启动时间。

```
[loongson@localhost ~] uptime -s
2019-04-07 10:37:26
```

> ⚡ **注意：**
> 　　时间是按照系统设置的时区显示的，有可能和当地时间不一致。更多选项的含义可以使用 uptime -h 命令获取。

（四）我在哪个工作目录

使用 pwd 命令可以输出当前目录。在日常使用中，经常需要获取当前目录，除了使用 pwd 命令，还可以通过打印环境变量 PWD 来获取当前目录。

```
[loongson@localhost ~] pwd
/home/loongson
[loongson@localhost ~] echo $PWD
/home/loongson
```

更多选项的含义可以使用 pwd --help 命令获取。

（五）切换目录

在 Linux 的使用过程中需要经常切换目录，可以使用 cd 命令来切换目录，比如从当前目录切换到临时目录 /tmp，可以通过以下命令实现。

```
[loongson@localhost ~] cd /tmp/
loongson@0b5289dc3ef5:/tmp$ pwd
/tmp
```

如果我们要经常在多个目录之间来回切换，单纯地使用 cd 命令会有些麻烦，比如目录路径比较长或者凑巧忘记了刚才的目录，这时我们就可以使用 cd - 命令切换到上一个目录。

```
loongson@0b5289dc3ef5:/tmp$ cd -
/home/loongson
[loongson@localhost ~]
```

cd - 命令只能在两个切换过的目录间来回切换，比如这里我们只能在 ~ 和 /tmp 间来回切换。

（六）目录中都有哪些东西

进入一个目录，我们最关心的是当前目录下都有哪些东西，使用 ls 命令可以获取目录下所有文件的详细信息，最简单的命令如下。

```
[loongson@localhost ~] ls
project
```

输出显示当前目录只有一个文件 project，但是这个文件是什么呢？此时我们就需要添加一些选项。下面介绍一些常用选项。

- -a：显示全部文件，包括以"."开头的隐藏文件和特殊文件 . 和 ..。
- -l：使用长格式显示文件信息，这会显示每个文件的类型、权限、拥有者、时间以及文件类型。
- -t：按照文件的修改时间顺序显示文件，文件越新越靠前。
- -h：和 -l 搭配使用，会将文件大小从字节数转换为 KB、MB、GB 等对用户友好的格式显示。
- -R：慎用，该选项递归显示子目录的内容，直到最底层的文件。

举个例子，在 Loongnix 的内核目录下执行 ls -lath 命令，系统会输出下面的内容（只截取其中部分）。

```
loongson@0b5289dc3ef5:~/project/linux-3.10.0-el7$ ls -lath
total 531M
drwxr-xr-x  24 loongson loongson 4.0K Apr  7 05:54 .
lrwxrwxrwx   1 loongson loongson    7 Apr  7 10:50 test -> Kconfig
-rw-r--r--   1 loongson loongson  714 Apr  7 05:54 .missing-syscalls.d
-rw-r--r--   1 loongson loongson  88K Apr  7 05:54 .config
-rw-r--r--   1 loongson loongson  124 Apr  7 05:48 .vmlinux.cmd
-rw-r--r--   1 loongson loongson 2.0M Apr  7 05:48 .tmp_System.map
-rw-r--r--   1 loongson loongson 2.0M Apr  7 05:48 System.map
-rwxr-xr-x   1 loongson loongson  78M Apr  7 05:48 vmlinux
-rw-r--r--   1 loongson loongson 982K Apr  7 05:48 .tmp_kallsyms2.o
-rwxr-xr-x   1 loongson loongson  78M Apr  7 05:48 .tmp_vmlinux2
-rw-r--r--   1 loongson loongson 982K Apr  7 05:48 .tmp_kallsyms1.o
-rwxr-xr-x   1 loongson loongson  78M Apr  7 05:48 .tmp_vmlinux1
drwxr-xr-x   2 loongson loongson 4.0K Apr  7 05:48 init
-rw-r--r--   1 loongson loongson    2 Apr  7 05:48 .version
-rw-r--r--   1 loongson loongson 202M Apr  7 05:48 vmlinux.o
drwxr-xr-x 112 loongson loongson 4.0K Apr  7 05:48 drivers
drwxr-xr-x  55 loongson loongson 4.0K Apr  7 05:48 net
```

第一列，d 说明文件类型是目录；l 说明文件类型是符号链接；– 说明都是普通文件，后面的 rwx 是文件的权限，共 9 位，分别是所有者、所属组、其他用户组对该文件的读、写、执行权限。第二列，若是文件，则代表该文件的硬链接数；若是目录，则代表该目录下的子目录数（注意这个计数会包括 . 和 .. 两个特殊目录）。第三列和第四列分别是当前文件所有者和所属组。第五列是文件大小，如果是目录则指的是目录大小，并且不包括子目录的大小。第六列是该文件最近修改或者查看的时间。最后一列则是文件名称，如果是链接文件，还会包括指向的文件的名称。

更多关于 ls 的选项，请使用 `ls --help` 命令获取信息。

（七）创建新文件

在 Linux 下使用 `touch` 命令创建新文件，使用 `mkdir` 命令创建新文件夹。下面的命令会创建一个空的文件 newfile。

```
[loongson@localhost ~] touch newfile
[loongson@localhost ~] ls -lth
total 4.0K
-rw-r--r-- 1 loongson loongson    0 Apr  7 16:24 newfile
```

下面的命令会创建一个空的文件夹 newdir。

```
[loongson@localhost ~] mkdir newdir
[loongson@localhost ~] ls -lth
total 8.0K
drwxr-xr-x 2 loongson loongson 4.0K Apr  7 16:25 newdir
```

更多详细说明请分别使用 touch --help 命令和 mkdir --help 命令获取。

（八）查看文件

当我们想要查看一个文件的内容时有很多途径：cat、hexdump、od 命令。

第一个命令 cat，在系统的帮助手册中是这样说明的，"concatenate files and print on the standard output"。这也是 cat 命令名字的由来，它用来连接文件并在标准输出上打印，所以我们可以用它来在终端显示某个文件的内容，比如显示系统的 hostname 文件。

```
[loongson@localhost ~] cat /etc/hostname
localhost.localdomain
```

第二个命令 hexdump 可以将文件以十六进制的形式输出到终端，比如我们用 hexdump 命令再次显示系统的 hostname 文件。

```
[loongson@localhost ~] hexdump -C /etc/ hostname
0000000 6f6c 6163 686c 736f 2e74 6f6c 6163 646c
0000010 6d6f 6961 0a6e
0000016
```

选项 -C 会将文本的十六进制 ASCII 码值和文本对比显示。

第三个命令 od 用来将文件以八进制的方式输出到终端，我们还是以 hostname 文件为例。

```
[loongson@localhost ~] od -b /etc/ hostname
0000000 067554 060543 064154 071557 027164 067554 060543 062154
0000020 066557 064541 005156
0000026
```

067554 从八进制转成十六进制就是 0x6f6c，其余类推，两者显示出来的值是相等的。

cat、hexdump、od 很强大，还有很多选项组合可以完成你想要的功能，更多信息请使用各个命令的 --help 选项查询。

当我们直接使用这些命令输出文件内容时，如果遇到大文件，会因为显示太多而冲掉了开始显示的内容，这时我们可以使用 less 命令和 more 命令控制输出内容。

使用 more 命令可以按页查看文件内容，如果文件内容超过一页，more 命令可以像文本编辑器一样按页显示文件内容，但是只可以使用回车键向前浏览，如图 3.1 所示。

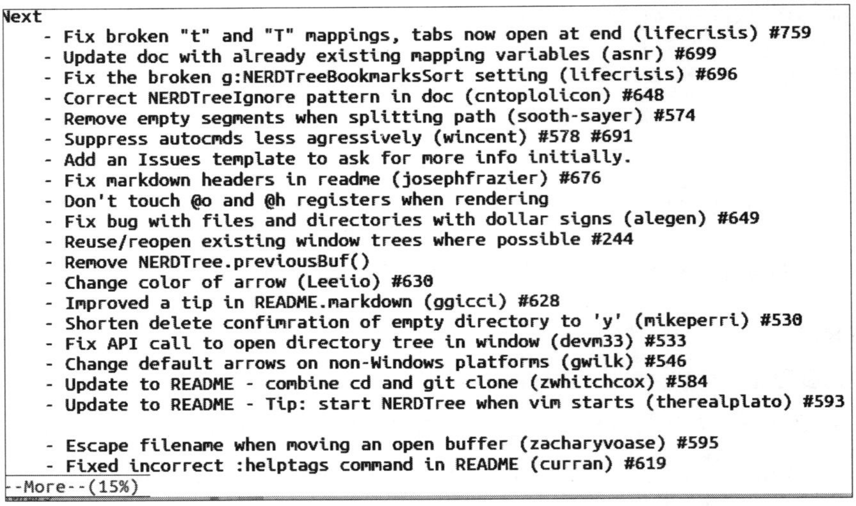

```
Next
    - Fix broken "t" and "T" mappings, tabs now open at end (lifecrisis) #759
    - Update doc with already existing mapping variables (asnr) #699
    - Fix the broken g:NERDTreeBookmarksSort setting (lifecrisis) #696
    - Correct NERDTreeIgnore pattern in doc (cntoplolicon) #648
    - Remove empty segments when splitting path (sooth-sayer) #574
    - Suppress autocmds less agressively (wincent) #578 #691
    - Add an Issues template to ask for more info initially.
    - Fix markdown headers in readme (josephfrazier) #676
    - Don't touch @o and @h registers when rendering
    - Fix bug with files and directories with dollar signs (alegen) #649
    - Reuse/reopen existing window trees where possible #244
    - Remove NERDTree.previousBuf()
    - Change color of arrow (Leeiio) #630
    - Improved a tip in README.markdown (ggicci) #628
    - Shorten delete confimation of empty directory to 'y' (mikeperri) #530
    - Fix API call to open directory tree in window (devm33) #533
    - Change default arrows on non-Windows platforms (gwilk) #546
    - Update to README - combine cd and git clone (zwhitchcox) #584
    - Update to README - Tip: start NERDTree when vim starts (therealplato) #593

    - Escape filename when moving an open buffer (zacharyvoase) #595
    - Fixed incorrect :helptags command in README (curran) #619
--More--(15%)
```

图 3.1   more large_text

相对于 more 命令，less 命令更灵活，可以使用方向键、页面滚动键（Page Up、Page Down）随意前后浏览文件，并且在查看之前不会加载整个文件，如图 3.2 所示。

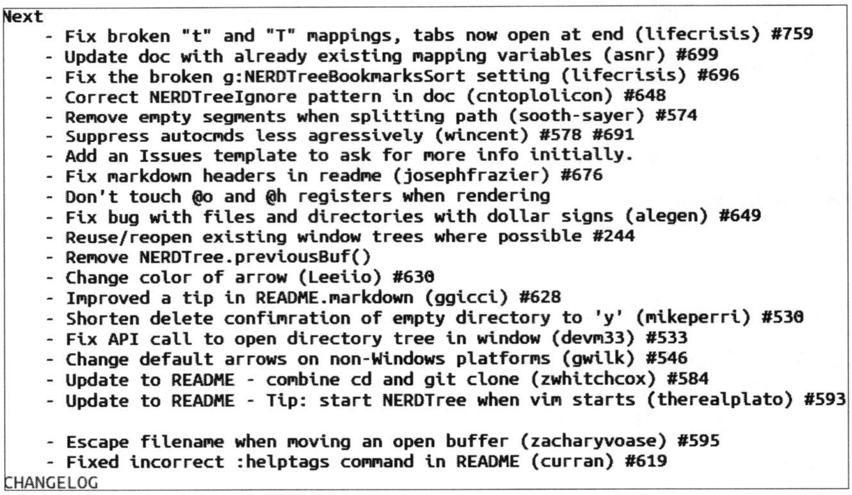

```
Next
    - Fix broken "t" and "T" mappings, tabs now open at end (lifecrisis) #759
    - Update doc with already existing mapping variables (asnr) #699
    - Fix the broken g:NERDTreeBookmarksSort setting (lifecrisis) #696
    - Correct NERDTreeIgnore pattern in doc (cntoplolicon) #648
    - Remove empty segments when splitting path (sooth-sayer) #574
    - Suppress autocmds less agressively (wincent) #578 #691
    - Add an Issues template to ask for more info initially.
    - Fix markdown headers in readme (josephfrazier) #676
    - Don't touch @o and @h registers when rendering
    - Fix bug with files and directories with dollar signs (alegen) #649
    - Reuse/reopen existing window trees where possible #244
    - Remove NERDTree.previousBuf()
    - Change color of arrow (Leeiio) #630
    - Improved a tip in README.markdown (ggicci) #628
    - Shorten delete confimation of empty directory to 'y' (mikeperri) #530
    - Fix API call to open directory tree in window (devm33) #533
    - Change default arrows on non-Windows platforms (gwilk) #546
    - Update to README - combine cd and git clone (zwhitchcox) #584
    - Update to README - Tip: start NERDTree when vim starts (therealplato) #593

    - Escape filename when moving an open buffer (zacharyvoase) #595
    - Fixed incorrect :helptags command in README (curran) #619
CHANGELOG
```

图 3.2   less large_text

除此之外，more 和 less 命令还可以搭配其他命令使用，比如 ls、cat 命令，举个例子，在终端中输入以下命令。

```
ls /dev/ | less
```

此时可以像浏览文件一样使用方向键和页面滚动键浏览 /dev 目录下的全部文件，如图 3.3 所示。

```
autofs
block
bsg
btrfs-control
bus
char
console
core
cpu
cpu_dma_latency
cuse
disk
dri
drm_dp_aux0
ecryptfs
fb0
fd
freefall
full
fuse
hidraw0
hidraw1
hidraw2
:
```

图 3.3　/dev 目录下的全部文件

（九）复制和移动

　　mv 命令是 move 的缩写，可以用来移动文件或者将文件改名，是 Linux 系统下常用的命令，经常用来备份文件或者目录。

　　cp 命令是 copy 的缩写，用来复制文件或者目录，是 Linux 系统中最常用的命令之一。一般情况下，在命令行下复制文件时，如果目标文件已经存在，就会询问是否覆盖。注意，复制文件夹时，需要使用 -r 选项，否则是不起作用的。

　　举例如下。

```
[loongson@localhost test]$ ls -lath
total 20K
drwxrwxr-x   3 loongson loongson 4.0K 1月   1 08:48 .
drwxrwxr-x 145 loongson loongson  12K 1月   1 08:48 newdir
drwx------  23 loongson loongson 4.0K 1月   1 08:48 ..
[loongson@localhost test]$ mkdir test
[loongson@localhost test]$ ls -lath
total 24K
drwxrwxr-x   4 loongson loongson 4.0K 1月   1 08:48 .
drwxrwxr-x   2 loongson loongson 4.0K 1月   1 08:48 test
drwxrwxr-x 145 loongson loongson  12K 1月   1 08:48 newdir
drwx------  23 loongson loongson 4.0K 1月   1 08:48 ..
[loongson@localhost test]$ cp -r newdir/  test/
[loongson@localhost test]$ ls test/
newdir
[loongson@localhost test]$ mv newdir/ newdir2
```

```
[loongson@localhost test]$ ls -lath
total 24K
drwxrwxr-x    4 loongson loongson 4.0K 1月    1 08:49 .
drwxrwxr-x    3 loongson loongson 4.0K 1月    1 08:48 test
drwxrwxr-x  145 loongson loongson  12K 1月    1 08:48 newdir2
drwx------   23 loongson loongson 4.0K 1月    1 08:48 ..
[loongson@localhost test]$ cp newdir2/ test/
cp: omitting directory 'newdir2/'
[loongson@localhost test]$ ls test/
newdir
```

最后一次复制文件夹没有添加 -r 选项，结果系统就提示忽略了 newdir2，newdir2 并没有像之前那样复制到 test 目录。

更多关于 cp 和 mv 命令的说明请通过 cp --help 命令和 mv --help 命令获取。

（十）删除文件

rm 命令用来删除文件，rmdir 命令用来删除空文件夹，当然也可以使用 rm-r 命令来删除文件夹。

rm 命令有以下几个常用的选项。

- -r：递归删除文件夹和文件夹内的内容。
- -f：强制删除文件，遇到不存在的文件和参数也不会提示，慎用该选项。
- --preserve-root：不删除根目录，这是一个很有用的命令，可以避免误操作删除了系统文件，破坏操作系统。
- -d：删除空目录，功能类似 rmdir 命令。

举个例子，如果我们想强制删除当前目录下的文件，同时避免误操作删除根目录，可以通过如下命令实现。

```
[loongson@localhost ~]/newdir$ ls
a  b  c  d  e  f  g
[loongson@localhost ~]/newdir$ rm -rf --preserve-root * /
rm: it is dangerous to operate recursively on '/'
rm: use --no-preserve-root to override this failsafe
[loongson@localhost ~]/newdir$ ls
[loongson@localhost ~]/newdir$
```

这样我们既删除了不需要的文件，又避免破坏系统文件。关于 rm 命令的更多功能请使用 rm--help 命令获取。

rmdir 命令用来删除空文件夹，删除后对空文件夹操作会返回失败。

```
[loongson@localhost ~]/newdir$ ls -R
.:
a  b


./a:


./b:
c
[loongson@localhost ~]/newdir$ rmdir a b
rmdir: failed to remove 'b': Directory not empty
[loongson@localhost ~]/newdir$ ls -R
.:
b


./b:
c
```

操作结束后，空文件夹 a 被删除了，而 b 文件夹因为有内容而没有被删除。

（十一）压缩和解压缩文件

在 Linux 下可以使用 `tar` 命令将大量文件打包成一个文件，`tar` 命令最初就是用来将多个文件合并为一个文件并备份到磁带（tape archive）。现在没有磁带了，但是也会用 `tar` 命令来备份文件，tar 文件格式已经成为 POSIX 标准。

tar 文件有多个压缩率不同的版本，如 tar.xz 和 tar.gz，前者的压缩率更高，后者的使用者更多。下面介绍一下 tar 的主要功能。

- `-c`，`--create`：创建新的 tar 文件。
- `-x`，`--extract`，`--get`：解压缩 tar 文件。
- `-t`，`--list`：列出 tar 文件中包含的文件的信息。
- `-d`，`--diff`，`--compare`：将文件系统里的文件和 tar 文件里的文件进行比较。
- `-v`，`--verbose`：列出每一步处理涉及的文件的信息，只用一个"v"时，仅列出文件名；使用两个"v"时，列出权限、所有者、大小、时间、文件名等信息。
- `-k`，`--keep-old-files`：不覆盖文件系统上已有的文件。
- `-f`，`--file [ 主机名 :]` 文件名：指定要处理的文件名。可以用"–"代表标准输出或标准输入。
- `-j`，`--bzip2`：调用 bzip2 执行压缩或解压缩。注意，由于部分老版本的 tar 使用 -I 实现本功能，因此，编写脚本时，最好使用 --bzip2。
- `-J`，`--xz`，`--lzma`：调用 XZ Utils 执行压缩或解压缩，依赖 XZ Utils。
- `-z`，`--gzip`，`--gunzip`，`--ungzip`：调用 gzip 执行压缩或解压缩。
- `-Z`，`--compress`，`--uncompress`：调用 compress 执行压缩或解压缩。

举以下几个例子。

```
[loongson@localhost ~]  du -sh newdir/
31M     newdir/
[loongson@localhost ~]  tar -cf newdir.tar newdir/
[loongson@localhost ~]  tar -zcf newdir.tar.gz newdir
[loongson@localhost ~]  tar -jcf newdir.tar.bz2 newdir
[loongson@localhost ~]  tar -Jcf newdir.tar.xz newdir
[loongson@localhost ~]  ls -latn newdir.*
-rw-rw-r-- 1 1000 1000  7707712 1 月    1 08:35 newdir.tar.bz2
-rw-rw-r-- 1 1000 1000  8594967 1 月    1 08:34 newdir.tar.gz
-rw-rw-r-- 1 1000 1000  6759308 1 月    1 08:33 newdir.tar.xz
-rw-rw-r-- 1 1000 1000 27156480 1 月    1 08:31 newdir.tar
```

从结果来看，xz 压缩率最大，但是速度最慢；tar 最快，但是压缩率很小；bizp2、gzip 无论是压缩率还是压缩时间都不错。具体要用哪种格式，大家可以自己探索。

更多关于 tar 命令的说明请使用 tar --help 命令获取。

（十二）还有多少内存和硬盘

我们平时无论使用的是计算机还是手机，最关心的就是内存和硬盘的大小。在 Linux 下可以使用 free 命令获取当前内存的使用情况，加上 -m 选项会将内存大小以 MB 为单位显示。

```
[loongson@localhost test]$ free -m
total        used         free       shared   buff/cache    available
Mem:         1325         103          514        9           707         1177
Swap:          0            0            0
```

从中我们可以知道龙芯派的内存情况，系统总共占用了 1325MB，其中使用了 103MB，空余 514MB，多个进程共享了 9MB，磁盘缓存使用了 707MB，可用的内存大小是 1177MB（共享内存计算有重复现象）。

接下来使用 df 命令获取硬盘空间大小，加上 -h 选项会将磁盘空间大小以人类可读的形式显示。

```
[loongson@localhost test]$ df -h
文件系统        容量    已用    可用    已用%   挂载点
/dev/root      9.8G    7.8G    1.5G    85%    /
devtmpfs       693M      0     693M    0%     /dev
tmpfs          693M      0     693M    0%     /dev/shm
tmpfs          693M    2.8M    690M    1%     /run
tmpfs          693M      0     693M    0%     /sys/fs/cgroup
tmpfs          693M      0     693M    0%     /tmp
tmpfs          139M      0     139M    0%     /run/user/1000
```

其中，/dev/root 就是我们的硬盘设备文件，总大小是 9.8GB，已经使用了 7.8GB，还剩

2.0GB（因为 Linux 的回收机制有 500MB 用来放临时文件，所以系统认为只有 1.5GB），硬盘是挂载在根目录 / 上的。其他几个是内存文件系统，tmpfs 是临时文件系统，是一种基于内存的文件系统，它和虚拟磁盘 ramdisk 比较类似，但不完全相同；tmpfs 是最好的基于 RAM 的文件系统。devfs 是文件系统形式的 device manager，devtmpfs 是改进的 devfs，也是存在内存中，挂载点是 /dev/。

（十三）我用的命令在哪里

当我们想知道系统命令对应的可执行文件位于哪个目录时，可以使用 which、whereis 命令获取，这会比直接搜索更快，也更准确、方便。

如果想知道某个命令的作用是什么，可以使用 whatis 命令，使用该命令会返回命令的简要说明，比直接使用 man 命令要方便，但是内容比较简略。如果需要了解更详细的说明，还是需要借助 man 命令。

（十四）关机

关闭 Linux 最简单的办法是在图形界面的系统菜单中单击【关闭】按钮，但是有的时候我们不会有图形界面，或者是通过远程连接操作 Linux，这时就必须借助关机命令了。目前关机命令有 poweroff 和 init 0 这两个命令，两者都需要 root 权限。

poweroff 命令顾名思义，就是关闭系统。init 0 命令就有些曲折，Linux 有多种运行模式，如单用户、多用户、图形等，而 0 就是关闭模式，init 0 就是切换到关闭模式，这样就实现了关机。

3.1.5　Linux 进阶命令

上一节介绍了一些简单但是必不可少的命令，接下来介绍一些虽然不常用但是功能很强大的命令。使用好这些命令可以帮助我们更好地发挥 Linux 的强大功能。

（一）配置网络

使用 ifconfig 和 ip 命令可以方便地设置和获取网络设备的参数。

直接输入 ifconfig 命令可以得到当前系统下已经打开的网络设备的信息。

```
[loongson@localhost ~] ifconfig
eth0: flags=4163<UP,BROADCAST,RUNNING,MULTICAST>  mtu 1500
        inet 192.168.3.15  netmask 255.255.255.0  broadcast 192.168.3.255
        ether 00:55:7b:b5:7d:f7  txqueuelen 1000  (Ethernet)
        RX packets 3  bytes 192 (192.0 B)
        RX errors 0  dropped 3  overruns 0  frame 0
        TX packets 19  bytes 1776 (1.7 KiB)
        TX errors 0  dropped 0 overruns 0  carrier 0  collisions 0
        device interrupt 20
```

```
eth1: flags=4099<UP,BROADCAST,MULTICAST>  mtu 1500
        ether 00:55:7b:b5:7d:f7  txqueuelen 1000  (Ethernet)
        RX packets 0  bytes 0 (0.0 B)
        RX errors 0  dropped 0  overruns 0  frame 0
        TX packets 1  bytes 342 (342.0 B)
        TX errors 0  dropped 0 overruns 0  carrier 0  collisions 0
        device interrupt 22


lo: flags=73<UP,LOOPBACK,RUNNING>  mtu 65536
        inet 127.0.0.1  netmask 255.0.0.0
        loop  txqueuelen 1  (Local Loopback)
        RX packets 468  bytes 40796 (39.8 KiB)
        RX errors 0  dropped 0  overruns 0  frame 0
        TX packets 468  bytes 40796 (39.8 KiB)
        TX errors 0  dropped 0 overruns 0  carrier 0  collisions 0
```

如果要获取全部网络设备的信息，可以加上 -a 选项。

```
[loongson@localhost ~] ifconfig -a
can0: flags=128<NOARP>  mtu 16
        unspec 00-00-00-00-00-00-00-00-00-00-00-00-00-00-00-00  txqueuelen 10  (UNSPEC)
        RX packets 0  bytes 0 (0.0 B)
        RX errors 0  dropped 0  overruns 0  frame 0
        TX packets 0  bytes 0 (0.0 B)
        TX errors 0  dropped 0 overruns 0  carrier 0  collisions 0
        device interrupt 24


can1: flags=128<NOARP>  mtu 16
        unspec 00-00-00-00-00-00-00-00-00-00-00-00-00-00-00-00  txqueuelen 10  (UNSPEC)
        RX packets 0  bytes 0 (0.0 B)
        RX errors 0  dropped 0  overruns 0  frame 0
        TX packets 0  bytes 0 (0.0 B)
        TX errors 0  dropped 0 overruns 0  carrier 0  collisions 0
        device interrupt 25


eth0: flags=4163<UP,BROADCAST,RUNNING,MULTICAST>  mtu 1500
        inet 192.168.3.15  netmask 255.255.255.0  broadcast 192.168.3.255
        ether 00:55:7b:b5:7d:f7  txqueuelen 1000  (Ethernet)
```

```
        RX packets 3  bytes 192 (192.0 B)

        RX errors 0  dropped 3  overruns 0  frame 0

        TX packets 19  bytes 1776 (1.7 KiB)

        TX errors 0  dropped 0 overruns 0  carrier 0  collisions 0

        device interrupt 20

eth1: flags=4099<UP,BROADCAST,MULTICAST>  mtu 1500

        ether 00:55:7b:b5:7d:f7  txqueuelen 1000   (Ethernet)

        RX packets 0  bytes 0 (0.0 B)

        RX errors 0  dropped 0  overruns 0  frame 0

        TX packets 1  bytes 342 (342.0 B)

        TX errors 0  dropped 0 overruns 0  carrier 0  collisions 0

        device interrupt 22

lo: flags=73<UP,LOOPBACK,RUNNING>  mtu 65536

        inet 127.0.0.1  netmask 255.0.0.0

        loop  txqueuelen 1  (Local Loopback)

        RX packets 468  bytes 40796 (39.8 KiB)

        RX errors 0  dropped 0  overruns 0  frame 0

        TX packets 468  bytes 40796 (39.8 KiB)

        TX errors 0  dropped 0 overruns 0  carrier 0  collisions 0

tunl0: flags=128<NOARP>  mtu 1480

        tunnel  txqueuelen 1  (IPIP Tunnel)

        RX packets 0  bytes 0 (0.0 B)

        RX errors 0  dropped 0  overruns 0  frame 0

        TX packets 0  bytes 0 (0.0 B)

        TX errors 0  dropped 0 overruns 0  carrier 0  collisions 0
```

　　我们通常会使用 `ifconfig` 命令来设置网卡的 ip 地址、网关、mac 地址。这些操作都需要 root 权限，如果没有 root 权限就只能使用图形界面的工具进行设置。

　　使用 `ip` 命令也可以完成相同的功能，且功能更强大。获取网络属性的命令如下。

```
[loongson@localhost ~] ip link show
lo: <LOOPBACK,UP,LOWER_UP> mtu 65536 qdisc noqueue state UNKNOWN mode DEFAULT
group default qlen 1
 link/loopback 00:00:00:00:00:00 brd 00:00:00:00:00:00
can0: <NOARP,ECHO> mtu 16 qdisc noop state DOWN mode DEFAULT group
default qlen 10
 link/can
```

```
can1: <NOARP,ECHO> mtu 16 qdisc noop state DOWN mode DEFAULT group
default qlen 10
 link/can
eth0: <NO-CARRIER,BROADCAST,MULTICAST,UP> mtu 1500 qdisc pfifo_fast state
DOWN mode DEFAULT group default qlen 1000
 link/ether 00:55:7b:b5:7d:f7 brd ff:ff:ff:ff:ff:ff
eth1: <NO-CARRIER,BROADCAST,MULTICAST,UP> mtu 1500 qdisc pfifo_fast state
DOWN mode DEFAULT group default qlen 1000
 link/ether 00:55:7b:b5:7d:f7 brd ff:ff:ff:ff:ff:ff
tunl0@NONE: <NOARP> mtu 1480 qdisc noop state DOWN mode DEFAULT group default qlen 1
 link/ipip 0.0.0.0 brd 0.0.0.0
 link/sit 0.0.0.0 brd 0.0.0.0
```

查看网络接口的统计信息命令如下。

```
[loongson@localhost ~] ip -s link show
1: lo: <LOOPBACK,UP,LOWER_UP> mtu 65536 qdisc noqueue state UNKNOWN mode
DEFAULT group default qlen 1
    link/loopback 00:00:00:00:00:00 brd 00:00:00:00:00:00
    RX: bytes   packets   errors   dropped overrun mcast
    40796       468       0        0        0       0
    TX: bytes   packets   errors   dropped carrier collsns
    40796       468       0        0        0       0
2: can0: <NOARP,ECHO> mtu 16 qdisc noop state DOWN mode DEFAULT group default
qlen 10
    link/can
    RX: bytes   packets   errors   dropped overrun mcast
    0           0         0        0        0       0
    TX: bytes   packets   errors   dropped carrier collsns
    0           0         0        0        0       0
3: can1: <NOARP,ECHO> mtu 16 qdisc noop state DOWN mode DEFAULT group default
qlen 10
    link/can
    RX: bytes   packets   errors   dropped overrun mcast
    0           0         0        0        0       0
    TX: bytes   packets   errors   dropped carrier collsns
    0           0         0        0        0       0
4: eth0: <BROADCAST,MULTICAST,UP,LOWER_UP> mtu 1500 qdisc pfifo_fast state
UP mode DEFAULT group default qlen 1000
    link/ether 00:55:7b:b5:7d:f7 brd ff:ff:ff:ff:ff:ff
    RX: bytes   packets   errors   dropped overrun mcast
```

```
    3252         51        0         48        0         0
    TX: bytes  packets   errors   dropped  carrier  collsns
    1776         19        0         0         0         0
5: eth1: <NO-CARRIER,BROADCAST,MULTICAST,UP> mtu 1500 qdisc pfifo_fast state
DOWN mode DEFAULT group default qlen 1000
    link/ether 00:55:7b:b5:7d:f7 brd ff:ff:ff:ff:ff:ff
    RX: bytes  packets   errors   dropped  overrun  mcast
    0            0         0         0         0         0
    TX: bytes  packets   errors   dropped  carrier  collsns
    342          1         0         0         0         0
6: tunl0@NONE: <NOARP> mtu 1480 qdisc noop state DOWN mode DEFAULT group
default qlen 1
    link/ipip 0.0.0.0 brd 0.0.0.0
    RX: bytes  packets   errors   dropped  overrun  mcast
    0            0         0         0         0         0
    TX: bytes  packets   errors   dropped  carrier  collsns
    0            0         0         0         0         0
```

配置网络地址的命令如下。

```
[loongson@localhost ~] ip addr show
1: lo: <LOOPBACK,UP,LOWER_UP> mtu 65536 qdisc noqueue state UNKNOWN group
default qlen 1
    link/loopback 00:00:00:00:00:00 brd 00:00:00:00:00:00
    inet 127.0.0.1/8 scope host lo
       valid_lft forever preferred_lft forever
2: can0: <NOARP,ECHO> mtu 16 qdisc noop state DOWN group default qlen 10
    link/can
3: can1: <NOARP,ECHO> mtu 16 qdisc noop state DOWN group default qlen 10
    link/can
4: eth0: <BROADCAST,MULTICAST,UP,LOWER_UP> mtu 1500 qdisc pfifo_fast state
UP group default qlen 1000
    link/ether 00:55:7b:b5:7d:f7 brd ff:ff:ff:ff:ff:ff
    inet 192.168.3.15/24 brd 192.168.3.255 scope global eth0
       valid_lft forever preferred_lft forever
5: eth1: <NO-CARRIER,BROADCAST,MULTICAST,UP> mtu 1500 qdisc pfifo_fast state
DOWN group default qlen 1000
    link/ether 00:55:7b:b5:7d:f7 brd ff:ff:ff:ff:ff:ff
6: tunl0@NONE: <NOARP> mtu 1480 qdisc noop state DOWN group default qlen 1
link/ipip 0.0.0.0 brd 0.0.0.0
```

给某个网络设备添加一个 IP 的命令如下。

```
[loongson@localhost ~] sudo ip addr add 192.168.1.38 dev eth0
[loongson@localhost ~] ip addr show eth0
4: eth0: <BROADCAST,MULTICAST,UP,LOWER_UP> mtu 1500 qdisc pfifo_fast state
UP group default qlen 1000
    link/ether 00:55:7b:b5:7d:f7 brd ff:ff:ff:ff:ff:ff
    inet 192.168.3.15/24 brd 192.168.3.255 scope global eth0
      valid_lft forever preferred_lft forever
    inet 192.168.1.38/32 scope global eth0
      valid_lft forever preferred_lft forever
```

输出结果显示网卡 eth0 多出了一个 IP 192.168.1.38。

> ⚡ **注意：**
> 使用 ifconfig 命令和 ip 命令设置的网络参数是临时的，网络设备重启后这些参数都会失效。

（二）远程连接

在 Linux 中，远程连接一般有两种方式，`telnet` 命令和 `ssh` 命令。

telnet 是一种著名终端访问协议，传统的网络服务，工作在 TCP/IP 的应用层。它在过去被广泛用来远程登录，无论是 Windows 还是 Linux 都会预置 telnet 客户端和服务器。但是因为 telnet 采用明文传输报文，用户数据、账号和密码都暴露给了不怀好意者，所以目前大部分 Linux 发行版都不开放 telnet 服务，而改用了更安全的 ssh 方式。但有很多系统可能还在使用 telnet 服务。`telnet` 命令的用法很简单，举例如下。

```
[loongson@localhost test]$ telnet 192.168.1.101
Trying 192.168.1.101...
Connected to 192.168.1.101.
Escape character is '^]'.
Debian GNU/Linux 6.0
debian login:
```

ssh 是 secure shell 的缩写，是建立在 TCP/IP 传输层基础上的安全协议，它本身属于应用层，同时也可以为应用层提供安全传输服务，比如基于 ssh 的 ftp 服务 sftp。ssh 之所以安全，是因为它采用了公钥加密。整个过程是这样的：（1）远程主机收到用户的登录请求，把自己的公钥发给用户；（2）用户使用这个公钥，将登录密码加密后，发送回来；（3）远程主机用自己的私钥，解密登录密码，如果密码正确，就同意用户登录。目前，大部分 Linux 发行版都提供 ssh 服务和 ssh 客户端。

ssh 最简单的用法是远程连接服务器，命令如下。

```
[loongson@localhost test]$ ssh user@192.168.1.152
user @192.168.1.152's password:
```

```
Welcome to Ubuntu 16.04.5 LTS (GNU/Linux 4.15.0-42-generic x86_64)
```

为了安全起见，很多系统和用户都会修改 ssh 服务器的默认端口 22，设置成其他端口，这时候就需要在连接服务器的时候显式地指出端口 (-p port)。

```
[loongson@localhost test]$ ssh -p 2223 user01@192.168.1.207
user@192.168.1.207's password:
```

有时候我们远程连接到服务器只是执行一些操作，而不需要长时间连接服务器，比如连接服务器清理一些缓存文件。

```
[loongson@localhost test]$ ssh user@192.168.1.152 "rm /tmp/*"
user@192.168.1.152's password:
```

一般使用 ssh 登录服务器时都要输入用户名和密码，为了安全和方便起见，我们可以使用密钥文件代替用户身份验证。如前文所述，ssh 的原理是不对称加密，使用服务器的公钥加密用户身份信息，然后用私钥解密得到登录密码。而使用密钥登录的原理就是用户自己生成一对公钥密钥，将公钥放在服务器上，然后登录的时候，远程主机会向用户发送一段随机字符串，用户用自己的私钥加密后，再发回来。远程主机用事先储存的公钥进行解密，如果成功，就证明用户是可信的，直接允许登录 shell，不再要求密码。具体操作如下。

首先生成公钥和密钥。

```
[loongson@localhost ~] ssh-keygen -t rsa
Generating public/private rsa key pair.
Enter file in which to save the key (/home/loongson/.ssh/id_rsa):
Enter passphrase (empty for no passphrase):
Enter same passphrase again:
Your identification has been saved in /home/ loongson /.ssh/id_rsa.
Your public key has been saved in /home/ loongson /.ssh/id_rsa.pub.
The key fingerprint is:
SHA256:pbCWWxmCuR+pUG+Znoff4//xF5hvK7Rux3albNqefQA loongson@DESKTOP-NK9U9TH
The key's randomart image is:
+---[RSA 2048]----+
|                 |
|     o           |
|    + o . .      |
|   . o O = E     |
|  . . @ S   .o   |
|   . * *    +...|
|    . * .  ..=oo|
|     o .. =+@+|
```

```
|        ..oo=*X.B|
+----[SHA256]-----+
```

其中，`passphrase` 可以不输入具体值，直接按回车键跳过，最终密钥和公钥对会生成在目录 `~/.ssh/` 中，公钥是 `id_rsa.pub`，密钥是 `id_rsa`。

然后将公钥传给远程主机。

```
[loongson@localhost ~] ssh-copy-id -i ~/.ssh/id_rsa.pub root@192.168.15.241
```

最后使用密钥登录，方法和使用密码登录一样，但是此时就不会弹出输入密码提示。

（三）查找文件内容

查找文件是我们日常使用 Linux 过程中经常用到的功能，我们可能使用文件内容查找对应的文件，也可能使用文件名查找对应的文件。

`grep` 命令的功能是根据文件内容查找文件，比如搜索当前文件夹下哪些文件包含了字符串"hello world"，可以使用如下 `grep` 命令。

```
[loongson@localhost ~] grep "hello world" -r .
./b:hello world
```

`grep` 命令也可以使用正则表达式进行模式匹配，比如要找出当前目录下包含单词 He 或 he 的文件，可以输入如下命令。

```
[loongson@localhost ~] grep "\<[Hh]e\>" -r .
./a:He and she are chinese.
./e:he is good.
```

更多的正则表达式元字符集见表 3.3。

表 3.3　grep 正则表达式元字符集（基本集）

参数	说明
^	锚定行的开始，如 '^grep' 匹配所有以 grep 开头的行
$	锚定行的结束，如 'grep$' 匹配所有以 grep 结尾的行
.	匹配一个非换行符的字符，如 'gr.p' 匹配 gr 后接一个任意字符，然后是 p
*	匹配零个或多个先前字符，如 '*grep' 匹配所有一个或多个空格后紧跟 grep 的行
.*	一起用代表任意字符
[]	匹配一个指定范围内的字符，如 '[Gg]rep' 匹配 Grep 和 grep
[^]	匹配一个不在指定范围内的字符，如 '[^A-FH-Z]rep' 匹配不包含 A-R 和 T-Z 的一个字母开头，紧跟 grep 的行
\(.\)	标记匹配字符，如 '\(love\)'，love 被标记为 1
\<	锚定单词的开始
\>	锚定单词的结束，如 'grep\>' 匹配包含以 grep 结尾的单词的行

参数	说明
x/{m/}	重复字符 x 共 m 次，如 'o/{5/}' 匹配包含 5 个 o 的行
x/{m,/}	重复字符 x，至少 m 次，如 'o/{5,/}' 匹配至少有 5 个 o 的行
x/{m,n/}	重复字符 x，至少 m 次，不多于 n 次，如 'o/{5,10/}' 匹配 5 ~ 10 个 o 的行
/w	匹配文字和数字字符，也就是 [A-Za-z0-9_]，如 'G/w*p' 匹配以 G 后跟零个或多个文字或数字字符，然后是 p
/W	/w 的反置形式，匹配一个或多个非单词字符，如点号、句号等
/b	单词锁定符，如 '/bgrep/b' 只匹配 grep

grep 的用法不止表 3.3 中的这些，更多的参数还需要通过 grep 的帮助文件获取。grep 除了上面提及的两个简单用法，还有以下各种用法。如扩展模式匹配（-E），搜索时忽略大小写（-i），只搜索指定的文件（--include=GLOB）和不搜索指定的文件（--exclude=GLOB），等等。

```
Usage: grep [OPTION]... PATTERNS [FILE]...
Search for PATTERNS in each FILE.
Example: grep -i 'hello world' menu.h main.c
PATTERNS can contain multiple patterns separated by newlines.


Pattern selection and interpretation:
  -E, --extended-regexp     PATTERNS are extended regular expressions
  -F, --fixed-strings       PATTERNS are strings
  -G, --basic-regexp        PATTERNS are basic regular expressions
  -P, --perl-regexp         PATTERNS are Perl regular expressions
  -e, --regexp=PATTERNS     use PATTERNS for matching
  -f, --file=FILE           take PATTERNS from FILE
  -i, --ignore-case         ignore case distinctions
  -w, --word-regexp         match only whole words
  -x, --line-regexp         match only whole lines
  -z, --null-data           a data line ends in 0 byte, not newline


Miscellaneous:
  -s, --no-messages         suppress error messages
  -v, --invert-match        select non-matching lines
  -V, --version             display version information and exit
      --help                display this help text and exit
```

```
Output control:
  -m, --max-count=NUM       stop after NUM selected lines
  -b, --byte-offset         print the byte offset with output lines
  -n, --line-number         print line number with output lines
      --line-buffered       flush output on every line
  -H, --with-filename       print file name with output lines
  -h, --no-filename         suppress the file name prefix on output
      --label=LABEL         use LABEL as the standard input file name prefix
  -o, --only-matching       show only nonempty parts of lines that match
  -q, --quiet, --silent     suppress all normal output
      --binary-files=TYPE   assume that binary files are TYPE;
                            TYPE is 'binary', 'text', or 'without-match'
  -a, --text                equivalent to --binary-files=text
  -I                        equivalent to --binary-files=without-match
  -d, --directories=ACTION  how to handle directories;
                            ACTION is 'read', 'recurse', or 'skip'
  -D, --devices=ACTION      how to handle devices, FIFOs and sockets;
                            ACTION is 'read' or 'skip'
  -r, --recursive           like --directories=recurse
  -R, --dereference-recursive  likewise, but follow all symlinks
      --include=GLOB        search only files that match GLOB (a file pattern)
      --exclude=GLOB        skip files and directories matching GLOB
      --exclude-from=FILE   skip files matching any file pattern from FILE
      --exclude-dir=GLOB    skip directories that match GLOB
  -L, --files-without-match  print only names of FILEs with no selected lines
  -l, --files-with-matches  print only names of FILEs with selected lines
  -c, --count               print only a count of selected lines per FILE
  -T, --initial-tab         make tabs line up (if needed)
  -Z, --null                print 0 byte after FILE name

Context control:
  -B, --before-context=NUM  print NUM lines of leading context
  -A, --after-context=NUM   print NUM lines of trailing context
  -C, --context=NUM         print NUM lines of output context
  -NUM                      same as --context=NUM
      --color[=WHEN],
      --colour[=WHEN]       use markers to highlight the matching strings;
                            WHEN is 'always', 'never', or 'auto'
```

```
 -U, --binary                    do not strip CR characters at EOL (MSDOS/Windows)

When FILE is '-', read standard input.  With no FILE, read '.' if
recursive, '-' otherwise.  With fewer than two FILEs, assume -h.
Exit status is 0 if any line (or file if -L) is selected, 1 otherwise;
if any error occurs and -q is not given, the exit status is 2.
```

find 命令用来在指定目录下查找文件。任何位于参数之前的字符串都将被视为欲查找的目录名。如果使用该命令时不设置任何参数，则 find 命令将在当前目录下查找子目录与文件，并且将查找到的子目录和文件全部显示。find 命令的语法如下。

```
find    path   -option   [   -print ]   [ -exec   -ok   command ]   {} \;
```

最简单的，比如搜索当前目录下有没有文件名是 readme.txt 的文件。

```
[loongson@localhost ~] find . -name readme.txt
./readme.txdt
```

还可以对搜索到的文件执行指定操作，比如搜索当前目录下的 readme.txt 文件，并将其权限设置为所有人可以读写（即 0777）。

```
[loongson@localhost ~] ll
total 0
-rwxrwxrwx 1 loongson loongson 24 Sep  3 21:12 a
-rwxrwxrwx 1 loongson loongson 12 Sep  3 21:06 b
-rwxrwxrwx 1 loongson loongson  8 Sep  3 21:06 c
-rwxrwxrwx 1 loongson loongson 16 Sep  3 21:06 d
-rwxrwxrwx 1 loongson loongson 12 Sep  3 21:11 e
-r-xr-xr-x 1 loongson loongson  0 Sep  3 21:28 readme.txt
[loongson@localhost ~] find . -name "readme.txt" -exec chmod 777 {} \;
[loongson@localhost ~] ll
total 0
-rwxrwxrwx 1 loongson loongson 24 Sep  3 21:12 a
-rwxrwxrwx 1 loongson loongson 12 Sep  3 21:06 b
-rwxrwxrwx 1 loongson loongson  8 Sep  3 21:06 c
-rwxrwxrwx 1 loongson loongson 16 Sep  3 21:06 d
-rwxrwxrwx 1 loongson loongson 12 Sep  3 21:11 e
-rwxrwxrwx 1 loongson loongson  0 Sep  3 21:28 readme.txt
```

（四）重定向

尽管标准输入和输出模型是发往和来自 shell 终端的顺序字符流，但有时我们会在文件中准备好输入数据，或者将输出、错误信息保存在文件中。这时就需要使用重定向。

我们可以将某个命令的输出结果从标准输出重定向到一个文件，比如将 ll（ls -lath 命令的缩写）的结果保存到 result.txt 中。

```
[loongson@localhost ~] ll > result.txt
test cat result.txt
total 0
-rwxrwxrwx 1 loongson loongson 24 Sep  3 21:12 a
-rwxrwxrwx 1 loongson loongson 12 Sep  3 21:06 b
-rwxrwxrwx 1 loongson loongson  8 Sep  3 21:06 c
-rwxrwxrwx 1 loongson loongson 16 Sep  3 21:06 d
-rwxrwxrwx 1 loongson loongson 12 Sep  3 21:11 e
-rwxrwxrwx 1 loongson loongson  0 Sep  3 21:28 readme.txt
-rwxrwxrwx 1 loongson loongson  0 Sep  3  2019 result.txt
```

也可以将一个文件重定向输出到另一个文件，比如将刚才生成的 result.txt 保存到 backup.txt 文件中。

```
[loongson@localhost ~] cat result.txt > backup.txt
[loongson@localhost ~] cat backup.txt
total 0
-rwxrwxrwx 1 loongson loongson 24 Sep  3 21:12 a
-rwxrwxrwx 1 loongson loongson 12 Sep  3 21:06 b
-rwxrwxrwx 1 loongson loongson  8 Sep  3 21:06 c
-rwxrwxrwx 1 loongson loongson 16 Sep  3 21:06 d
-rwxrwxrwx 1 loongson loongson 12 Sep  3 21:11 e
-rwxrwxrwx 1 loongson loongson  0 Sep  3 21:28 readme.txt
-rwxrwxrwx 1 loongson loongson  0 Sep  3  2019 result.txt
```

或者将一个文件作为输入重定向到一条命令，比如将输出 backup.txt 的内容给 grep 命令，让其查找里面是否有 21:06 创建的文件。

```
[loongson@localhost ~] cat backup.txt| grep "21:06"
-rwxrwxrwx 1 loongson loongson 12 Sep  3 21:06 b
-rwxrwxrwx 1 loongson loongson  8 Sep  3 21:06 c
-rwxrwxrwx 1 loongson loongson 16 Sep  3 21:06 d
```

（五）添加 / 删除用户、修改密码

Linux 作为一个多用户操作系统，不可避免地要添加新用户、删除废弃的用户以及修改用户密码。

修改用户密码最简单，使用 passwd 命令即可。但要注意的是，普通用户只能修改自己的密码，要修改其他用户的密码时需要 root 权限，此时就需要 sudo 命令。

添加用户有两个命令：useradd 和 adduser，这两个命令的区别如下。

adduser 命令会自动为创建的用户指定主目录、系统 shell 版本，会在创建时输入用户密码。adduser 添加新用户只需要输入如下命令。

```
[loongson@localhost ~] sudo adduser new_user1
Adding user 'new_user1' ...
Adding new group 'new_user1' (1001) ...
Adding new user 'new_user1' (1001) with group 'new_user1' ...
Creating home directory '/home/new_user1' ...
Copying files from '/etc/skel' ...
New password:
Retype new password:
passwd: password updated successfully
Changing the user information for new_user1
Enter the new value, or press ENTER for the default
        Full Name []:
        Room Number []:
        Work Phone []:
        Home Phone []:
        Other []:
Is the information correct? [Y/n] y
[loongson@localhost ~] ls /home
new_user1  loongson
```

useradd 命令需要使用参数选项指定上述基本设置，如果不使用任何参数，则创建的用户无密码、无主目录、没有指定 shell 版本。通常的添加新用户操作如下。

```
[loongson@localhost ~] sudo useradd new_user2
[loongson@localhost ~] cat /etc/passwd
root:x:0:0:root:/root:/bin/bash
loongson:x:1000:1000:,,,:/home/loongson:/usr/bin/zsh
new_user1:x:1001:1001:,,,:/home/new_user1:/bin/bash
new_user2:x:1002:1002::/home/new_user2:/bin/sh
[loongson@localhost ~] ls /home
new_user1  loongson
```

通过检查 /etc/passwd 可以发现 new_user2 已经创建，但是系统并没有创建对应的 home 目录，需要我们人工添加缺失的东西，一般情况下推荐使用 adduser 命令创建用户，比较方便。

删除用户使用 userdel 命令，比如删除用户 new_user1 的命令如下。

```
[loongson@localhost ~] sudo userdel new_user1
[loongson@localhost ~] ls /home
```

```
new_user1    loongson
[loongson@localhost ~] cat /etc/passwd
root:x:0:0:root:/root:/bin/bash
loongson:x:1000:1000:,,,:/home/loongson:/usr/bin/zsh
new_user2:x:1002:1002::/home/new_user2:/bin/sh
```

虽然从 /etc/passwd 文件来看，new_user1 已经被删除了，但是它的 home 目录还存在，需要我们人工删除。

（六）系统运行状态

在 Windows 下我们可以使用任务管理器查看系统的运行状态，看看有多少程序在运行，哪些程序占用了大量的资源，哪些程序不是我们所打开的，等等。而在 Linux 上也有类似的功能，我们一般使用 top、htop、ps 命令来查看系统和程序状态。

系统管理员可以使用 top 命令和 htop 命令监视进程和系统性能。运行 top 命令后，会显示当前系统整体运行状态和每个进程的信息，如图 3.4 所示。

```
top - 08:35:07 up 6 min,  1 user,  load average: 0.07, 0.17, 0.11
Tasks:  79 total,   1 running,  78 sleeping,   0 stopped,   0 zombie
%Cpu(s):  0.2 us,   0.3 sy,   0.0 ni, 99.5 id,   0.0 wa,   0.0 hi,   0.0 si,   0.0 st
KiB Mem :  1417696 total,   466976 free,    59888 used,   890832 buff/cache
KiB Swap:        0 total,        0 free,        0 used.  1319472 avail Mem

   PID USER      PR  NI    VIRT    RES    SHR S  %CPU %MEM     TIME+ COMMAND
  1448 root      20   0    5552   1872   1504 S   0.3  0.1   0:00.16 irqbalance
  1810 loongson  20   0  111504   3312   2448 R   0.3  0.2   0:00.07 top
     1 root      20   0    9152   5792   3104 S   0.0  0.4   0:06.48 systemd
     2 root      20   0       0      0      0 S   0.0  0.0   0:00.00 kthreadd
     3 root      20   0       0      0      0 S   0.0  0.0   0:00.00 ksoftirqd/0
     4 root      20   0       0      0      0 S   0.0  0.0   0:00.00 kworker/0:0
     5 root       0 -20       0      0      0 S   0.0  0.0   0:00.00 kworker/0:+
     7 root      rt   0       0      0      0 S   0.0  0.0   0:00.00 migration/0
     8 root      20   0       0      0      0 S   0.0  0.0   0:00.04 rcu_preempt
     9 root      20   0       0      0      0 S   0.0  0.0   0:00.00 rcu_bh
    10 root      20   0       0      0      0 S   0.0  0.0   0:00.00 rcu_sched
    11 root      rt   0       0      0      0 S   0.0  0.0   0:00.00 watchdog/0
    12 root      rt   0       0      0      0 S   0.0  0.0   0:00.01 watchdog/1
    13 root      rt   0       0      0      0 S   0.0  0.0   0:00.00 migration/1
    14 root      20   0       0      0      0 S   0.0  0.0   0:00.00 ksoftirqd/1
    15 root      20   0       0      0      0 S   0.0  0.0   0:00.00 kworker/1:0
    16 root       0 -20       0      0      0 S   0.0  0.0   0:00.00 kworker/1:+
```

图 3.4   top 命令运行结果

htop 命令是 top 命令的增强版，更加人性化。在 top 命令的基础上，htop 命令显示的信息更全面，如图 3.5 所示，比如会按照 CPU 个数显示每个处理器的占用率，并且可让用户交互式操作，可横向或纵向滚动浏览进程列表，等等。推荐大家使用 htop 命令。

```
 1  [|################****        61.0%]    Tasks: 32, 34 thr; 1 running
 2  [|#############***           39.0%]    Load average: 0.74 0.51 0.21
Mem[|||#****************113/1384MB]         Uptime: 00:02:39
Swp[                           0/0MB]

  PID USER      PRI  NI  VIRT   RES   SHR S CPU% MEM%   TIME+  Command
 1881 loongson   20   0  106M  2672  2080 R 13.8  0.2  0:00.09 htop
    1 root       20   0  9040  5728  3088 S  0.0  0.4  0:06.56 /sbin/init rhgb
  897 root       20   0 80464  2464  1824 S  0.0  0.2  0:00.02 /usr/sbin/lvmetad
  918 root       20   0 30400 11792  9040 S  0.0  0.8  0:01.14 /usr/lib/systemd/
  999 root       20   0 12528  3072  1952 S  0.0  0.2  0:00.42 /usr/lib/systemd/
 1437 root       16  -4 16128  2784  2064 S  0.0  0.2  0:00.01 /sbin/auditd -n
 1430 root       16  -4 16128  2784  2064 S  0.0  0.2  0:00.04 /sbin/auditd -n
 1441 root       12  -8 76464  1392  1120 S  0.0  0.1  0:00.00 /sbin/audispd
 1438 root       12  -8 76464  1392  1120 S  0.0  0.1  0:00.01 /sbin/audispd
 1440 root       16  -4  4944  1792  1376 S  0.0  0.1  0:00.01 /usr/sbin/sedispa
 1443 root       39  19  5040  1856  1504 S  0.0  0.1  0:00.02 /usr/sbin/alsactl
 1486 rtkit      20   0  147M  2080  1680 S  0.0  0.1  0:00.00 /usr/libexec/rtki
 1487 rtkit      RT   1  147M  2080  1680 S  0.0  0.1  0:00.00 /usr/libexec/rtki
 1444 rtkit      21   1  147M  2080  1680 S  0.0  0.1  0:00.00 /usr/libexec/rtki
 1464 root       20   0  334M  7744  5904 S  0.0  0.5  0:01.23 /usr/libexec/acco
 1485 root       20   0  334M  7744  5904 S  0.0  0.5  0:00.02 /usr/libexec/acco
F1Help  F2Setup F3Search F4Filter F5Tree  F6SortBy F7Nice -F8Nice +F9Kill  F10Quit
```

图 3.5　htop 命令运行结果

　　ps 命令用于报告当前系统的进程状态。使用该命令可以确定有哪些进程正在运行和运行的状态、进程是否结束、进程有没有僵死、哪些进程占用了过多的资源等等，总之大部分信息都是可以通过执行该命令得到的。

```
[loongson@localhost ~]ps -u

USER       PID %CPU %MEM    VSZ   RSS TTY      STAT START   TIME COMMAND

loongson  1832  0.0  0.2 108496  3280 ttyS0    Ss   21:48   0:00 -bash

loongson  1882  0.0  0.2 110928  2944 ttyS0    R+   21:50   0:00 ps -u
```

　　ps 命令默认只会显示当前 shell 的进程信息，要想获取系统完整的进程信息，需要添加选项 -a。

```
[loongson@localhost ~]ps -u -a

USER       PID %CPU %MEM    VSZ   RSS TTY      STAT START   TIME COMMAND

loongson  1832  0.0  0.2 108496  3280 ttyS0    Ss   21:48   0:00 -bash

loongson  1900  0.3  0.2 108496  3280 ttyS0    S    21:52   0:00 bash

loongson  1915  0.5  0.2 108496  3312 ttyS0    S    21:52   0:00 bash

loongson  1929  0.0  0.2 110928  2960 ttyS0    R+   21:52   0:00 ps -a -u
```

　　ps 命令的参数选项很多，具体如表 3.4 所示。

表 3.4　ps 命令的参数选项

选项	说明
a	显示所有进程
-a	显示同一终端下的所有程序
-A	显示所有进程
c	显示进程的真实名称
-N	反向选择
-e	等于 "-A"
e	显示环境变量
f	显示程序间的关系

续表

选项	说明
-H	显示树状结构
r	显示当前终端的进程
T	显示当前终端的所有程序
u	指定用户的所有进程
-au	显示较详细的资讯
-aux	显示所有包含其他使用者的行程

（七）修改环境变量

Linux下修改环境变量有多种途径，临时修改环境变量可以直接在shell终端执行export命令，比如修改 PATH 变量的命令如下。

```
[loongson@localhost ~] export PATH=/opt/gcc-4.9.3-64-gnu/bin:$PATH
```

同理，也可以使用 export 命令修改其他环境变量，重启 shell 终端后，这些配置就丢失了。

如果要永久地修改系统环境，就需要修改系统的配置文件；如果要让修改对所有用户生效，需要编辑配置文件 /etc/profile，在里面加入上面的 export 语句；如果只需要修改当前用户的配置，需要编辑配置文件 ~/.profile，在里面加入上面的 export 语句，然后重启，系统配置就会生效，并且会一直保持。

（八）删除进程

在使用龙芯派的过程中，我们会运行很多程序，有时候会遇到程序无法正常关闭的情况，在 Windows 中的做法是通过任务管理器删除进程，在 Linux 中就比较简单，直接删除这个进程即可。首先我们要获取该程序的进程号，这可以通过 ps -aef | grep < 进程名 > 获取，然后通过 kill < 进程 ID> 命令就可以删除进程。比如我们在一个终端中不间断地运行 ping，然后在另一个终端获取该 ping 的进程号，再调用 kill 命令删除 ping 进程。

```
[loongson@localhost ~]  ps -aef |grep ping
loongson  2705  2552  0 08:52 pts/0    00:00:00 ping 10.10.0.13
loongson  2707  2613  0 08:57 pts/1    00:00:00 grep --color=auto ping
[loongson@localhost ~]  kill ping
-bash: kill: ping: arguments must be process or job IDs
[loongson@localhost ~]  kill 2705
[loongson@localhost ~]  ps -aef |grep ping
loongson  2709  2613  0 08:57 pts/1    00:00:00 grep --color=auto ping
```

除了使用 kill 命令删除进程这种方法，还有另一种更简单的方法，就是 pkill 命令。使用 pkill 命令不需要指定进程号，直接使用进程名即可，比如我们可以直接使用 pkill ping 命令删除 ping 进程。

kill 命令和 pkill 命令第一眼看上去只是删除进程的命令，其实不然，kill 命令和 pkill 命令其实是用来向指定进程发送信号的。kill 命令默认会向进程发送 SIGTERM 信号，进程收到该信号就会结束运行，举以下几个例子。

● `kill -9 -1`：删除你有权限停止的进程。

● `kill 123 543 2341 3453`：删除这 4 个进程。

关于信号的更多信息，请通过 `man 7 signal` 命令获取。

（九）请求帮助

Linux 的命令还有很多，也在不断地增加，要想了解每个命令最确切的功能和用法，其实很简单，不需要在网上到处找，直接用 man 命令，就能获取命令的详细说明，连库函数的用法也能获取。Linux 的 man 手册共有以下几个章节，如表 3.5 所示。

表 3.5　Linux 的 man 手册

代号	代表的内容
1	使用者在 shell 中可以操作的指令或可执行文档
2	系统核心可呼叫的函数与工具等
3	一些常用的函数（function）与函数库（library），大部分是 C 的函数库（libc）
4	装置档案的说明，通常在 /dev 下的档案
5	设定档案或者是某些档案的格式
6	游戏（games）
7	惯例与协定等，例如 Linux 档案系统、网络协定、ASCII code 等的说明
8	系统管理员可用的管理指令
9	跟 kernel 有关的文件

比如 `man write` 会显示 write 命令的用法，它是用来向其他用户发送消息的，如图 3.6 所示。

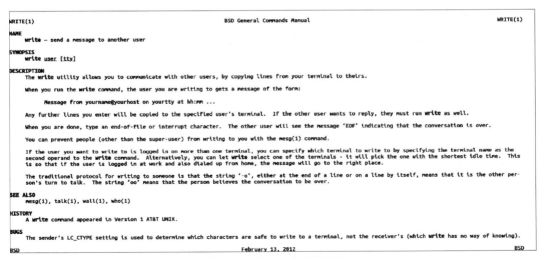

图 3.6　显示 write 命令的用法

`man 2 write` 会显示系统调用函数 `write` 的使用方法，如图 3.7 所示。

更多命令的用法，还需要大家不断地去摸索、学习。

图 3.7　显示系统调用函数 write 的使用方法

3.2 常用工具

3.2.1 软件包管理

正如前文所述，Loongnix 是基于 Fedora 系统开发的，因此 Loongnix 也复用 Fedora 的软件包管理器 yum。

yum（Yellow dog Updater, Modifier）是一个自由、开源的命令行软件包管理工具，运行在基于 RPM 包管理的 Linux 操作系统上，例如 RedHat、CentOS、Fedora 等。基于 RPM 包管理，能够从指定的服务器自动下载 RPM 包并安装，可以自动处理依赖性关系，并且一次安装所有依赖的软件包，无须烦琐地一次次下载、安装。

yum 主要是更方便地添加、删除、更新 RPM 包，**自动解决**软件包之间的**依赖关系**，方便系统更新及软件管理。yum 通过软件仓库（repository）进行软件的下载、安装等，软件仓库可以是一个 HTTP 或 FTP 站点，也可以是一个本地软件池；资源仓库也可以是多个，在 /etc/yum.conf 文件中进行相关配置即可。在 yum 的资源库中会包括 RPM 的头信息（header），头信息中包括了软件的功能描述、依赖关系等。通过分析这些信息，yum 计算出依赖关系并进行相关的升级、安装、删除等操作。

（一）yum 的语法

yum 的命令格式如下。

```
yum [options] [command] [package ...]
```

其中的参数解释如下。

- options：可选，选项包括 -h（帮助），-y（当安装过程提示选择全部为"yes"），-q（不显示安装的过程），等等。
- command：要进行的操作。

- package：操作的对象。

常用选项 (options) 的具体内容如下。

```
-h, --help              # 显示帮助信息
-t, --tolerant          # 容错
-C, --cacheonly         # 完全从系统缓存中运行，不更新缓存
-c [config file], --config=[config file]      # 本地配置文件
-R [minutes], --randomwait=[minutes]              # 命令最大等待时间
-d [debug level], --debuglevel=[debug level]  # 设置调试级别
-e [error level], --errorlevel=[error level]  # 设置错误等级
-q, --quiet             # 退出运行
-v, --verbose           # 详细模式
-y, --assumeyes         # 对所有交互提问都回答 yes
```

命令列表 (command) 的具体内容如下。

```
check          check          # 检测 rpmdb 是否有问题
check-update   # 检查可更新的包
clean          # 清除缓存的数据
deplist        # 显示包的依赖关系
distribution-synchronization   # 将已安装的包同步到最新的可用版本
downgrade      # 降级一个包
erase          # 删除包
groupinfo      # 显示包组的详细信息
groupinstall   # 安装指定的包组
grouplist      # 显示可用包组信息
groupremove    # 从系统删除已安装的包组
help           # 删除帮助信息
history        # 显示或使用交互历史
info           # 显示包或包组的详细信息
install        # 安装包
list           # 显示可安装或可更新的包
makecache      # 生成元数据缓存
provides       # 搜索特定包文件名
reinstall      # 重新安装包
repolist       # 显示已配置的资源库
resolvedep     # 指事实上依赖
search         # 搜索包
shell          # 进入 yum 的 shell 提示符
update         # 更新系统中的包
upgrade        # 升级系统中的包
version        # 显示机器可用源的版本
```

（二）查询功能

查询功能的命令如下。

```
yum [list | info | search | provides | whatprovides] 参数
yum [option] [查询工作项目] [相关参数]
```

[option] 表示主要的选项，包括以下内容。

- -y：当 yum 要等待使用者输入时，这个选项可以自动提供 yes 的回应。
- --installroot=/some/path：将该软件安装在 /some/path 而不使用默认路径。

[查询工作项目] [相关参数] 的参数如下。

- search：搜寻某个软件名称或者是描述 (description) 的重要关键字。
- list：列出目前 yum 所管理的所有的软件名称与版本，有点类似 rpm-qa。
- info：同上，不过有点类似 rpm-qai 的运行结果。
- provides：从文件去搜寻软件，类似 rpm-qf 的功能。

范例一：搜寻 git 相关的软件有哪些？

yum 命令首先会更新软件列表，然后查找名字和 git 完全一致的软件，再查找 name 和 summary 中包含 git 的软件，最后是 name 中包含 git 的软件，命令如下。

```
[loongson@localhost ~] yum search git
已加载插件: langpacks
=========================== N/S matched: git ===========================
GitPython.noarch : Python Git Library
cgit.mips64el : A fast web interface for git
cvs2git.noarch : CVS to Git Repository Converter
dia-Digital.noarch : Dia Digital IC logic shapes
eclipse-jgit.noarch : Eclipse JGit
emacs-git.noarch : Git version control system support for Emacs
emacs-git-el.noarch : Elisp source files for git version control system
support for Emacs
emacs-magit.noarch : Emacs interface to the most common Git operations
emacs-magit-el.noarch : Elisp source files for Magit under GNU Emacs
engauge-digitizer-data.noarch : The engauge-digitizer data files
engauge-digitizer-transpose.mips64el : The engauge-digitizer transpose utility
fusionforge-plugin-scmgit.noarch : FusionForge plugin - Git
gedit-plugin-git.mips64el : gedit git plugin
git-all.noarch : Meta-package to pull in all git tools
git-bz.noarch : Command line integration of git with Bugzilla
......
unifying-receiver-udev.noarch : udev rules for user access to Logitech
```

```
Unifying Receiver

xmlsec1-devel.mips64el : Libraries, includes, etc. to develop applications with

XML Digital Signatures and XML Encryption support.


   名称和简介匹配 only，使用 "search all" 试试。
......
```

范例二：找出 git 这个软件的功能为何？

命令如下，yum 会列出 git 的名称、版本、发布、架构、大小等信息。

```
[loongson@localhost ~]  yum info git
已加载插件: langpacks
可安装的软件包
名称       : git
架构       : mips64el
版本       : 2.1.0
发布       : 2.fc21.loongson
大小       : 5.2 M
源         : fedora
简介       : Fast Version Control System
网址       : http://git-scm.com/
协议       : GPLv2
描述       : Git is a fast, scalable, distributed revision control system with an
           : unusually rich command set that provides both high-level operations
           : and full access to internals.
           :
           : The git rpm installs the core tools with minimal dependencies.  To
           : install all git packages, including tools for integrating with other
           : SCMs, install the git-all meta-package. .
```

范例三：列出 yum 服务器上面提供的所有软件名称。

命令如下，yum 会列出系统中已经安装的软件名称和版本信息。注意，如果系统已安装的程序比较丰富，这条命令将会输出一段时间。

```
[loongson@localhost ~]  yum list
已加载插件: langpacks
已安装的软件包
CamScan.mips64el                        0.5-3.nd7
@loongnix/$releasever
GConf2.mips64el                         3.2.6-12.fc21.loongson.1
@loongnix/$releasever
```

```
ImageMagick.mips64el                    6.8.8.10-5.fc21.loongson
@loongnix/$releasever
ImageMagick-libs.mips64el               6.8.8.10-5.fc21.loongson
@loongnix/$releasever
ModemManager.mips64el                   1.4.0-1.fc21.loongson
@loongnix/$releasever
ModemManager-glib.mips64el              1.4.0-1.fc21.loongson
@loongnix/$releasever
NetworkManager.mips64el                 1:1.0.10-3.fc21.loongson
@loongnix/$releasever
NetworkManager-adsl.mips64el            1:1.0.10-3.fc21.loongson
@loongnix/$releasever
NetworkManager-bluetooth.mips64el       1:1.0.10-3.fc21.loongson
@loongnix/$releasever
NetworkManager-glib.mips64el            1:1.0.10-3.fc21.loongson
@loongnix/$releasever
NetworkManager-l2tp.mips64el            0.9.8.7-3.fc21.loongson
@loongnix/$releasever
NetworkManager-libnm.mips64el           1:1.0.10-3.fc21.loongson
@loongnix/$releasever
......
```

范例四：列出目前服务器上可供本机进行升级的软件。

命令如下。

```
[loongson@localhost ~]  yum list updates
已加载插件: langpacks
更新的软件包
SDL.mips64el                   1.2.15-18.fc21.loongson.2        fedora
anaconda-widgets.mips64el      21.48.21-11.fc21.loongson.6      fedora
audit.mips64el                 2.4.1-2.fc21.loongson.4          fedora
audit-libs.mips64el            2.4.1-2.fc21.loongson.4          fedora
audit-libs-python.mips64el     2.4.1-2.fc21.loongson.4          fedora
binutils.mips64el              2.24-31.fc21.loongson.11         fedora
chromium.mips64el              60.0.3096.2-8.fc21.loongson      fedora
cpp.mips64el                   4.9.4-14.fc21.loongson.14        fedora
dhclient.mips64el              12:4.3.2-8.fc21.loongson.2       fedora
dhcp-common.noarch             12:4.3.2-8.fc21.loongson.2       fedora
dhcp-libs.mips64el             12:4.3.2-8.fc21.loongson.2       fedora
dracut.mips64el                038-30.git20140903.fc21.loongson.4  fedora
```

```
dracut-config-rescue.mips64el    038-30.git20140903.fc21.loongson.4    fedora
dracut-network.mips64el          038-30.git20140903.fc21.loongson.4    fedora
fcitx-qt5.mips64el               1.1.1-1.fc21.loongson.1               fedora
......
```

范例五：列出提供 passwd 这个文件的软件。

命令如下。

```
[loongson@localhost ~]   yum provides passwd
已加载插件: langpacks
passwd-0.79-5.fc21.loongson.mips64el : An utility for setting or changing passwords
using PAM
源     : fedora
passwd-0.79-5.fc21.loongson.mips64el : An utility for setting or changing
passwords using PAM
源     : @loongnix/$releasever
```

（三）安装 / 升级功能

安装 / 升级功能的命令如下。

```
yum [install | update | groupinstall | groupupdate] 软件
[loongson@localhost ~]   yum [option] [ 查询工作项目 ] [ 相关参数 ]
```

选项与参数的说明如下。

- install：后面接要安装的软件。
- groupinstall：组包安装，后面接软件包组。
- update：后面接要升级的软件，若要整个系统都升级，就直接 update 即可。
- groupupdate：组包升级。

范例一：安装 git，需要 root 权限。

```
[loongson@localhost ~]   sudo yum install git
已加载插件: langpacks
正在解决依赖关系
--> 正在检查事务
---> 软件包 git.mips64el.0.2.1.0-2.fc21.loongson 将被 安装
--> 正在处理依赖关系 perl-Git = 2.1.0-2.fc21.loongson，它被软件包 git-2.1.0-2.fc21.
loongson.mips64el 需要
--> 正在处理依赖关系 perl(Error)，它被软件包 git-2.1.0-2.fc21.loongson.mips64el 需要
--> 正在处理依赖关系 perl(Git)，它被软件包 git-2.1.0-2.fc21.loongson.mips64el 需要
--> 正在处理依赖关系 perl(Term::ReadKey)，它被软件包 git-2.1.0-2.fc21.loongson.mips64el 需要
--> 正在检查事务
```

```
---> 软件包 perl-Error.noarch.1.0.17022-2.fc21.loongson 将被 安装

---> 软件包 perl-Git.noarch.0.2.1.0-2.fc21.loongson 将被 安装

---> 软件包 perl-TermReadKey.mips64el.0.2.32-2.fc21.loongson 将被 安装

--> 解决依赖关系完成


依赖关系解决

=================================================================
Package        架构         版本                     源          大小
=================================================================
正在安装：

git        mips64el         2.1.0-2.fc21.loongson        fedora       5.2 M
为依赖而安装：

perl-Error    noarch       1:0.17022-2.fc21.loongson     fedora       42 k

perl-Git      noarch        2.1.0-2.fc21.loongson        fedora       58 k

perl-TermReadKey mips64el   2.32-2.fc21.loongson         fedora       35 k


事务概要

=================================================================
安装    1 软件包  (+3 依赖软件包 )


总下载量：5.3 M

安装大小：30 M

Is this ok [y/d/N]: y

Downloading packages:

(1/4): perl-Error-0.17022-2.fc21.loongson.noarch.rpm      |  42 kB  00:00:00

(2/4): perl-Git-2.1.0-2.fc21.loongson.noarch.rpm          |  58 kB  00:00:00

(3/4): perl-TermReadKey-2.32-2.fc21.loongson.mips64el.
rpm        |  35 kB  00:00:00

(4/4): git-2.1.0-2.fc21.loongson.mips64el.rpm             |  5.2 MB  00:00:01
-----------------------------------------------------------------
总计                          3.6 MB/s | 5.3 MB  00:00:01
Running transaction check
Running transaction test
Transaction test succeeded
Running transaction (shutdown inhibited)
  正在安装    : 1:perl-Error-0.17022-2.fc21.loongson.noarch           1/4
  正在安装    : perl-TermReadKey-2.32-2.fc21.loongson.mips64el        2/4
  正在安装    : perl-Git-2.1.0-2.fc21.loongson.noarch                 3/4
```

```
正在安装      : git-2.1.0-2.fc21.loongson.mips64el                    4/4
验证中        : perl-TermReadKey-2.32-2.fc21.loongson.mips64el        1/4
验证中        : 1:perl-Error-0.17022-2.fc21.loongson.noarch           2/4
验证中        : perl-Git-2.1.0-2.fc21.loongson.noarch                 3/4
验证中        : git-2.1.0-2.fc21.loongson.mips64el                    4/4

已安装：
  git.mips64el 0:2.1.0-2.fc21.loongson

作为依赖被安装：
  perl-Error.noarch 1:0.17022-2.fc21.loongson  perl-Git.noarch 0:2.1.0-2.fc21.
loongson    perl-TermReadKey.mips64el 0:2.32-2.fc21.loongson
```

完毕！

范例二：升级整个系统的软件。

```
[loongson@localhost ~]  sudo yum update
```

首先 yum 会检查有哪些软件需要更新，然后开始更新，同时解决软件升级的依赖关系、清理不用的软件，升级之后会对全部升级进行验证，确认最后升级成功，提示"完毕"。

```
已加载插件: langpacks
正在解决依赖关系
--> 正在检查事务
---> 软件包 SDL.mips64el.0.1.2.15-18.fc21.loongson.1 将被 升级
---> 软件包 SDL.mips64el.0.1.2.15-18.fc21.loongson.2 将被 更新
---> 软件包 anaconda-widgets.mips64el.0.21.48.21-11.fc21.loongson.3 将被 升级
---> 软件包 anaconda-widgets.mips64el.0.21.48.21-11.fc21.loongson.6 将被 更新
---> 软件包 audit.mips64el.0.2.4.1-2.fc21.loongson.3 将被 升级
---> 软件包 audit.mips64el.0.2.4.1-2.fc21.loongson.4 将被 更新
--> 正在处理依赖关系 systemd-sysv，它被软件包 audit-2.4.1-2.fc21.loongson.4.mips64el 需要
---> 软件包 audit-libs.mips64el.0.2.4.1-2.fc21.loongson.3 将被 升级
---> 软件包 audit-libs.mips64el.0.2.4.1-2.fc21.loongson.4 将被 更新
---> 软件包 audit-libs-python.mips64el.0.2.4.1-2.fc21.loongson.3 将被 升级
---> 软件包 audit-libs-python.mips64el.0.2.4.1-2.fc21.loongson.4 将被 更新
---> 软件包 binutils.mips64el.0.2.24-28.fc21.loongson.7 将被 升级
......
--> 正在检查事务
---> 软件包 cmake-data.noarch.0.3.9.0-8.fc21.loongson 将被 安装
---> 软件包 libglvnd.mips64el.1.1.0.1-0.8.git5baa1e5.fc21.loongson 将被 安装
---> 软件包 libglvnd-core-devel.mips64el.1.1.0.1-0.8.git5baa1e5.fc21.loongson 将被 安装
```

```
---> 软件包 libglvnd-opengl.mips64el.1.1.0.1-0.8.git5baa1e5.fc21.loongson 将被 安装
---> 软件包 libuv.mips64el.1.1.10.0-1.fc21.loongson 将被 安装
---> 软件包 rhash.mips64el.0.1.3.4-2.fc21.loongson 将被 安装
--> 解决依赖关系完成

依赖关系解决

================================================================================
 Package          架构          版本                        源          大小
================================================================================
正在安装：
 dhclient       mips64el     12:4.3.2-8.fc21.loongson.2     fedora      297 k
        替换   dhclient.mips64el 12:4.3.2-8.fc21.loongson.1
 kernel-2k      mips64el     3.10.0-2.fc21.loongson.2k.24   fedora       23 k
 kernel-2k-core mips64el     3.10.0-2.fc21.loongson.2k.24   fedora       17 M
 kernel-2k-modules mips64el  3.10.0-2.fc21.loongson.2k.24   fedora      1.4 M
 libwayland-egl mips64el     1.15.0-1.fc21.loongson         fedora       16 k
        替换   mesa-libwayland-egl.mips64el 11.1.0-5.20151218.fc21.loongson.6
 qt5-qttools-common noarch   5.9.8-1.fc21.loongson          fedora       18 k
        替换   qt5-qttools-libs-clucene.mips64el 5.6.0-3.fc21.loongson.1
 systemd-libs   mips64el     219-62.fc21.loongson.10        fedora      394 k
        替换   systemd-compat-libs.mips64el 216-12.fc21.loongson.1
 xorg-x11-server-Xorg mips64el 1.20.1-5.2.fc21.loongson.1   fedora      1.4 M
        替换   xorg-x11-drv-modesetting.mips64el 0.9.0-2.fc21.loongson
正在更新：
 SDL     mips64el    1.2.15-18.fc21.loongson.2              fedora      209 k
......
 xorg-x11-xkb-utils  mips64el  7.7-14.fc21.loongson         fedora      113 k
 yum      noarch     3.4.3-154.fc21.loongson.4              fedora      1.2 M
为依赖而安装：
 cmake   mips64el    3.9.0-8.fc21.loongson                  fedora      7.2 M
 cmake-data   noarch  3.9.0-8.fc21.loongson                 fedora      1.2 M
 cmake-filesystem   mips64el  3.9.0-8.fc21.loongson         fedora       35 k
 firewalld-filesystem noarch  0.3.14.2-2.fc21.loongson      fedora       47 k
......
 python-firewall  noarch     0.3.14.2-2.fc21.loongson       fedora      235 k
 rhash   mips64el    1.3.4-2.fc21.loongson                  fedora      135 k
 systemd-sysv  mips64el     219-62.fc21.loongson.10         fedora       87 k
事务概要

================================================================================
```

安装　　　7 软件包　(+15 依赖软件包)

升级　　174 软件包

总计: 456 M

Is this ok [y/d/N]: y

Downloading packages:

Running transaction check

Running transaction test

Transaction test succeeded

Running transaction (shutdown inhibited)

```
    正在安装    : linux-firmware-whence-20190618-97.fc21.loongson.noarch    1/376
    正在安装    : systemd-libs-219-62.fc21.loongson.10.mips64el             2/376
    正在更新    : glib2-2.56.1-2.fc21.loongson.1.mips64el                   3/376
    正在更新    : audit-libs-2.4.1-2.fc21.loongson.4.mips64el               4/376
    正在更新    : systemd-219-62.fc21.loongson.10.mips64el                  5/376
    正在更新    : libdrm-2.4.91-3.fc21.loongson.mips64el                    6/376
    正在更新    : 1:openssl-libs-1.0.2k-16.fc21.loongson.2.mips64el         7/376
    正在更新    : fontconfig-2.12.4-2.fc21.loongson.mips64el                8/376
......
    清理        : 2:qemu-guest-agent-2.7.0-3.fc21.loongson.mips64el        215/376
    清理        : xorg-x11-drv-ati-7.6.0-0.4.20150729git5510cd6.fc21.loongson.1.mips64el
                                                                           216/376
    清理        : 1:xorg-x11-drv-nouveau-1.0.11-1.fc21.loongson.mips64el   217/376
    清理        : openssh-server-6.6.1p1-8.fc21.loongson.mips64el          218/376
    清理        : mesa-dri-drivers-11.1.0-5.20151218.fc21.loongson.6.mips64el
                                                                           219/376
    正在删除    : xorg-x11-drv-modesetting-0.9.0-2.fc21.loongson.mips64el
                                                                           220/376
    清理        : libXext-devel-1.3.3-2.fc21.loongson.mips64el             221/376
    清理        : libX11-devel-1.6.2-2.fc21.loongson.mips64el              222/376
    清理        : libxcb-devel-1.11-2.fc21.loongson.mips64el               223/376
    清理        : libXau-devel-1.0.8-4.fc21.loongson.mips64el              224/376
......
cat: /lib/firmware/amd-ucode/: Is a directory
cat: /lib/firmware/intel-ucode/: Is a directory
----------- 开始备份安装前开机启动配置文件 -----------
----------- 完成 (/boot/efi/EFI/BOOT/grub.cfg.201909102238.old)------------
----------- 完成 (/boot/boot.cfg.201909102238.old)------------
----------- 开始备份安装后开机启动配置文件 -----------
----------- 完成 (/boot/efi/EFI/BOOT/grub.cfg.201909102238.new)------------
```

```
----------- 完成 (/boot/boot.cfg.201909102238.new)-----------


grubby fatal error: unable to find a suitable template
cat: /lib/firmware/amd-ucode/: Is a directory
cat: /lib/firmware/intel-ucode/: Is a directory
----------- 开始备份安装后开机启动配置文件 -----------
----------- 完成 (/boot/efi/EFI/BOOT/grub.cfg.201909102240.new)-----------
----------- 完成 (/boot/boot.cfg.201909102240.new)-----------
    验证中       : mesa-libglapi-18.0.5-4.fc21.loongson.1.loongson.mips64el
       1/376
    验证中       : xorg-x11-server-Xorg-1.20.1-5.2.fc21.loongson.1.mips64el
       2/376
    验证中       : mesa-libEGL-18.0.5-4.fc21.loongson.1.loongson.mips64el
       3/376
    验证中       : libvirt-daemon-config-nwfilter-3.9.0-1.fc21.loongson.8.mips64el
       4/376
    验证中       : libgcc-4.9.4-14.fc21.loongson.14.mips64el
       5/376
    验证中       : mesa-filesystem-18.0.5-4.fc21.loongson.1.loongson.mips64el
       6/376
    验证中       : 1:grub2-tools-2.02-0.40.fc21.loongson.10.mips64el
       7/376
    验证中       : pcre-devel-8.35-7.fc21.loongson.mips64el
       8/376
    验证中       : libvirt-daemon-driver-storage-scsi-3.9.0-1.fc21.loongson.8.mips64el
       9/376
......
已安装：
  dhclient.mips64el 12:4.3.2-8.fc21.loongson.2    kernel-2k.mips64el 0:3.10.0-2.fc21.
loongson.2k.24  kernel-2k-core.mips64el 0:3.10.0-2.fc21.loongson.2k.24
  kernel-2k-modules.mips64el 0:3.10.0-2.fc21.loongson.2k.24  libwayland-egl.mips64el
0:1.15.0-1.fc21.loongson  systemd-libs.mips64el 0:219-62.fc21.loongson.10
  xorg-x11-server-Xorg.mips64el 0:1.20.1-5.2.fc21.loongson.1


作为依赖被安装：
  firewalld-filesystem.noarch 0:0.3.14.2-2.fc21.loongson
    libXfont2.mips64el 0:2.0.3-1.fc21.loongson
  libglvnd.mips64el 1:1.0.1-0.8.git5baa1e5.fc21.loongson
    libglvnd-core-devel.mips64el 1:1.0.1-0.8.git5baa1e5.fc21.loongson
```

```
  libglvnd-devel.mips64el 1:1.0.1-0.8.git5baa1e5.fc21.loongson
     libglvnd-egl.mips64el 1:1.0.1-0.8.git5baa1e5.fc21.loongson
  libglvnd-gles.mips64el 1:1.0.1-0.8.git5baa1e5.fc21.loongson
     libglvnd-glx.mips64el 1:1.0.1-0.8.git5baa1e5.fc21.loongson
  libglvnd-opengl.mips64el 1:1.0.1-0.8.git5baa1e5.fc21.loongson
     Linux-firmware-whence.noarch 0:20190618-97.fc21.loongson
  llvm-private.mips64el 0:6.0.1-2.fc21.loongson.1.loongson
     lz4.mips64el 0:1.7.5-2.fc21.loongson
  pcre-devel.mips64el 0:8.35-7.fc21.loongson
     python-firewall.noarch 0:0.3.14.2-2.fc21.loongson
  systemd-sysv.mips64el 0:219-62.fc21.loongson.10

更新完毕：
  SDL.mips64el 0:1.2.15-18.fc21.loongson.2
     anaconda-widgets.mips64el 0:21.48.21-11.fc21.loongson.6
  audit.mips64el 0:2.4.1-2.fc21.loongson.4
     audit-libs.mips64el 0:2.4.1-2.fc21.oongson.4
  audit-libs-python.mips64el 0:2.4.1-2.fc21.loongson.4
     binutils.mips64el 0:2.24-31.fc21.loongson.11
  chromium.mips64el 0:60.0.3096.2-8.fc21.loongson
     cpp.mips64el 0:4.9.4-14.fc21.loongson.14
……
替代：
  dhclient.mips64el 12:4.3.2-8.fc21.loongson.1  mesa-libwayland-egl.mips64el 0:11.1.0-
5.20151218.
  fc21.loongson.6 systemd-compat-libs.mips64el 0:216-12.fc21.loongson.1
  xorg-x11-drv-modesetting.mips64el 0:0.9.0-2.fc21.loongson
```

完毕！注意，如果硬盘空间不足，升级过程会失败，建议使用较大的硬盘。

（四）移除功能

移除功能的命令格式如下。

```
yum [remove | groupremove] 软件名
```

例如，移除 git 的命令如下。

```
[loongson@localhost ~]  sudo yum remove git
已加载插件: langpacks
正在解决依赖关系
--> 正在检查事务
---> 软件包 git.mips64el.0.2.1.0-2.fc21.loongson 将被 删除
```

--> 正在处理依赖关系 git = 2.1.0-2.fc21.loongson，它被软件包 perl-Git-2.1.0-2.fc21.
loongson.noarch 需要

--> 正在检查事务

---> 软件包 perl-Git.noarch.0.2.1.0-2.fc21.loongson 将被 删除

--> 解决依赖关系完成

依赖关系解决

==

Package	架构	版本	源	大小

==

正在删除 :

| git | mips64el | 2.1.0-2.fc21.loongson | @fedora | 30 M |

为依赖而移除 :

| perl-Git | noarch | 2.1.0-2.fc21.loongson | @fedora | 59 k |

事务概要

==

移除   1 软件包 （+1 依赖软件包）

安装大小: 30 M

是否继续？ [y/N]:

Downloading packages:

Running transaction check

Running transaction test

Transaction test succeeded

Running transaction (shutdown inhibited)

```
    正在删除     : git-2.1.0-2.fc21.loongson.mips64el              1/2
    正在删除     : perl-Git-2.1.0-2.fc21.loongson.noarch          2/2
    验证中       : perl-Git-2.1.0-2.fc21.loongson.noarch          1/2
    验证中       : git-2.1.0-2.fc21.loongson.mips64el             2/2
```

删除 :

  git.mips64el 0:2.1.0-2.fc21.loongson

作为依赖被删除 :

  perl-Git.noarch 0:2.1.0-2.fc21.loongson

完毕！

3.2.2　编辑器

Vim（Vi[Improved]）编辑器是功能强大的跨平台文本文件编辑工具，继承自 UNIX 系统的 Vi 编辑器，支持 Linux、Mac OS X、Windows 系统，利用它可以建立、修改文本文件。进入 Vim 编辑程序，可以在终端输入下面的命令。

```
vim [filename]
```

其中 filename 是要编辑的文件的路径名。如果文件不存在，它将为你建立一个新文件。Vim 编辑程序有 3 种操作模式，分别是编辑模式、输入模式和命令模式。当运行 Vim 时，首先进入编辑模式。

Vim 编辑模式的主要用途是在被编辑的文件中移动光标的位置。一旦光标移到目标位置，就可以进行剪切和粘贴正文、删除正文和输入新的正文等操作。当完成所有的编辑工作后，需要保存编辑器结果，退出编辑程序回到终端。

在编辑模式下正确定位光标之后，可用图 3.8 中的方式切换到输入模式，开始编写文档。

在 Vim 的命令模式下，可以使用复杂的命令，Vim 中常用的命令如表 3.6 所示。在编辑模式下键入：，光标就跳到屏幕最后一行，并在那里显示冒号，此时已进入命令模式。命令模式又称末行模式，末行模式中可用的命令如表 3.7 所示。用户输入的内容均显示在屏幕的最后一行，按回车键，Vim 执行命令。

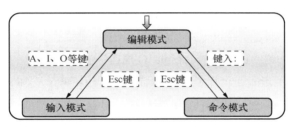

图 3.8　Vim 编辑模式

表 3.6　Vim 中常用的命令

命令	作用
dd	删除（剪切）光标所在整行
5dd	删除（剪切）从光标处开始的 5 行
yy	复制光标所在整行
5yy	复制从光标处开始的 5 行
n	显示搜索命令定位到的下一个字符串
N	显示搜索命令定位到的上一个字符串
u	撤销上一步的操作
p	将之前删除（dd）或复制（yy）过的数据粘贴到光标后面

表 3.7　末行模式中可用的命令

命令	作用
:w	保存
:q	退出
:q!	强制退出（放弃对文档的修改内容）
:wq!	强制保存退出
:set nu	显示行号
:set nonu	不显示行号
: 命令	执行该命令
: 整数	跳转到该行
:s/one/two	将当前光标所在行的第一个 one 替换成 two
:s/one/two/g	将当前光标所在行的所有 one 替换成 two
:%s/one/two/g	将全文中的所有 one 替换成 two
? 字符串	在文本中从下至上搜索该字符串
/ 字符串	在文本中从上至下搜索该字符串

3.2.3　编译器

　　GCC 是 GNU 项目的编译器组件之一，也是 GNU 最具有代表性的作品。在设计之初，GCC 仅仅作为一个 C 语言的编译器。经过十多年的发展，GCC 已经不仅能支持 C 语言，它现在还支持 Ada 语言、C++ 语言、Java 语言、Objective C 语言，Pascal 语言、COBOL 语言，以及支持函数式编程和逻辑编程的 Mercury 语言，等等。而 GCC 也不再只是 GNU C Compiler 的意思，而是 GNU Compiler Collection（GNU 编译器家族）的意思了。目前 GCC 已经成为 Linux 下最重要的编译工具之一。

　　GCC 是一个交叉平台的编译器，目前支持几乎所有主流 CPU 处理器平台，它可以完成从 C、C++、Objective C 等源文件向运行在特定 CPU 硬件上的目标代码的转换。GCC 不仅功能非常强大，结构也异常灵活，便携性（protable）与跨平台支持（cross-platform support）特性是 GCC 的显著优点，目前编译器所能支持的源程序格式如表 3.8 所示。

表 3.8　编译器所能支持的源程序格式

后缀格式	说明
.c	C 语言程序
.a	由目标文件构成的档案文件
.C、cc、cxx	C++ 源程序
.h	源程序所包含的头文件
.i	经过预处理的 C 语言程序

后缀格式	说明
.ii	经过预处理的 C++ 语言程序
.m	Objective C 源程序
.o	编译后的目标文件
.s	汇编语言源程序
.S	经过预编译的汇编程序

GCC 是一组编译工具的总称，包含众多的工具，按其类型，主要有以下的分类。

● C 编译器 gcc。

● C++ 编译器 g++。

● 源代码预处理程序 cpp。

● 库文件，如 libgcc.a 等。

用 GCC 编译程序生成可执行文件有时候似乎仅通过编译一步就完成了，但事实上，这并不只是一个编译的过程，而是需要经过下面的几个步骤：预处理（Pre-Processing）、编译（Compiling）、汇编（Assembling）、链接（Linking）。

在实际编译的时候，GCC 首先调用 cpp 命令进行预处理，主要实现对源代码编译前的预处理，比如将源代码中指定的头文件包含进来。接着调用 gcc 命令进行编译，作为整个编译过程的一个中间步骤，该步骤会将源代码翻译生成汇编代码。汇编过程是一个针对汇编语言的步骤，调用 as 命令进行工作，生成扩展名为 .o 的目标文件，当所有的目标文件都生成之后，GCC 就调用连接器 ld 来完成最后的关键性工作——链接。举例如下。

源代码 test.c 的内容很简单，只是打印"hello world"，代码如下。

```
1.    #include <stdio.h>

2.

3.    int main(int argc, char *argv[])

4.    {

5.        printf("hello world!\n");

6.        return 0;

7.    }
```

首先预处理，得到一个预编译的文件。

```
gcc -E test.c -o test.i
```

然后进行编译，得到汇编代码。

```
gcc -S test.i -o test.S
```

接着汇编，生成 .o 目标文件。

```
gcc -c test.S -o test.o
```

最后链接，生成可执行文件。

```
gcc test.o -o test
```

运行可执行文件，程序输出结果如下。

```
./test
hello world!
```

但是在实际使用 GCC 编译 C 语言代码时是不需要这么多操作的，GCC 已经替我们执行了很多步骤，只需要直接编译、运行即可，命令如下。

```
gcc test.c -o test
./test
hello world!
```

使用 GCC 编译程序时需要配置一些编译选项，下面我们介绍一些最常见的选项。

- -o：指定输出的目标文件名。
- -O0：编译过程中不对程序进行优化。
- -On：编译过程中对程序进行优化，其中 n 可以为 0~3，数字越大，优化等级越高，对编写者的代码要求也越高。
- -Os：编译过程中优化生成的可执行程序的大小。
- -O0：关闭所有优化选项。
- -O1：第一级别优化，使用此选项可使可执行文件更小、运行更快，并不会增加太多编译时间，可以简写为 -O。
- -O2：第二级别优化，采用了几乎所有的优化技术，使用此选项会延长编译时间。
- -O3：第三级别优化，在 -O2 的基础上增加了产生 inline 函数、使用寄存器等优化技术。
- -Os：此选项类似于 -O2，作用是优化所占用的空间，但不会进行性能优化，常用于生成最终版本。
- -g：编译过程中添加调试信息。
- -ggdb：在可执行文件中包含可供 GDB 使用的调试信息。
- -std=<xx>：指定编译时使用的代码标准，通常选择 c89/ansi、c99 或 gnu99，目前推荐使用 c99。
- -I：指定 include 包含头文件的搜索路径，例如头文件位于目录 local_include/ 中时，可以这样操作 gcc test.c -I/local_include/。
- -L：指定要链接的库文件的搜索路径。举个例子，我们要使用的第三方库文件没有在系统库文件的目录下，和源文件放在了同一个目录，我们可以通过 -L 选项让编译器在当前目录查找库文件，命令是 gcc test.c -L. （不要遗漏了点号）。

- -w：忽视所有编译警告，不推荐使用。
- -Werror：不区分警告和错误，遇到任何警告都停止编译。
- -Wall：开启大部分警告提示。

3.2.4　调试器

GDB 是 GNU 开源组织发布的一个强大的 UNIX 下的程序调试工具，可以帮助我们完成下面 4 个方面的功能。

- 启动程序，可以按照自定义的要求随心所欲地运行程序。
- 可让被调试的程序在指定的调置的断点处停住。
- 当程序被停住时，可以检查此时程序中所发生的事。
- 动态地改变程序的执行环境。

在编译时，我们必须把调试信息加到可执行文件中，添加编译选项 –g。举例如下。

源程序 tst.c 如下。

```
1.   #include <stdio.h>

2.

3.   int func(int n)

4.   {

5.       int sum=0,i;

6.       for(i=0; i<n; i++) {

7.           sum+=i;

8.       }

9.       return sum;

10.  }

11.

12.

13.  int main()

14.  {

15.      int i;

16.      int result = 0;

17.      for(i=1; i<=100; i++) {

18.          result += i;

19.      }

20.

21.      printf("result[1-100] = %d /n", result );
```

```
22.        printf("result[1-250] = %d /n", func(100) );
23.        return 0;
24.    }
```

编译生成执行文件。

```
1.    gcc -g tst.c -o tst
```

使用 GDB 调试，启动程序，进入调试界面。

```
1.    gdb tst
2.    GNU gdb (Ubuntu 8.2.91.20190405-0ubuntu3) 8.2.91.20190405-git
3.    Copyright (C) 2019 Free Software Foundation, Inc.
4.    License GPLv3+: GNU GPL version 3 or later <http://gnu.org/licenses/gpl.html>
5.    This is free software: you are free to change and redistribute it.
6.    There is NO WARRANTY, to the extent permitted by law.
7.    Type "show copying" and "show warranty" for details.
8.    This GDB was configured as "x86_64-linux-gnu".
9.    Type "show configuration" for configuration details.
10.   For bug reporting instructions, please see:
11.   <http://www.gnu.org/software/gdb/bugs/>.
12.   Find the GDB manual and other documentation resources online at:
13.       <http://www.gnu.org/software/gdb/documentation/>.
14.
15.   For help, type "help".
16.   Type "apropos word" to search for commands related to "word"...
17.   Reading symbols from tst...
18.   (gdb)
```

列出源代码，l 命令相当于 list，从第一行开始显示。

```
1.    (gdb) l
2.    2
3.    3        int func(int n)
4.    4        {
5.    5            int sum=0,i;
6.    6            for(i=0; i<n; i++) {
7.    7                sum+=i;
8.    8            }
```

```
9.   9              return sum;
10.  10       }
11.  11
```

直接回车键表示，重复上一次命令。

```
1.   (gdb)
2.   12
3.   13     int main()
4.   14     {
5.   15          int i;
6.   16          int result = 0;
7.   17          for(i=1; i<=100; i++) {
8.   18              result += i;
9.   19          }
10.  20
11.  21          printf("result[1-100] = %d /n", result );
```

然后在程序的第 17 行和函数 func 处打断点。

```
1.   (gdb) break 17
2.   Breakpoint 1 at 0x1172: file tst.c, line 17.
3.   (gdb) break func
4.   Breakpoint 2 at 0x113c: file tst.c, line 5.
```

查看断点信息。

```
1.   (gdb) info break
2.   Num  Type           Disp Enb Address            What
3.   1    breakpoint     keep y   0x0000000000001172 in main at tst.c:17
4.   2    breakpoint     keep y   0x000000000000113c in func at tst.c:5
```

运行程序，程序会在第一个断点处，即第 17 行代码处停止。

```
1.   (gdb) run
2.   Starting program: /mnt/d/code/tst
3.
4.   Breakpoint 1, main () at tst.c:17
5.   17          for(i=1; i<=100; i++) {
```

然后我们可以进行单步运行。

```
1.   (gdb) next
2.   18                  result += i;
3.   (gdb) next
4.   17               for(i=1; i<=100; i++) {
5.   (gdb) next
6.   18                  result += i;
```

查看一下变量的值，for 循环执行了 2 次，result 加到了 1。

```
1.   (gdb) print result
2.   $1 = 1
3.   (gdb) print i
4.   $2 = 2
```

接下来继续运行程序，直到下一个断点处再次停止。

```
1.   (gdb) c
2.   Continuing.
3.
4.   Breakpoint 2, func (n=100) at tst.c:5
5.   5              int sum=0,i;
```

再次查看局部变量 i 的值，发现 i 的值是 0，即函数 func 的变量 i 初始值为 0。

```
1.   (gdb) print i
2.   $3 = 0
```

此时查看一下函数的堆栈信息，可以看出调用关系 main 调用了 func。

```
3.   (gdb) bt
4.   #0  func (n=100) at tst.c:6
5.   #1  0x00005555555551ab in main () at tst.c:22
```

退出函数 func。

```
1.   (gdb) finish
2.   Run till exit from #0  func (n=100) at tst.c:6
3.   0x00005555555551ab in main () at tst.c:22
4.   22              printf("result[1-250] = %d /n", func(100) );
5.   Value returned is $5 = 4950
```

最后，继续运行到程序结束，退出 GDB。

```
1.  (gdb) c
2.  Continuing.
3.  result[1-100] = 5050 /nresult[1-250] = 4950 /n[Inferior 1 (process 8176) exited
normally]
4.  (gdb) quit
```

至此，一次完整的 GDB 调试就结束了。

通过该节，我们知道了如何生成可以调试的可执行文件，并使用 gdb 进行了断点、单步调试、在运行过程中获取变量的值等基础的调试操作。

3.2.5　git

在软件开发中，版本控制（Version Control）是一个很重要的组成。首先，在开发过程中我们会经常性地保存项目的改动，并且要记录这些改动，在新编写的代码或者新版本软件出问题时，我们需要回退到上一个经过测试的正确版本，而这脱离了版本控制软件是很难实现的，你可以试着回想一下上个月编写的代码为什么是这样的？其次，简单的软件可能一两个人就能够开发完成，但是现在大部分的软件项目都会有十几人、几十人甚至成百上千人一起协同开发。你需要告知其他人你修改了某部分代码，同时也要知道其他人修改了哪些代码。有了版本控制软件，其他人只需要查看你的代码提交记录就知道你做了哪些修改，同样，你也可以知道其他人对代码的修改。最后，版本控制软件还可以帮你备份代码，因为谁都不能保证开发用的计算机永远不会崩溃，通过版本控制软件，你可以随时从服务器恢复代码和代码修改记录。熟练地使用版本控制软件，是一个程序员必备的专业技能。

版本控制软件可以分为两类：集中式和分布式。前者的代表是 SVN（Subversion），后者的代表就是 git。集中式的版本控制软件要求在每次改变软件版本，包括提交软件版本和回退软件版本时，都需要连接代码服务器；而分布式则不需要，比如 git，它会在本地创建一份完整的软件版本库，每次改变软件版本时只需要在本地进行操作即可，当你要将代码提交到服务器时才需要连接网络。相比之下，分布式版本控制软件的安全性和效率比集中式高很多。因为每个人的计算机上都会有一份完整的软件版本库，某一个人的计算机坏了不要紧，从其他人那里复制一份就可以了；每次改变软件版本不需要访问服务器，只在本地操作即可；而且协作性也不差，只要将代码提交到服务器，其他人就知道你修改了哪些代码。

git 的功能有很多，此处只列举了其中最常用的几个，更多的功能还需要读者在日常开发中摸索学习。

- clone：将存储库克隆到本地目录中。
- init：创建一个 git 版本库。
- add：添加文件到版本库。
- log：显示版本库历史。

- checkout：切换分支或还原版本库文件。
- commit：提交修改记录到版本库。
- pull：从服务器拉去代码，并合并到本地版本库。
- push：提交修改记录到服务器。

（一）使用 git 下载龙芯派相关的源代码

龙芯派相关的源代码在龙芯开源社区的 git 代码服务器 (http://cgit.loongnix.org/cgit) 都有托管，我们可以直接使用 git 工具下载源代码。

首先需要安装 git 工具，在 Windows 环境下，可以直接在 git 的官网下载安装，在 Linux 环境下直接使用前面介绍的软件包管理器安装。

```
sudo yum install git-core
```

然后进入命令行环境，执行 git 命令（Windows 下进入 git bash，Linux 下进入 shell），下载 kernel 代码。

```
git clone git://cgit.loongnix.org/kernel/linux-3.10.git
```

下载 pmon 代码。

```
git clone git://cgit.loongnix.org/pmon/pmon-loongson3.git
```

下载 uboot 代码。

```
git clone git://cgit.loongnix.org/u-boot/u-boot-2016.git
```

如果要下载其他源代码，方法类似，只需要获取代码的 git 托管地址，使用 `git clone` 命令就可以下载到本地。

（二）使用 git 进行版本管理

举个例子，我们要开始一个新的软件项目，项目名称为 powerful_loongson。首先我们在本地创建项目文件夹 powerful_loongson，然后初始化 git 版本库。

```
mkdir powerful_loongson && cd powerful_loongson
git init
```

编写第一个文件 main.c。

```
1.    #include <stdio.h>
2.
3.    int main()
4.    {
5.        printf("hello world\n");
6.        return 0;
7.    }
```

然后将这个文件加入版本库。

```
git add main.c
```

提交修改,其中-c选项的作用是提交代码,-m选项的作用是使用后面的一串文件作为提交信息。

```
git commit -c -m" 第一次提交代码 "
```

后续该软件项目又有了很多修改,有一天我们遇到问题,需要将版本回退到上一个版本。首先通过 log 命令获取版本号。

```
git log
commit 22148e28077358ba16f39264941b977c6f6a6067
Author: Andreas<xyz@163.com>
Date:    Tue Jan 29 10:00:25 2019 +0100
```

在 git 中,每个 commit ID 的信息 (如 22148e28077358ba16f39264941b977c6f6a6067) 就是一个 SHA-1 Hash 值,它是对 commit 在 git 仓库中内容和头信息 (Header) 的一个校验和 (checksum)。我们要使用这个 id 进行回退,虽然说 commit id 很长,但是在实际操作中只需要六七位就可以唯一确定一个版本了。回退版本的命令如下。

```
git checkout 22148e
```

3.2.6 Docker

Docker 是一个开源的应用容器引擎,让开发者可以打包应用以及依赖包到一个可移植的镜像中,然后发布到任何流行的 Linux 或 Windows 机器上;Docker 也可以实现虚拟化。Docker 使用 Go 语言进行开发实现,基于 Linux 内核的 cgroup、namespace 以及 AUFS 类的 Union FS 等技术,对进程进行封装隔离,属于操作系统层面的虚拟化技术。由于隔离的进程独立于宿主和其他的隔离的进程,因此也称其为容器。Docker 的最初实现基于 LXC,后来转而使用自行开发的 libcontainer,并进一步演进为使用 runC 和 containerd。Docker 在容器的基础上,进行了进一步的封装,从文件系统、网络互联到进程隔离等,极大简化了容器的创建和维护,使 Docker 技术比虚拟机技术更轻便、快捷。

Docker 和传统虚拟机技术的不同之处在于,传统的虚拟机技术是虚拟出一套硬件,在上面运行一个完整的操作系统,然后在该系统上再运行我们需要的应用程序,虽然隔离性很好,但是资源耗费比较大。而容器则不同,在容器中运行的程序是直接运行在宿主的内核上,容器内并没有自己的内核,也就不需要虚拟一套硬件,因此容器的运行更加便捷、高效。

通过使用 Docker,我们可以更高效地利用系统资源,快速地运行我们需要的程序,可以为团队搭建一致的运行环境。在过去,如果使用的工具链发生了变化,我们需要仔细、认真地按照厂商的说明在自己的开发机上搭建新的工作环境,而这个过程是很痛苦的,稍有不慎就会出错,而且很有可能现在的开发环境会和旧的工具链发生冲突。因此我们会考虑使用虚拟机,但是虚拟机比较笨重，占用大量的系统资源，启动缓慢。但是有了 Docker 之后，情况就不一样了，我们只需要创建一个包开发环境的 Docker 容器，然后每个人直接使用 Docker 在本地搭建（准确地说是复制）新的开发环境，只需要几行命令就可以完成以前可能几天才能配置好的环境，并且它不会与其他工具链发生冲突。

下面我们以搭建龙芯派的开发环境为例，说明一下如何使用 Docker。首先我们需要在本地系统上安装 Docker，考虑到国内的网络状况，推荐使用 DaoCloud 的 Docker 镜像（可从 DaoCloud 官网上下载）安装 Docker。然后，从 github 上下载龙芯派开发环境对应的 Docker 配置文件，下载地址为 https://github.com/oska874/loongson_compiler_docker.git。接着，进入 shell，切换到刚刚下载的配置文件目录，执行如下命令构建 Docker 容器。

```
cd loongson_compiler_docker
docker build  -t loongson:2019.4 .
```

构建成功后，运行 Docker 容器。

```
docker run -ti -v /path/to/your/code/:/home/loongson/project loongson:2019.4 /bin/bash
```

其中，/path/to/your/code/ 是当前系统中你的工作目录，/home/loongson/project 是容器中的工作目录。进入容器后，龙芯的 GCC 编译器位于 /opt/gcc-4.9.3-64-gnu/ 和 /opt/gcc-4.4-gnu/，这两个分别使用来编译 kernel、linux 和 pmon。

使用 Docker 搭建一套新的开发环境很简单，它已经替我们配置好了系统环境。打开 loongson_compiler_docker/Dockerfile，我们可以看到，如果不使用 Docker，那么我们需要人工完成以下各种复杂操作。

1. 安装各项依赖，修改 Ubuntu 的软件源，配置语言环境

```
RUN sed -i.bak s/archive.ubuntu.com/mirror.tuna.tsinghua.edu.cn/g /etc/apt/sources.
list && \
  dpkg --add-architecture i386 && apt-get update && apt-get install -y \
  build-essential \
  sudo \
  iproute2 \
  gawk \
  net-tools \
  expect \
  libncurses5-dev \
  tftpd \
  libssl-dev \
  gnupg \
  wget \
```

```
socat \
gcc-multilib \
screen \
xterm \
gzip \
unzip \
cpio \
chrpath \
autoconf \
lsb-release \
locales \
xutils-dev \
mtd-utils \
tmux \
net-tools \
git \
bc
```

2. 下载工具链，并放到指定目录

```
RUN cd /opt && \
    wget ftp://ftp.loongnix.org/embedd/ls3a/toolchain/gcc-4.4-gnu.tar.gz && \
    wget ftp://ftp.loongnix.org/embedd/ls3a/toolchain/gcc-4.9.3-64-gnu.tar.gz && \
    tar -xf gcc-4.4-gnu.tar.gz && \
    tar -xf gcc-4.9.3-64-gnu.tar.gz && \
    rm gcc-4.9.3-64-gnu.tar.gz gcc-4.4-gnu.tar.gz && \
    mv opt/* . && \
    rmdir opt
```

3. 设置 loongson 在使用 sudo 命令时不输入密码

```
RUN adduser --disabled-password --gecos '' loongson && \
  usermod -aG sudo loongson && \
  echo "loongson ALL=(ALL) NOPASSWD: ALL" >> /etc/sudoers
```

通过这个简单的例子，我们完全可以体会到 Docker 的强大。Docker 更多的功能和用途还需要读者在以后的使用中慢慢体会、发掘。

第 **04** 章

龙芯派的软件开发

经过前一章的学习，我们现在已经能够熟练地使用 Linux，接下来介绍的是在 Linux 环境下进行软件开发，开发出能够运行在龙芯派上的 demo 程序，为以后开发真正的应用程序做准备。

【**目标任务**】

本章覆盖嵌入式软件开发的大部分内容。首先介绍嵌入式开发的特点，以编写一个 Linux 程序为例，介绍如何搭建龙芯派的交叉编译环境。接着通过更新 Linux 系统内核，介绍如何配置内核、编译内核以及更新内核，并以一个系统模块为例介绍如何编写、使用系统模块。最后会简单介绍一些龙芯派支持的外设、传感器，并以一个 I²C 接口的传感器为例，编写一个可以运行在龙芯派上的传感器程序。通过本章的学习，读者可以自己搭建龙芯派的交叉编译环境、更新系统内核、编写应用程序控制传感器，进而能够使用龙芯派和外部设备完成自己需要的功能。

【**知识点**】

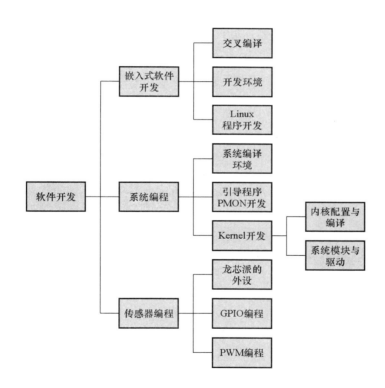

4.1　**嵌入式开发**

嵌入式开发是在嵌入式系统上进行的软硬件开发。在维基百科上，嵌入式系统是这样定义的：嵌入式系统首先是一个具备特定功用的计算机系统，包含在更大的机械或电子系统里面，通常有实时的计算约束。嵌入式系统作为一个部件嵌入在一个完整的设备里，这个设备通常有硬件和机械的部分。当今时代，嵌入式系统控制了很多通用设备。98% 的微处理器被用来作为嵌入式系统的部件。嵌入式系统和通常的个人计算机（PC）系统主要有以下几点区别。

- 低功耗

- 小尺寸

- 受限的计算性能

- 单元成本较低

这些特性是以有限的处理资源为代价的，这也使嵌入式系统更难以编程和交互。现代嵌入式系统通常基于微控制器（即具有集成内存或外围接口的 CPU），但是普通微处理器（使用用于存储器和外围接口电路的外部芯片）也是常见的，特别是在更复杂的系统中。在不同情况下，使用的处理器可以从通用的到专门用于某些计算类别的类型，甚至是针对当前应用而定制的类型。像我们所熟知的树莓派、Arduino、龙芯派，以及手机、平板电脑、汽车的控制系统等都属于嵌入式系统的范畴，在这些设备之上进行的开发活动就是嵌入式开发。

与传统计算机不同的是，嵌入式系统种类繁多。许多的芯片厂商、软件厂商加入其中，因此有多种硬件和软件，甚至解决方案。一般来说，不同的嵌入式系统的软硬件是很难兼容的。软件必须修改，而硬件必须重新设计才能在另一个嵌入式系统上使用。虽然软硬件种类繁多，但是不同的嵌入式系统还是有很多相同之处的。图 4.1 是一个典型的嵌入式系统的组成。

图 4.1　嵌入式系统组成

软件部分分为两层，即直接和硬件打交道的嵌入式操作系统、驱动程序，以及上层的应用软件。硬件部分可以划分为嵌入式微处理器和外部设备。

4.1.1　本地编译和交叉编译

嵌入式软件开发和通常的 PC 软件开发有一个最重要的区别，即编译方式的不同。在 PC 上进行软件开发时，我们都是本地编译、本地运行，开发和调试都很方便；而嵌入式软件开发受限于嵌入式设备的计算能力、存储空间和内存大小，一般不能进行本地编译，需要在一个平台上编译，在另一个平台上运行，也就是交叉编译。嵌入式软件开发的一般步骤如下。

1. 获取交叉编译工具链：通常每个 Linux 发行版都会预装一份当前 CPU 架构版本的 GCC，而嵌入式开发使用的交叉编译工具链需要从芯片厂商获取，或者自己编译生成工具链，比如龙芯的交叉编译工具链名字就是 mips64el-loongson-linux-gcc。

2. 编写程序：在 PC 上编写程序。

3. 交叉编译生成目标程序：使用交叉编译工具链编译程序。

4. 将目标程序烧写到嵌入式设备：通过 Jtag 仿真器或者网络将目标程序烧写到嵌入式设备上，比如开发板、手机等。

5. 运行程序、调试：遇到 bug，就重复步骤 2 ~ 步骤 5，直到程序正常工作。

随着嵌入式设备性能、内存的显著提升，现在我们也可以在嵌入式设备上直接编写、编译程序，就像在 PC 上开发软件一样。虽然本地编译要方便很多，但是目前嵌入式软件的规模也越来越大，很大程度上嵌入式设备提高的性能并不能完全满足大型工程的编译需求，因此我们还是依赖于交叉编译这种形式，本地编译只适用于 demo 程序和小程序。

4.1.2 龙芯工具链

如前文所述，我们获取工具链的途径有两个：自己从源码编译生成工具链，以及直接使用厂商提供的工具链。在嵌入式开发的原始阶段，大家都是使用源码从零开始制作自己的工具链（有很多教程介绍如何制作），而现在——嵌入式开发的黄金时代——我们已经不再需要自己制作编译器、链接器这些工具链了。随着技术的发展，嵌入式开发越来越普遍，不管是芯片厂商还是开源组织都提供了自己的交叉编译器。以 ARM 为例，一方面 ARM 官方有自己的编译器 armcc，另一方面开源组织 linaro 也维护了一套 arm gcc，而 GCC 本身也提供了 ARM 版本的 GCC。龙芯也是一样，一方面有 GNU 提供的 MIPS 版本的 GCC，另一方面，龙芯自己也维护了一套 GCC 工具链供开发者使用。

下面我们介绍龙芯的 GCC 工具链 mips64el-loongson-linux-gcc。我们将要用到的 GCC 工具链包括编译器 mips64el-loongson-linux-gcc（如果编写 C++ 代码就需要 mips64el-loongson-linux-g++），反汇编工具 mips64el-loongson-linux-objdump，调试器 mips64el-loongson-linux-gdb。

编译器 mips64el-loongson-linux-gcc 的用法和 3.2.3 节所述一致。我们需要指定库文件、头文件的搜索目录，语言的版本，优化等级这些选项。

反汇编工具 mips64el-loongson-linux-objdump 一般情况下用不到，但是在处理一些疑难问题时很有用，熟练地掌握反汇编技巧可以帮助我们在调试过程中更快地发现 bug、解决问题。Linux 下编译器生成的可执行文件都是 ELF 格式，使用 objdump 可以将 ELF 文件反编译成一行行的汇编代码，如果在编译时指定了 -g 选项，那么在反编译时加上 -S 选项还可以将汇编代码和 C 语言代码对应起来，举例如下。

源代码 test.c 如下。

```
1.   #include <stdio.h>
2.
3.   int main()
4.   {
5.       int x = 1;
6.       int y = 2;
7.       x += y;
8.       printf("%d\n",x);
9.       return 0;
10.  }
```

编译代码，并添加调试信息。

```
mips64el-loongson-linux-gcc -g test.c -o test
```

对可执行文件 test 进行反汇编。

```
mips64el-loongson-linux-objdump -DS test >test.dump
```

打开 dump 文件，可以直观地看到汇编代码和 C 语言代码交错显示，每一个 C 语言代码对应的汇编指令清晰可见。

有了 objdump 我们就可以直观地了解编写的代码经过编译链接之后是什么样子，并且在程序出错时如果我们知道了出错指令的地址，通过反汇编代码就可以清楚地知道是哪句代码产生的问题。

4.1.3 搭建 Linux 编译环境

在我们实战编译第一个 Linux 程序之前，首先需要搭建一个 Linux 编译环境，对于初学者来说，在虚拟机中安装一个 Linux 操作系统是一个首选方案。当然，如果你对 Linux 比较熟悉，最好是直接在 PC 上运行 Linux，这样可以避免虚拟机引起的系统性能损耗。下面我们介绍一下如何使用开源免费的虚拟机 VirtualBox 安装运行最新的 Ubuntu 18.04 系统，并搭建好编译器运行环境。

（一）虚拟机安装

首先从 VirtualBox 的官网下载虚拟机安装包，安装 VirtualBox，如图 4.2 所示。

图 4.2　VirtualBox

VirtualBox 支持多种平台，包括 Windows、Mac OS X、Linux，目前的最新版本是 6.0.8，我们选择下载 Windows hosts 版本。同时还需要下载对应版本的扩展包（Extension Pack），扩展包是全平台通用的。VirtualBox 扩展包正如其官网介绍的，包含对 USB 2.0 和 USB 3.0 设备的支持、VirtualBox RDP、磁盘加密等高级功能，所以对于 VirtualBox 来说扩展包是很重要的。在早期版本中，没有扩展包支持的 VirtualBox 运行起来是非常缓慢的，一个没有安装扩展包的 VirtualBox 是不完整的。

VirtualBox 的安装很简单，只需要根据提示单击【下一步】按钮即可。在安装完本体之后，需要运行 VirtualBox 来安装扩展包，进入【管理】菜单，如图 4.3 所示，选择【全局设定】。

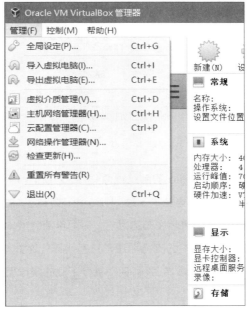

图 4.3　选择全局设定

单击【扩展】，进入扩展界面，如图 4.4 所示，单击右侧的加号按钮，找到下载好的扩展包安装文件 Oracle_VM_VirtualBox_Extension_Pack-6.0.8.vbox-extpack。

图 4.4　扩展界面

单击【安装】按钮，如图 4.5 所示，然后会弹出许可对话框，需要把滚动条拉到底部，单击【我同意】，安装成功后会弹出对话框提示成功安装。

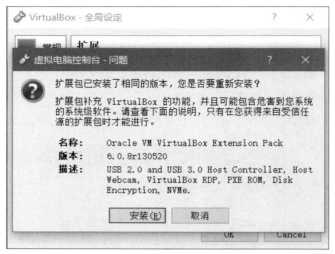

图 4.5　安装对话框

（二）Ubuntu 系统镜像

接下来从 Ubuntu 官网下载 Ubuntu 的系统镜像文件。Ubuntu 有多个版本，按应用类型可以分为 desktop 和 server，两者的版本号基本一致。Ubuntu 发布版本的官方名称是 Ubuntu X.YY，其中 X 表示年份（减去 2000），YY 表示发布的月份；每两年都会推出一个长期支持版本（LTS），其支持期长达 5 年，而非长期支持版本的支持期通常只有半年，比如 16.04、18.04 都是长期支持版本，而 18.10、19.04 都是非长期支持版本。我们现在需要下载的是最新版的长期支持版本 18.04（完整的版本号是 18.04.2）。

（三）在虚拟机中安装 Linux 系统

现在虚拟机已经安装好，Ubuntu 系统镜像也准备好了，可以开始在虚拟机中安装 Linux 系统了。

首先我们要在 VirtualBox 中新建一个虚拟电脑，选择专家模式，如图 4.6 所示。其中内存大小需要根据个人的计算机内存适当分配，推荐分配 2GB 以上。如果分配得太少会影响 Ubuntu 运行，但也不要分配得太多，否则会影响宿主机的运行。

单击【创建】按钮，根据引导创建虚拟硬盘。因为我们需要将工具链和各种代码、文件都要放在虚拟机内部，所以推荐用户将虚拟硬盘设置得大一些（如 100GB）。如图 4.7 所示，选择动态分配，虚拟硬盘的大小只会根据虚拟机实际使用的空间来对虚拟硬盘进行扩容，直到设置的虚拟硬盘大小，所以，不要害怕此时设置得太大会占用物理硬盘太多空间。

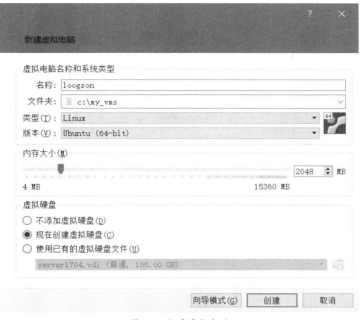

图 4.6　新建虚拟电脑

图 4.7　创建虚拟硬盘

接下来我们就要开始在虚拟电脑中安装 Ubuntu，启动刚才创建的虚拟电脑 loongson，VirtualBox 会提示选择启动盘，如图 4.8 所示。

图 4.8　选择启动盘

此时选择刚才下载好的 Ubuntu 镜像文件 ubuntu-18.04.2-desktop-amd64.iso，然后单击【启动】按钮，开始安装，如图 4.9 所示。

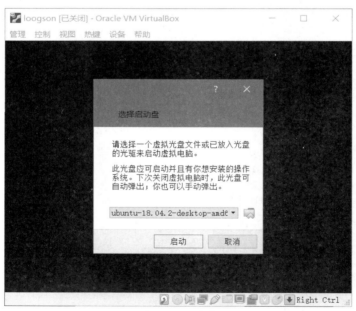

图 4.9　开始安装

稍等片刻，进入 Ubuntu 的安装界面，选择 Install Ubuntu，默认的语言是英语。推荐使用英语界面，这样可以避免在后续使用中环境配置上的很多问题，同时 Ubuntu 的英文界面也很简单，使用上没有太多障碍，如图 4.10 所示。

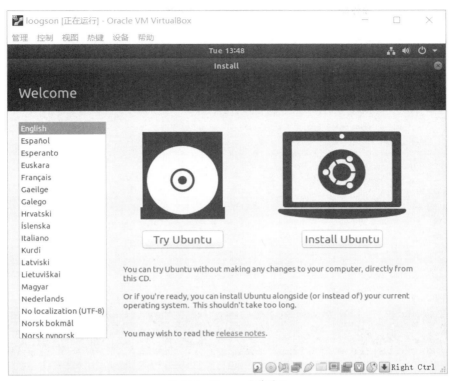

图 4.10　Ubuntu 安装界面

接下来按部就班地单击【continue】按钮即可，如图 4.11 ～图 4.14 所示。

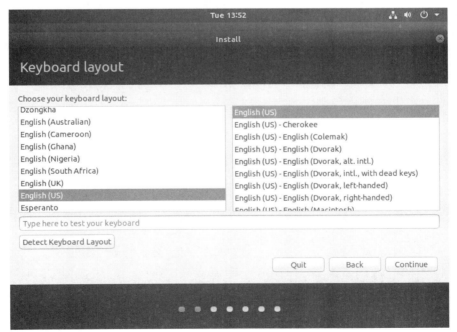

图 4.11

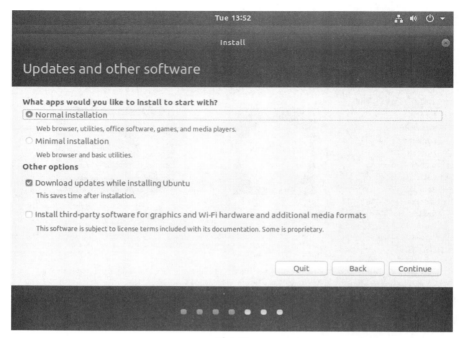

图 4.12

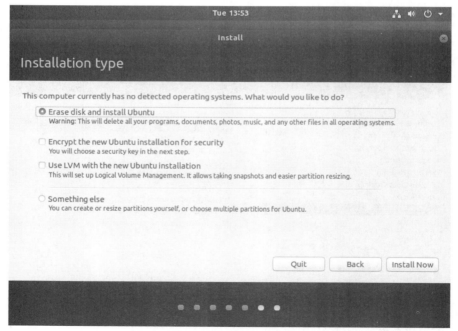

图 4.13

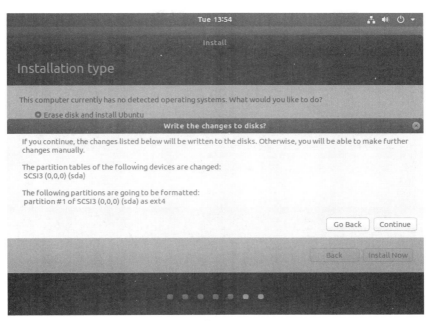

图 4.14

将系统时区设为东八区。

最后，输入自己的用户名、密码、计算机名称等信息，一定要牢记设置的密码，它在后面的使用和开发过程中很重要。同时为了方便开发，请勾选【Log in automatically】，避免每次登录 Ubuntu 都要输入密码。单击【continue】按钮就开始安装 Ubutnu 到虚拟机了，如图 4.15 所示。

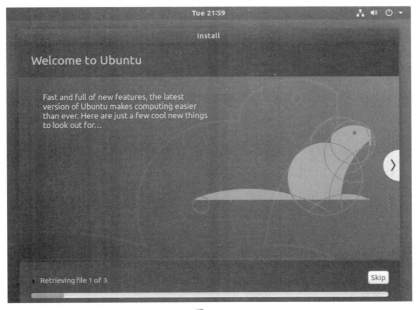

图 4.15

现在你需要的只是安静地等待安装结束，整个安装过程的时间根据计算机配置和网速各不相同，大概需要 20 分钟。安装成功后会提示重启计算机，如图 4.16 所示，对我们而言当然就是重启虚拟机了。

图 4.16

（四）重启虚拟机

重启虚拟机，进入 Ubuntu 的系统界面，因为安装时勾选了自动登录，所以此时不需要输入登录密码就可以自动进入系统桌面。

（五）安装 VirtualBox 增强工具

为了进一步提高 VirtualBox 的运行效率，我们还需要安装 VirtualBox 增强工具，进入【设备】菜单，选择【安装增强功能】，如图 4.17 所示。

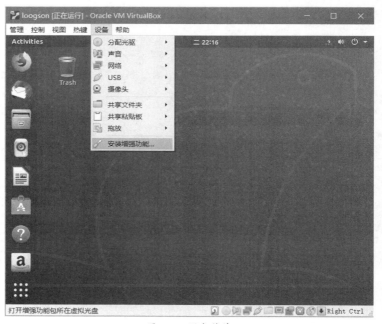

图 4.17 设备菜单

　　然后系统会弹出对话框，提示自动安装"VBox_GAs_6.0.8"增强功能，选择【 Run 】按钮即可，如图 4.18 所示。安装时需要用户授权，需要在弹出的对话框中输入用户密码，然后系统会自动打开一个终端开始安装增强功能。

图 4.18　自动安装增强功能提示

　　如果安装过程出现图 4.19 所示的错误，提示因为系统没有安装 gcc、make、perl 而无法安装增强包，我们就需要使用 apt 命令安装缺失的软件。

图 4.19　错误提示

打开一个终端开始安装缺失的软件，命令如下，安装如图 4.20 所示。

```
sudo apt-get install gcc make perl -y
```

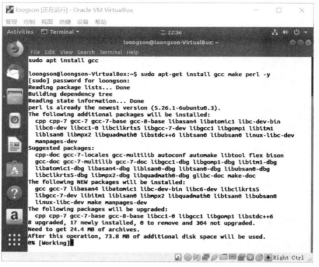

图 4.20

然后再安装增强包，单击桌面图标 VBox_GAs_6.0.8 进入文件夹，执行"run software"开始安装增强包，如图 4.21 所示。

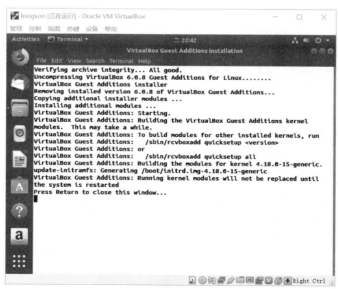

图 4.21

安装成功，重启虚拟机即可。

（六）配置共享文件夹

现在 Ubuntu 虚拟机已经可以正常运行，如果要向虚拟机传输数据或者从虚拟机提取数据，还需要配置共享文件夹、共享粘贴板和拖放，其中共享粘贴板和拖放只需要在菜单中勾选即可，如图 4.22 所示。

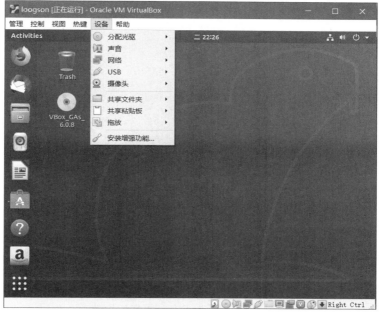

图 4.22　共享粘贴板和拖放

配置共享文件夹稍微麻烦些，分固定分配和临时分配两种。前者会将宿主机的目录固定挂载在虚拟机内的指定位置，而临时分配只是在虚拟机本次运行有效，重启后就不会再分配。以固定分配为例，进行图 4.23 所示的配置。

图 4.23　固定分配配置

　　然后重启虚拟机就可以在系统文件夹和桌面看到共享文件夹对应的图标，如图 4.24 所示。根据我们之前的配置，该文件夹对应的实际路径是 `/media/sf_shared/`。

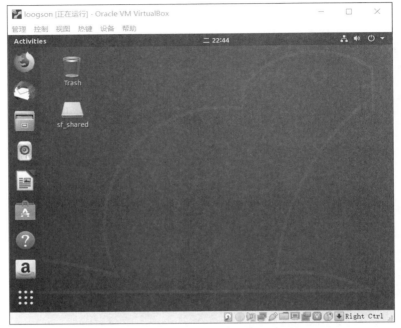

图 4.24　共享文件夹图标

　　VirtualBox 的共享文件夹有个问题，默认情况下，普通用户是无法在 shell 下进入该目录的，我们需要将用户添加到 vboxsf 用户组才能有权限在 shell 中访问共享文件夹，执行 `adduser` 命令将用户添加到 vboxsf 用户组。

```
sudo adduser loongson vboxsf
```

　　然后重启虚拟机就可以自由访问共享文件夹了。

　　在使用 Ubuntu 开发软件的过程中，我们会大量地使用 `sudo` 命令来获取 root 权限，但是每次都要输入密码，这就比较烦琐了。加之我们是在虚拟机中使用 Ubuntu，即使不当操作将虚拟机系统搞坏了，其后果最多只是重新搭建一次运行环境，所以推荐大家直接使用 root 管理员用户进行操作，或者修改系统配置避免每次输入 `sudo` 命令都需要输入密码。设置方法很简单，使用 sudo 权限打开 `/etc/sudoers`，在最后一行添加 `loongson ALL=(ALL) NOPASSWD: ALL`，如图 4.25 所示，然后重启终端，这样用户 loongson 每次使用 `sudo` 命令就不会再提示输入密码了。

（七）GCC 编译器

　　至此 Ubuntu 虚拟机已经安装完成，可以正常使用，我们还需要下载龙芯 GCC 编译器，配置系统环境。后续开发我们将会用到两个版本的 GCC，分别是 gcc-4.4（ftp://ftp.loongnix.org/embedd/ls3a/toolchain/gcc-4.4-gnu.tar.gz）和 gcc-4.9.3（ftp://ftp.loongnix.org/embedd/ls3a/toolchain/gcc-4.9.3-64-gnu.tar.gz），前者主要用来编译龙芯派的引导程序 PMON，后者则用来编译内核和 Linux 程序。下载完成之后，将这两个程序拷贝到共享文件夹，然后将这两个压缩

包解压缩到 /opt 目录，注意，访问 /opt 目录需要 root 权限，所以我们需要使用 sudo 命令才能
完成操作，如图 4.26 所示。

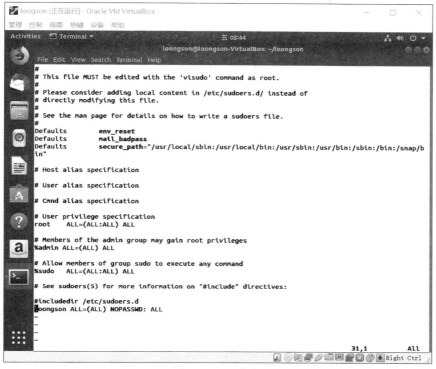

图 4.25　添加命令

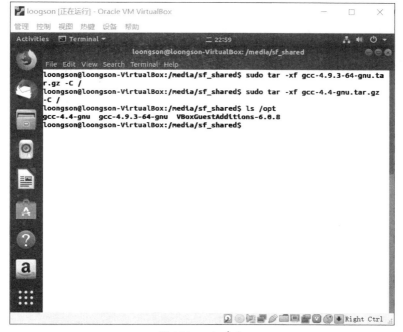

图 4.26　sudo 命令

因为龙芯的 GCC 压缩包是直接从 /opt 开始压缩的，所以我们解压缩时需要将目标目录指向根目录"/"。龙芯派的交叉编译工具链的最终路径就是 /opt/gcc-4.9.3-64-gnu/bin/mips64el-linux-gcc 和 /opt/gcc-4.4-gnu/bin/mipsel-linux-gcc，如图 4.27 所示。

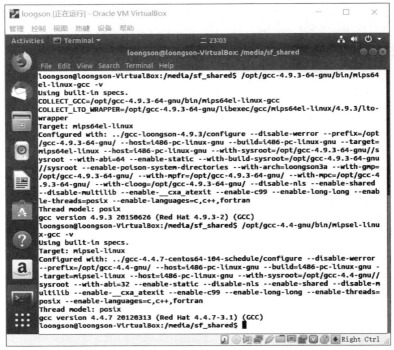

图 4.27　最终路径

至此，龙芯派的交叉编译环境就算完全搭建好了。接下来就需要编写自己的程序代码，然后使用交叉编译器编译即可。

4.1.4　第一个 Linux 程序

到目前为止，我们已经了解了 Linux 是什么，也了解了交叉编译的概念，并且学习了编译器GCC、文本编辑器 Vim，现在可以开始编写第一个 Linux 程序了。这个程序将会运行在龙芯派二代上。作为惯例，第一个小程序当然就是 hello world 了。

在终端中打开 Vim，开始输入如下代码。

```
1.    #include <stdio.h>

2.

3.    int main()

4.    {

5.      printf("hello world\n");

6.      return 0;

7.    }
```

Linux 上的 C 语言语法和 Windows 平台一样，只是用到的部分头文件不同。然后我们使用上一节安装好的龙芯交叉编译器编译这个程序，为了方便起见，我们可以在当前 shell 设置环境变量 CC 指向龙芯的 GCC 路径，然后我们再使用 GCC 时就可以避免输入冗长的路径名了。

```
export CC=/opt/gcc-4.9.3-64-gnu/bin/mips64el-linux-gcc
```

首先对 C 语言代码进行预编译，得到一个预编译的文件。

```
$CC -E hello_world.c -o hello_world.i
```

然后进行汇编，得到汇编代码。

```
$CC -S hello_world.i -o hello_world.S
```

接着编译，生成 .o 目标文件。

```
$CC -c hello_world.S -o hello_world.o
```

最后链接，生成可执行文件。

```
$CC hello_world.o -o hello_world
```

当然，以上这么多步骤 GCC 都可以替我们完成，我们只需要调用 GCC 直接编译 C 语言源文件即可。

```
$CC hello_world.c -o hello_world
```

现在我们得到了编译好的 Linux 程序，需要将程序传输到开发板上运行。传输文件到龙芯派有多种途径，如前文所述的 SSH、FTP，或者直接通过 U 盘将程序拷贝到龙芯派上。

最后，在龙芯派上运行这个程序，终端就会输出"hello world"。

```
./hello_world
hello world
```

至此，我们已经编写了第一个 Linux 程序，虽然它很简单，但是它和其他 Linux 程序本质上是一样的。以此为基础，我们只需要将需要的功能转换成编程语言，再使用 GCC 编译即可。

4.2　系统编程

经过前面几个小节的学习，我们已经熟悉了 Linux 系统的编译运行环境，也编写了第一个 Linux 程序。在 Linux 系统中程序一般分为两类：用户空间的应用程序和内核空间的系统模块，而这个程序就是运行在用户空间的应用程序（关于 Linux 内核空间和用户空间程序的区别将会在 4.2.6 节中进行详细说明）。接下来开始介绍龙芯派的底层程序开发，主要分为两部分：PMON 引导程序的制作和更新、Linux 内核程序的开发和使用。

4.2.1　搭建系统编译环境

在 4.1 节中，我们使用 VirtualBox 搭建了一个 Linux 编译环境，它可以编译一般的用户空间应用程序。接下来需要在这个环境的基础上，增加一些新的工具包，以支持我们完成下面的系统编程。我们需要使用终端安装编译 PMON、Linux Kernel 所需要的软件依赖包。

打开终端，执行如下命令，安装软件依赖包。

```
sudo apt-get install bison flex xutils-dev libncurses5-dev
```

接下来就开始我们的系统编程之旅。

4.2.2　PMON

龙芯平台计算机目前多采用 PMON（Prom Monitor）作为基本输入输出系统（BIOS）。PMON 具有强大而丰富的功能，包括硬件初始化、操作系统引导和硬件测试、程序调式等功能。它提供多种加载操作系统的方式，可以从 U 盘、光盘、tftp 服务器和硬盘等媒介加载；它提供对内存、串口、显示、网络、硬盘等的基础测试工具；此外，它还支持软件升级。

下面，我们试着编译 PMON，并更新到龙芯派上。

首先，从龙芯开源社区下载 PMON 的最新源代码到上位机。目前适用于龙芯派二代的最新版 PMON 的下载地址是 http://ftp.loongnix.org/loongsonpi/pi_2/source/pmon-loongson3.tar.bz2。

然后，在上位机的 Ubuntu 中解压缩源代码，切换到子目录 tools，编译 pmoncfg。

```
cd tools/
make
```

在 pmoncfg 目录下会生成 pmoncfg，后面编译 PMON 需要使用该文件。现在将其复制到 /usr/bin 目录，注意该操作需要 root 权限，所以我们需要使用 sudo 命令进行复制操作。

接着，开始编译 PMON，切换到 zloader.ls2k，设置环境变量。

```
cd zloader.ls2k/
export  PATH=/opt/gcc-4.4-gnu/bin:/home/loongson/pmon-loongson3/tools/:$PATH
make cfg all tgt=rom CROSS_COMPILE=mipsel-linux- DEBUG=-g
```

编译成功后会有如下输出信息。

```
   text    data    bss    dec    hex filename
1191944 1129852  241828 2563624  271e28 pmon
cp pmon pmon.gdb
mipsel-linux-strip -g -S --strip-debug pmon
make[1]: Leaving directory '/home/loongson/project/pmon/pmon-loongson3/Targets/
LS2K/compile/ls2k'
cp ../Targets/LS2K/compile/ls2k/start.o .
gzip ../Targets/LS2K/compile/ls2k/pmon.bin -c > pmon.bin.gz
```

```
./bin2c pmon.bin.gz pmon.bin.c biosdata
./genrom ../Targets/LS2K/compile/ls2k/pmon > initmips.c
mipsel-linux-gcc   -mno-abicalls -fno-pic -c zloader.c -mips3 -DMEMSIZE=128
zloader.c:15: warning: integer constant is too large for 'long' type
zloader.c:15: warning: initialization makes pointer from integer without a cast
zloader.c: In function 'run_unzip':
zloader.c:131: warning: assignment makes integer from pointer without a cast
In file included from zloader.c:153:
initmips.c: In function 'initmips':
initmips.c:103: warning: assignment from incompatible pointer type
initmips.c:103: warning: comparison of distinct pointer types lacks a cast
initmips.c:107: warning: passing argument 1 of 'memset' makes pointer from integer
without a cast
memop.c:17: note: expected 'void *' but argument is of type 'unsigned int'
zloader.c: At top level:
zloader.c:154: warning: built-in function 'printf' declared as non-function
zloader.c:154: warning: built-in function 'vsprintf' declared as non-function
#dgb:as append_insn into delay slotswap
#dgb:as append_insn into delay slotswap
#dgb:as append_insn into delay slotswap
#dgb:as append_insn into delay slotswap
gcc  -DSTARTADDR=0xffffffff8f900000 -DOUT_FORMAT=\""elf32-tradlittlemips"\" -DOUT_
ARCH=mips -Umips -E -P ld.script.S > ld.script
mipsel-linux-ld  -m elf32ltsmip -G 0 -static -n -nostdlib -T ld.script -e
start -o gzrom start.o zloader.o
mipsel-linux-objcopy -O binary gzrom gzrom.bin
```

　　如打印输出所示，编译成功后，在 zloader.2k 目录生成了 PMON 的镜像文件 gzrom.bin。

> ⚡ **注意：**
> 　　上面的命令中已经按照 3.2.3 节设定的系统环境设置好了编译选项和编译器路径，如果你修改了上述的配置，一定要修改 cmd.sh 中对应的设置，否则编译会出问题。

　　如果要更新 PMON，可以使用命令：`load -r -f 0xbfc00000 tftp://<主机 ip>/gzrom.bin`，也可以通过 U 盘更新 PMON：`load -r -f 0xbfc00000 /dev/fs/ext2@usb0/gzrom.bin`。推荐使用 U 盘进行更新。

> ⚡ **注意：**
> 　　在没有龙芯的 EJTAG 调试器的情况下，改动开发板上的 PMON 有风险，一旦出错，龙芯派就有可能"变砖"。

4.2.3 更新 PMON

PMON 作为系统的固件，是系统稳定运行的关键，龙芯常常通过提供更新 PMON 的方法来解决一些龙芯派使用过程中遇到的问题。PMON 的更新存在一定危险性，在更新时请确保电源连接稳妥，并严格遵循接下来的指引。

首先，需要下载并校验龙芯提供的 PMON 二进制。还需要准备一个 U 盘，其大小任意，但是里面的数据无法保留。由于 PMON 对 U 盘的格式有严格的要求，首先需要使用 Linux 所带的 fdisk 工具对 U 盘进行重新分区，将 U 盘插入计算机，输入如下命令。

```
sudo fdisk /dev/sdX # sdX 是 U 盘的设备节点，视实际情况而定，一般 U 盘默认是 sdb
```

随后按【O】键并按回车键，以创建新的 DOS 分区表，再按【N】键以创建新的分区，按【P】键以创建主分区。

随后按回车键两次，确保新分区编号为 1, 初始扇区为 2048。在输入“Last Sector”时输入 +512M 并按回车键，以创建一个 512MB 的新分区，最后按【W】键以将更改写入磁盘，如图 4.28 所示。

随后，通过 lsblk 来确保新分区已创建成功，如图 4.29 所示。

通过 `sudo mkfs.ext2 /dev/sdX1` 将分区格式化为 PMON 可以接收的 EXT2 日志文件系统格式，将要刷入的 PMON 二进制文件重命名为 flash.bin 并放入新创建的分区中，弹出 U 盘。将 U 盘插入龙芯派，按照本书之前的流程启动进入 PMON 命令行，输入 `load -r f 0xbfc00000 (usb0,0)/flash.bin`，等待烧写完成提示即可。

```
[flygoat@flygoat-e485 ~]$ sudo fdisk /dev/sdb
[sudo] flygoat 的密码：

欢迎使用 fdisk (util-linux 2.33.2)。
更改将停留在内存中，直到您决定将更改写入磁盘。
使用写入命令前请三思。


命令(输入 m 获取帮助)：o
创建了一个磁盘标识符为 0x49ae14ad 的新 DOS 磁盘标签。

命令(输入 m 获取帮助)：n
分区类型
   p   主分区 (0个主分区，0个扩展分区，4空闲)
   e   扩展分区 (逻辑分区容器)
选择 (默认 p)：p
分区号 (1-4, 默认  1):
第一个扇区 (2048-15633407, 默认 2048):
Last sector, +/-sectors or +/-size{K,M,G,T,P} (2048-15633407, 默认 15633407): +512M

创建了一个新分区 1，类型为“Linux”，大小为 512 MiB。
分区 #1 包含一个 ext2 签名。

您想移除该签名吗？是[Y]/否[N]：y

写入命令将移除该签名。

命令(输入 m 获取帮助)：w
分区表已调整。
将调用 ioctl() 来重新读分区表。
正在同步磁盘。
```

图 4.28 创建新分区

```
─sda2          8:2     0 431.5G  0 part
sdb            8:16    1   7.5G  0 disk
└─sdb1         8:17    1   512M  0 part
nvme0n1      259:0     0 238.5G  0 disk
```

图 4.29 分区创建成功

4.2.4 编译内核

Linux Kernel 是宏内核架构，也就是说 Kernel 所需要的功能都集成在一个 Kernel 文件中，包括驱动、系统模块、文件系统、网络协议栈等。我们需要实现的功能大部分都必须在使用 Linux 之前就配置、编译生成 Kernel 镜像文件。

首先，从龙芯开源社区下载龙芯的 Kernel 3.10 源代码。目前龙芯提供的 Kernel 有两个版本，稳定版的 3.10 和比较新的 4.14、4.19。前者经过了龙芯中科的充分验证和优化，推荐普通用户使用；后者版本比较新，但是没有经过充分的测试验证，可能会有一些问题，不推荐普通用户使用。3.10 版本的下载地址为 ftp://ftp.loongnix.org/embedd/ls2k/linux-3.10.tar.gz。

然后，在上位机解压 Kernel 代码压缩包，切换到内核目录，复制龙芯派的内核配置文件到当前目录（注意，是 ".config"，记得输入开头的点号）。

```
cp arch/mips/configs/loongson2k1000_defconfig .config
```

进入图形化配置界面，配置内核选项。

```
./mymake menuconfig
```

配置界面的效果如图 4.30 所示。

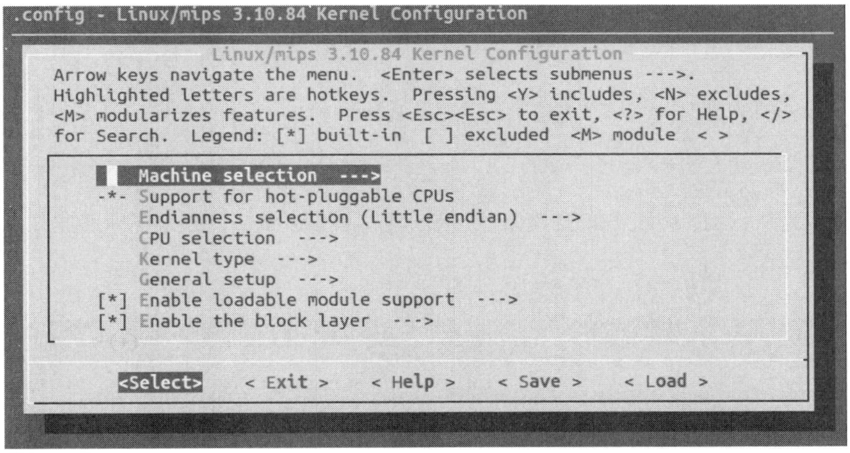

图 4.30 配置界面

界面虽然简陋，但是操作起来并不困难，常用操作如下。

● 移动选择框：上下键、左右键。

● 搜索功能："/"键（搜索时区分大小写）。

● 选择：回车键。

● 打开 / 关闭某条选项（即 [*]/[ ] 的确认）：空格键。

接下来我们可以根据需求修改内核选项，默认的内核配置已经基本覆盖了龙芯派的各项功能，可以直接使用，如果有额外的需求可以进行重配置。

> **⚡注意：**
> 目前 3.10 版的内核配置中有一个问题，我们需要修改一个默认配置，其路径为 `Device Drivers->Graphics support->use platfrom device`，需要禁止该选项，如图 4.31 所示。

```
.config - Linux/mips 3.10.0 Kernel Configuration
> Device Drivers > Graphics support
                          Graphics support
  Arrow keys navigate the menu.  <Enter> selects submenus --->.  Highlighted letters are
  hotkeys.  Pressing <Y> includes, <N> excludes, <M> modularizes features.  Press
  <Esc><Esc> to exit, <?> for Help, </> for Search.  Legend: [*] built-in [ ] excluded
  <M> module  < > module capable

        < > DisplayLink
        <*> AST server chips
        < > Kernel modesetting driver for MGA G200 server engines
        < > Cirrus driver for QEMU emulated device
        < > QXL virtual GPU
        < > DRM Support for bochs dispi vga interface (qemu stdvga)
        <*> LOONGSON VGA DRM
        [ ] use platfrom device
        [ ] Enable legacy drivers (DANGEROUS)  --->
        <*> Lowlevel video output switch controls
        -*- Support for frame buffer devices  --->
        [ ] Exynos Video driver support  --->
        <*> Loongson VIVANTE GPU Driver Support  --->
        -*- Backlight & LCD device support  --->
            Console display driver support  --->

        <Select>    < Exit >    < Help >    < Save >    < Load >
```

图 4.31　修改默认配置

下面将介绍一些和后面的实验相关的配置，包括 GPIO、I²C、PWM，我们需要在 Kernel 配置中使能相关的配置。

> **⚡注意：**
> 这些配置在默认配置中可能已经打开了，但是没有关系，主要目的还是熟悉内核的基本配置。

打开 GPIO 的 sysfs 接口，如图 4.32 所示，通过 sysfs 我们可以方便地通过脚本或者编程使用 GPIO 功能。

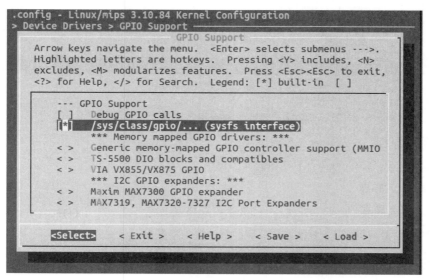

```
.config - Linux/mips 3.10.84 Kernel Configuration
> Device Drivers > GPIO Support
                      GPIO Support
  Arrow keys navigate the menu.  <Enter> selects submenus --->.
  Highlighted letters are hotkeys.  Pressing <Y> includes, <N>
  excludes, <M> modularizes features.  Press <Esc><Esc> to exit,
  <?> for Help, </> for Search.  Legend: [*] built-in [ ]

        --- GPIO Support
        [ ]   Debug GPIO calls
        [*]   /sys/class/gpio/... (sysfs interface)
              *** Memory mapped GPIO drivers: ***
        < >   Generic memory-mapped GPIO controller support (MMIO
        < >   TS-5500 DIO blocks and compatibles
        < >   VIA VX855/VX875 GPIO
              *** I2C GPIO expanders: ***
        < >   Maxim MAX7300 GPIO expander
        < >   MAX7319, MAX7320-7327 I2C Port Expanders

        <Select>    < Exit >    < Help >    < Save >    < Load >
```

图 4.32　使用 GPIO 功能

打开 Kernel 对 U 盘、移动硬盘的支持，这是一个很重要的配置项，如图 4.33 所示。如果该选项没有使能，则龙芯派插上 U 盘或者移动硬盘后，Linux 系统是无法识别该设备的。

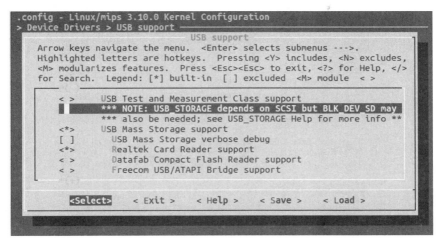

图 4.33　打开 USB 设备

打开 Kernel 对 PWM 的支持，如图 4.34 所示。如果使能该配置项，则在 Linux 的设备文件中不会有 PWM 设备，会影响我们后面的实验。

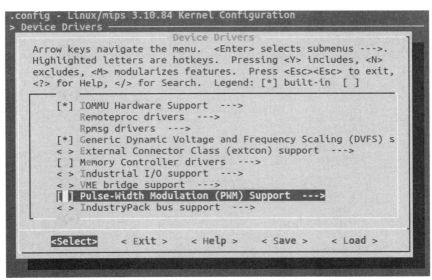

图 4.34　打开 PWM 设备

使能龙芯派的 SPI 总线，如图 4.35 所示。

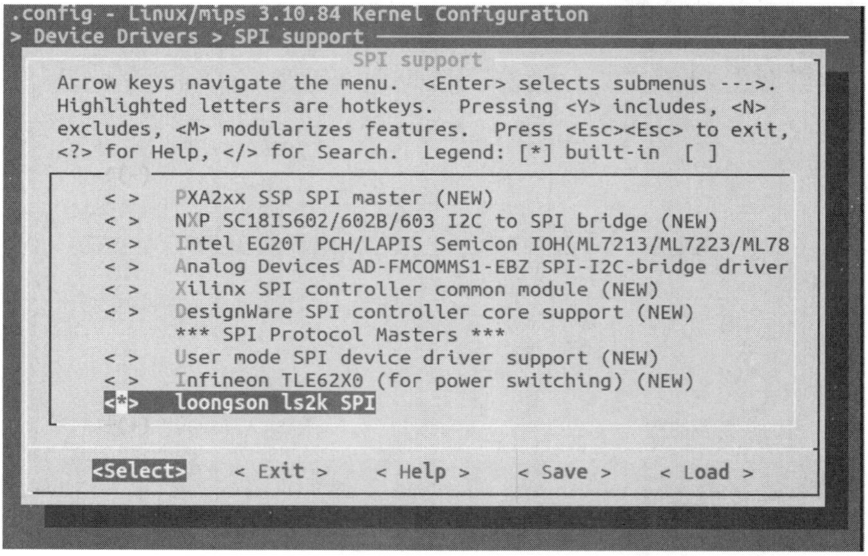

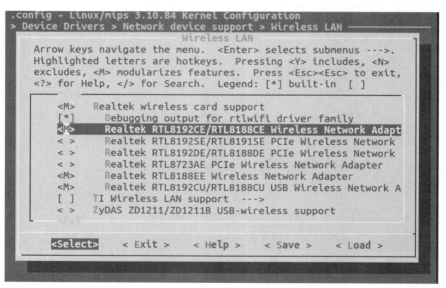

图 4.35　使能 SPI 总线

如果需要使用一些 USB 无线网卡，也需要打开对应的驱动支持，如图 4.36 所示。根据网卡型号打开对应的配置项，目前市面上大部分的无线网卡 Kernel 都可以支持。

图 4.36　配置无线网卡

至此，我们需要的配置项都已经设置好了，保存刚才对内核配置进行的修改，如图 4.37 所示。

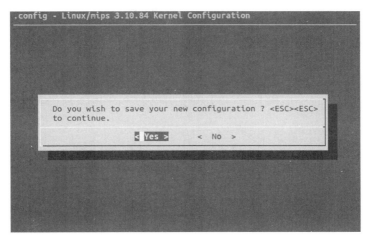

图 4.37 保存内核修改

接下来，开始编译内核。

```
./mymake vmlinux


...

CC      drivers/video/vivante/gc_hal_kernel_hardware_command_vg.o

  CC      drivers/video/vivante/gc_hal_kernel_hardware_vg.o

  LD      drivers/video/vivante/galcore.o

  LD      drivers/video/vivante/built-in.o

  LD      drivers/video/built-in.o

  LD      drivers/built-in.o

  LINK    vmlinux

  LD      vmlinux.o

  MODPOST vmlinux.o

WARNING: modpost: Found 10 section mismatch(es).

To see full details build your kernel with:

'make CONFIG_DEBUG_SECTION_MISMATCH=y'

  GEN     .version

  CHK     include/generated/compile.h

  UPD     include/generated/compile.h

  CC      init/version.o

  LD      init/built-in.o

  KSYM    .tmp_kallsyms1.o

  KSYM    .tmp_kallsyms2.o

  LD      vmlinux

  SORTEX  vmlinux

  SYSMAP  System.map
```

编译成功后会在当前目录生成二进制的 Linux 内核镜像 vmlinux。如果你想使用压缩后的 Kernel 镜像，可以使用命令生成 vmlinuz。

```
loongson@caf06e556cc3:~/project/kernel/linux-3.10.0-el7$ ./mymake vmlinuz
  CHK     include/generated/uapi/linux/version.h
  CHK     include/generated/utsrelease.h
  CC      scripts/mod/devicetable-offsets.s
  GEN     scripts/mod/devicetable-offsets.h
  HOSTCC  scripts/mod/file2alias.o
  HOSTLD  scripts/mod/modpost
  Checking missing-syscalls for O32
  CALL    scripts/checksyscalls.sh
  CALL    scripts/checksyscalls.sh
  CHK     include/generated/compile.h
mips64el-linux-objcopy -O elf32-tradlittlemips  --remove-section=.reginfo vmlinux vmlinux.32
  AS      arch/mips/boot/compressed/head.o
  CC      arch/mips/boot/compressed/decompress.o
  CC      arch/mips/boot/compressed/dbg.o
  CC      arch/mips/boot/compressed/dummy.o
  OBJCOPY arch/mips/boot/compressed/vmlinux.bin
  HOSTCC  arch/mips/boot/compressed/calc_vmlinuz_load_addr
  LZMA    arch/mips/boot/compressed/vmlinux.bin.z
  OBJCOPY arch/mips/boot/compressed/piggy.o
  LD    vmlinuz
  STRIP   vmlinuz
```

⚡ **注意：**

在编译脚本 mymake 中定义了环境变量，指定了 Kernel 的 GCC 编译器在系统中的路径，默认是 /opt/gcc-4.9.3-64-gnu/。如果你的系统中 kernel gcc 的路径与此不一致，一定要修改脚本或者移动 GCC 目录。

最后，将 Kernel 的镜像文件 vmlinuz 烧写到龙芯派上。

⚡ **注意：**

Loongnix 使用的内核格式是 vmlinuz，千万不要和 vmlinux 弄混了。

4.2.5 更换编译好的内核

当你自行编译内核之后，需要使用你的内核替换系统自带的内核。首先确保编译的内核包含启动所需要的基础驱动，例如 DRM 显示驱动、libata 磁盘读写驱动、xfs/Ext4 等文件系统。由于生成 initrd 的流程过于复杂，不建议自行操作。然后，将编译生成的 vmlinuz 复制到 boot 龙芯派的目录下。在编译内核时，需要通过 `make modules_install INSTALL_MOD_PATH=./` 生成相应的内核模块，然后将这些模块复制到龙芯派的 /usr/lib/modules 下。最后修改 boot.cfg。原始的 boot.cfg 看上去如下。

```
1.    timeout 5
2.    default 0
3.    showmenu 1
4.    title Fedora, with Linux-2k 3.10.0-1.loongnix.1.mips64el
5.        kernel (wd0,0)/vmlinuz-3.10.0-1.loongnix.1.mips64el
6.        initrd (wd0,0)/initramfs-3.10.0-1.loongnix.1.mips64el
7.        args root=UUID=c218ae6d-c3f3-45af-8447-cf9169f37f08 rhgb quiet
```

我们只需要在头上加上一项，具体如下。

```
1.    timeout 5
2.    default 0
3.    showmenu 1
4.
5.    title Fedora, with vmlinuz
6.        kernel (wd0,0)/vmlinuz
7.        args root=/dev/sda2 console=tty console=ttyS0,115200
8.
9.    title Fedora, with Linux 3.10.0-1.loongnix.1.mips64el
10.        kernel (wd0,0)/vmlinuz-3.10.0-1.loongnix.1.mips64el
11.        initrd (wd0,0)/initramfs-3.10.0-1.loongnix.1.mips64el .img
12.        args root=UUID=c218ae6d-c3f3-45af-8447-cf9169f37f08 rhgb quiet
```

> ⚡ **注意：**
> root= 参数应对照实际 RootFS 分区的设备节点，可以参照 lsblk 的输出。

4.2.6　系统模块和驱动

Linux 环境下的程序可以分为两大类：用户态程序和内核态程序，如图 4.38 所示，本节将要介绍的系统模块和驱动就是内核态程序。内核态和用户态的区别如下。

● 内核态：控制计算机的硬件资源，并提供上层应用程序运行的环境，为了使上层应用能够访问到这些资源，内核为上层应用提供系统调用。

● 用户态：上层应用程序的活动空间，应用程序的执行必须依托于内核提供的资源。

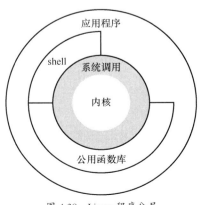

图 4.38　Linux 程序分层

内核模块是 Linux 内核向外部提供的一个插口，其全称为动态可加载内核模块（Loadable Kernel Module，LKM），简称为模块。Linux 内核之所以提供模块机制，是因为它本身是一个单内核（monolithic kernel）。单内核的最大优点是效率高，因为所有的内容都集成在一起，但其缺点是可扩展性和可维护性相对较差，模块机制就是为了弥补这一缺点。

下面，我们会以一个最简单的 "hello world" 系统模块为例介绍如何编写系统模块。源文件 hellowrold_kernel.c 分为以下 3 部分。

1. 包含必要的头文件。

```
1.    #include <linux/module.h>
2.    #include <linux/kernel.h>
3.    #include <linux/init.h>
```

2. 模块功能的实现代码，其中 module_init 声明了模块入口函数，module_exit 声明了模块退出函数。

```
1.    static int __init lkp_init( void )
2.    {
3.    printk("Hello,Kernel! \n");
4.    return 0;
5.    }
6.    static void __exit lkp_cleanup( void )
7.    {
8.    printk("Goodbye, Kernel! \n");
9.    }
10.   module_init(lkp_init);
11.   module_exit(lkp_cleanup);
```

3. 模块的一些描述性声明，比如版权声明、作者、版本、介绍等。声明可以写在模块的任何地方（但必须在函数外面），但惯例是写在模块最后。注意一点，GPL 协议具有传染性，如果使用了 Kernel 的 GPL 资源（包括函数、变量等），那么该模块也就应该遵守 GPL 协议。

```
1.    MODULE_LICENSE("GPL");
2.    MODULE_AUTHOR("opensource");
3.    MODULE_DESCRIPTION("a demo of kernel module");
4.    MODULE_VERSION("0.0.1");
```

需要注意的是，内核态编程和用户态编程有一个很重要的区别：用户态编程使用的函数一般都是 libc 库函数，而内核态编程使用的都是内核函数。比如在系统模块中使用 printk 输出信息，而不能使用标准库函数 printf。

编译系统模块和编译普通程序一样都使用 GCC。但是在包含大量源文件的工程中，通常使用 make 和 makefile 进行编译工作。使用这种方式可以简化开发工作，方便地管理软件代码。下面给出了一个简单的 makefile 文件用来编译 hello kernel 系统模块。

```
Makefile
obj-m += hello_kernel.o          # 产生 hello kernel 模块的目标文件
CURRENT_PATH := $(shell pwd)     # 模块所在的当前路径
# 对应的 Linux 内核源代码的绝对路径
LINUX_KERNEL_PATH   := /home/loongson/project/kernel/linux-3.10.0-el7
make -C $(LINUX_KERNEL_PATH) M=$(CURRENT_PATH) modules   # 编译
make -C $(LINUX_KERNEL_PATH) M=$(CURRENT_PATH) clean     # 清理
```

特别要注意的是，使用的内核代码要和开发板上内核的源代码是相同版本，否则无法使用。

源代码和编译脚本都已准备好，接着就可以编译系统模块了。

```
export PATH=/opt/gcc-4.9.3-64-gnu/bin:$PATH
make ARCH=mips CROSS_COMPILE=mips64el-linux-
```

编译成功后，当前目录下会生成系统模块的二进制文件 hello_kernel.ko，然后将该文件复制到开发板，以 root 权限将模块插入内核，再卸载模块。

```
insmod hello_kernel.ko
rmmode hello_kernel
```

此时执行 dmesg | tail 查看内核环缓冲，就可以看到代码中打印的信息。

至此，我们已经编写了一个简单的系统模块，并在系统中运行了该模块，驱动程序也是系统模块的一类，编写和使用方法类似。如果读者想要获取更多关于如何编写 Linux 内核模块和驱动的信息，推荐阅读 Sreekrishnan Venkateswaran 编写的《精通 Linux 设备驱动程序开发》或者宋宝华编写的《Linux 设备驱动开发详解：基于最新的 Linux 4.0 内核》，进行深度学习。

4.2.7　GPIO 管脚复用配置

在上一节中我们已经编写了一个最简单的 hello world 系统模块，下面我们再编写一个稍微复杂的、直接操作底层硬件配置的系统模块。

龙芯 2K1000 处理器共有 60 个 GPIO 引脚，4 个为专用 GPIO，其余 56 个与其他功能复用。具体的复用关系如表 4.1 所示，表中详细配置可参考龙芯官网上的龙芯 2K1000 处理器用户手册通用配置寄存器 0 部分。

表 4.1　GPIO 引脚对应表

GPIO 编号	复用信号	备注
63	NAND_D7	
62	NAND_D6	
61	NAND_D5	
60	NAND_D4	
59	NAND_D3	
58	NAND_D2	
57	NAND_D1	
56	NAND_D0	
55	NAND_RDYn3	
54	NAND_RDYn2	
53	NAND_RDYn1	默认为 GPIO 功能，使用 NAND 时需要设置 nand_sel 为 1
52	NAND_RDYn0	
51	NAND_RDn	
50	NAND_WRn	
49	NAND_ALE	
48	NAND_CLE	
47	NAND_CEn3	
46	NAND_CEn2	
45	NAND_CEn1	
44	NAND_CEn0	
43	–	保留
42	–	保留
41	SDIO_CLK	
40	SDIO_CMD	
39	SDIO_DATA3	默认为 GPIO 功能，使用 SDIO 时需要设置 sdio_sel[1] 为 1
38	SDIO_DATA2	
37	SDIO_DATA1	
36	SDIO_DATA0	
35	CAN1_TX	默认为 GPIO 功能，使用 CAN 时需要设置 can_sel[1] 为 1
34	CAN1_RX	
33	CAN0_TX	默认为 GPIO 功能，使用 CAN 时需要设置 can_sel[1] 为 1
32	CAN0_RX	
31	–	保留

续表

GPIO 编号	复用信号	备注
30	HDA_SDI2	默认为 GPIO 功能，使用 HDA 时需要设置 hda_sel 为 1
29	HDA_SDI1	
28	HDA_SDI0	
27	HDA_SDO	
26	HDA_RESETn	
25	HDA_SYNC	
24	HDA_BITCLK	
23	PWM3	默认为 GPIO 功能，使用 PWM 时需要设置 pwm_sel[3] 为 1
22	PWM2	默认为 GPIO 功能，使用 PWM 时需要设置 pwm_sel[2] 为 1
21	PWM1	默认为 GPIO 功能，使用 PWM 时需要设置 pwm_sel[1] 为 1
20	PWM0	默认为 GPIO 功能，使用 PWM 时需要设置 pwm_sel[0] 为 1
19	I2C1_SDA	默认为 GPIO 功能，使用 I^2C 时需要设置 i2c_sel[1] 为 1
18	I2C1_SCL	
17	I2C0_SDA	默认为 GPIO 功能，使用 I^2C 时需要设置 i2c_sel[1] 为 1
16	I2C0_SCL	
15	-	保留
14	SATA_LEDn	默认为 GPIO 功能，使用 SATA 时需要设置 sata_sel 为 1
13	GMAC1_TCTL	默认为 GPIO 功能，使用 GMAC1 时需要设置 gmac1_sel 为 1
12	GMAC1_TXD3	
11	GMAC1_TXD2	
10	GMAC1_TXD1	
9	GMAC1_TXD0	
8	GMAC1_RCTL	
7	GMAC1_RXD3	
6	GMAC1_RXD2	
5	GMAC1_RXD1	
4	GMAC1_RXD0	
3	无复用	专用 GPIO 引脚
2	无复用	专用 GPIO 引脚
1	无复用	专用 GPIO 引脚
0	无复用	专用 GPIO 引脚

在 4.3 节的实验中我们将用到这些管脚，有些是当作 GPIO 功能使用，有些是按照复用的功能使用，所以我们需要编写一个内核模块将对应的 IO 设置为我们需要的功能。表 4.2 列出了我们要使用的 GPIO 和对应的功能。

表 4.2　GPIO 及对应的功能

插针号	GPIO 管脚号	功能
11	16	I2C0 SCL
13	17	I2C0 SDA
56	37	GPIO
54	38	GPIO
49	21	PWM1

通过检索龙芯 2K1000 处理器用户手册，可以得知要修改这几个 GPIO 的功能，我们需要修改通用配置寄存器 0（地址：0x1fe10420）。具体修改包括对管脚复用的控制，HDA、USB、PCIE 的一致性，内存控制器，RTC 控制器，以及 LIO 控制器的配置等。我们只需要修改该寄存器对应的位域即可，该寄存器的位域及描述如表 4.3 所示。

表 4.3　寄存器位域列表

位域	名称	访问	缺省值	描述
11:10	i2c_sel	RW	0x0	I²C 管脚复用控制： 0：管脚为 GPIO 1：管脚为 I²C bit 10 控制 i2c 0
20	sdio_sel	RW	0x0	SDIO 管脚复用控制： 0：管脚为 GPIO 1：管脚为 SDIO
15:12	pwm_sel	RW	0x0	PWM 管脚复用控制： 0：管脚为 GPIO 1：管脚为 PWM bit 13 控制 pwm1

⚡ **注意：**
　　我们在修改通用配置寄存器时，需要先将寄存器的值读出来，只修改其中对应的位域，然后写入寄存器。

4.3　感知世界

　　通常的 PC 软件开发与外界的交互手段可能仅限于摄像头、麦克风、网络，而嵌入式软件通过各种不同的外设接口，可以实现更多形式的数据感知。

4.3.1　嵌入式系统外设

嵌入式软件开发之所以比一般的 PC 软件开发困难，一个主要的原因就是它需要处理各种类型的外部设备，这些设备通常通过总线、外设接口与处理器连接。这就要求开发者除了掌握一般的软件开发技能外，还需熟悉各种常见的外设和总线、外设接口，知道外设的功能、使用方法和硬件特征，能够编程操作外设实现自己想要的功能，而这也是嵌入式软件开发吸引开发者的一个特点。下面我们会介绍龙芯派上的一些主要外设接口，以及如何编程操作外设。

龙芯派所支持的外设如图 4.39 所示，包括 SD 卡、网卡、USB、NAND、CAN、GPIO、I^2C、PWM 等。

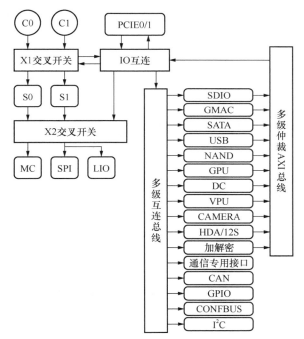

图 4.39　龙芯 2K1000 处理器支持的外设

龙芯派已经将 I^2C、UART、CAN、SPI、PWM 这些接口通过插针排印出来了，我们可以通过杜邦线将各种设备与插针排连接使用。下面我们会介绍几种典型的应用，包括 GPIO、PWM、I^2C，并使用 shell 脚本或者 Linux C 程序操作这些外设。

4.3.2　GPIO – LED 版摩尔斯电码

GPIO（General-Purpose Input/Output），也就是通用 IO 接口，在嵌入式系统中一般都会提供。通俗地说，就是一些引脚，可以通过它们输出高低电平，或者通过它们读入引脚的状态（是高电平或是低电平），比如灯亮与灯灭。对这些设备 / 电路的控制，使用一般的串口或并口都不合适。所以在微控制器芯片上一般都会提供一组 GPIO。通常，GPIO 控制器都至少包含两个寄存器，即通用 IO 控制寄存器与通用 IO 数据寄存器。数据寄存器的各位都直接引到芯片外部，而对这种寄存器中每一位的作用，即每一位的信号流通方向，则可以通过控制寄存器中对应位独立地加以设置。这样，有无 GPIO 接口也就成为微控制器区别于微处理器的一个特征。

如图 4.40 所示，龙芯派二代提供了 60 个 GPIO 接口。

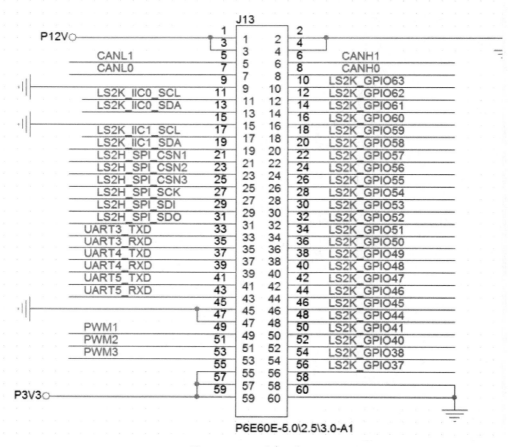

图 4.40 GPIO 引脚一览

这些 IO 接口分别实现了不同功能，其功能划分如图 4.41 所示，比如 CAN 接口、串口、I²C、SPI、PWM 等。

举个例子，我们可以将 56 号管脚和 60 号管脚，也就是 GPIO 37 和 GND，分别与 LED 灯的正负极相连，然后设置 GPIO 37 为输出状态。如果将 GPIO 37 的值设置为 1，LED 灯就会亮；如果设置为 0，LED 灯就会灭。这些操作在 Linux 下都可以直接通过 shell 命令完成。

管脚号	板载丝印	功能	管脚号	板载丝印	功能接口	管脚号	板载丝印	功能接口
1	12V	12V	21	CSN1	SPI_CSN1	41	TX5	UART_TX5
2	GND	GND	22	57	GPIO57	42	47	GPIO47
3	12V	12V	23	CSN2	SPI_CSN2	43	RX5	UART_RX5
4	GND	GND	24	56	GPIO56	44	46	GPIO46
5	CANL1	CANL1	25	CSN3	SPI_CSN3	45	GND	GND
6	CANH1	CANH1	26	55	GPIO55	46	45	GPIO45
7	CANL0	CANL0	27	SCK	SPI_CLK	47	GND	GND
8	CANH0	CANH0	28	54	GPIO54	48	44	GPIO44
9	GND	GND	29	SDI	SPI_SDI	49	PWM1	PWM1
10	63	GPIO63	30	53	GPIO53	50	41	GPIO41
11	SCL0	I2C_SCL0	31	SDO	SPI_SDO	51	PWM2	PWM2
12	62	GPIO62	32	52	GPIO52	52	40	GPIO40
13	SDA0	I2C_SDA0	33	TX3	UART_TX3	53	PWM3	PWM3
14	61	GPIO61	34	51	GPIO51	54	38	GPIO38
15	GND	GND	35	RX3	UART_RX3	55	3.3V	3.3V
16	60	GPIO60	36	50	GPIO50	56	37	GPIO37
17	SCL1	I2C_SCL1	37	TX4	UART_TX4	57	3.3V	3.3V
18	59	GPIO59	38	49	GPIO49	58	GND	GND
19	SDA1	I2C_SDA1	39	RX4	UART_RX4	59	3.3V	3.3V
20	58	GPIO58	40	48	GPIO48	60	GND	GND

图 4.41　IO 接口对应功能划分

下面的脚本首先将 GPIO 打开，然后设置成输出模式，再写 1 点亮 LED 灯，写 0 熄灭 LED 灯，最后关闭 GPIO。

```
1.    #!/bin/sh
2.    echo "init gpio "
3.    echo 38> /sys/class/gpio/export
4.    echo out> /sys/class/gpio/gpio38/direction
5.    for((i=1;i<=10;i++));
6.    do
7.        echo "light on"
8.        echo 1 > /sys/class/gpio/gpio38/value
9.        sleep 1
10.       echo "light off"
11.       echo 0 > /sys/class/gpio/gpio38/value
12.       sleep 1
13.   done
14.   echo 38> /sys/class/gpio/unexport
```

下面我们详细解释一下这个脚本，第一行"#!/bin/sh"指定了 shell 脚本解释器的路径，而且这个指定路径只能放在文件的第一行，我们也可以设置为 Linux 系统中的其他解释器，比如 zsh、 bash。第三行开始通过 sysfs 方式控制 GPIO，先访问 /sys/class/gpio 目录，向 export 文件写入 GPIO 编号，使得该 GPIO 的操作接口从内核空间暴露到用户空间。GPIO 的操作接口包括 direction、value 等，direction 控制 GPIO 方向，而 value 可控制 GPIO 输出或获得 GPIO 输入。在脚本中我们先将 GPIO 38 暴露到用户空间，然后修改 GPIO 的方向为输出，接着向 value 写入 1 让 GPIO 输出高电平，写入 0 让 GPIO 输出低电平，最后向 unexport 写入 GPIO 号，取消 GPIO 38 的导出，整个操作结束。

接下来我们可以做一个有趣的实验，让 LED 灯有规律的闪烁，模拟摩尔斯电码发送龙芯的英文名称 LOONGSON。如图 4.42 所示，摩尔斯电码需要两个符号，我们可以连接红、黄两个 LED 灯，红色 LED 灯代表一点（·），黄色 LED 灯代表一划（-）。在国际摩尔斯电码中规定一划的时间是一点的 3 倍，所以我们在实际控制时需要让黄灯闪烁的时间是红灯的 3 倍。

字母

字符	电码符号	字符	电码符号	字符	电码符号	字符	电码符号
A	.—	B	—...	C	—.—.	D	—..
E	.	F	..—.	G	——.	H	....
I	..	J	.———	K	—.—	L	.—..
M	——	N	—.	O	———	P	.——.
Q	——.—	R	.—.	S	...	T	—
U	..—	V	...—	W	.——	X	—..—
Y	—.——	Z	——..				

数字长码

字符	电码符号	字符	电码符号	字符	电码符号	字符	电码符号
0	—————	1	.————	2	..———	3	...——
4	....—	5	.....	6	—....	7	——...
8	———..	9	————.				

标点符号

字符	电码符号	字符	电码符号	字符	电码符号	字符	电码符号
.	.—.—.—	:	———...	，	——..——	;	—.—.—.
?	..——..	=	—...—	'	.————.	/	—..—.
!	—.—.——	—	—....—			"	.—..—.
(	—.——.	)	—.——.—	$	...—..—	&	....
@	.——.—.	+	.—.—.				

图 4.42　摩尔斯电码对应关系

查表得到 LOONGSON 的电码，然后转换成 LED 灯，亮灯的顺序如下。

- L　红黄红红
- O　黄黄黄
- O　黄黄黄
- N　黄红
- G　黄黄红
- S　红红红
- O　黄黄黄
- N　黄红

　　我们将红色 LED 灯连接到 GPIO 37，将黄色 LED 灯连接到 GPIO 38。模仿上面的 shell 命令，我们再写一个新的 shell 脚本，首先定义两个函数分别用来点亮红灯和黄灯。

```
1.    red_light(){
2.    echo "red"
3.    echo 1 > /sys/class/gpio/gpio37/value
4.    sleep 0.1
5.    echo 0 > /sys/class/gpio/gpio37/value
6.    }
7.
8.    yellow_light(){
9.    echo "yellow"
10.   echo 1 > /sys/class/gpio/gpio38/value
11.   sleep 0.3 # 点亮的时间是红灯的 3 倍
12.   echo 0 > /sys/class/gpio/gpio38/value
13.   }
```

　　然后按照上面的亮灯顺序，我们依次"发送"LOONGSON 这 8 个字母。使用笨办法，按照上面的顺序调用 red_light 和 yello_light 这两个 shell 函数即可。

```
red_light
yellow_light
red_light
red_light

yellow_light
yellow_light
yellow_light

yellow_light
yellow_light
yellow_light

yellow_light
red_light

yellow_light
yellow_light
red_light
```

```
red_light
red_light
red_light

yellow_light
yellow_light
yellow_light
yellow_light
red_light
```

如果我们想让龙芯派一直 "发送" 这 8 个字母，可以在代码外层加上一个 while 循环。

```
while :
do
...
done
```

如果要退出，按【Ctrl+C】组合键就行了。还要注意 while 和冒号之间必须有一个空格。在 shell 命令中，需要特别注意空格的使用，有的地方需要加上空格，而有的地方是不能有空格的，这和一般的编程语言区别很大。

4.3.3 PWM – LED 闪光灯

脉冲宽度调制（Pulse Width Modulation，PWM）是一种利用微处理器的数字输出来对模拟电路进行控制的非常有效的技术，其本质是一种对模拟信号电平进行数字编码的方法，通过调整高低电平在一个周期信号里的比例时间。在嵌入式设备中，PWM 多用于控制马达、LED、振动器等模拟器件。

龙芯派二代集成了四路 PWM 控制器，每一路 PWM 工作和控制方式完全相同。每路 PWM 有一路脉冲宽度输出信号和一路待测脉冲输入信号。系统时钟高达 125MHz，计数寄存器和参考寄存器均为 32 位数据宽度。

Linux 系统下的 PWM 也可以通过 sysfs 方式进行控制，方法与 GPIO 类似。我们首先介绍一些 PWM 的接口。PWM 的接口位于 /sys/class/pwm/，共有 4 个 PWM 接口文件：pwmchip0~pwmchip3，分别对应龙芯的四路 PWM，龙芯派上只引出了 pwm1~pwm3，所以我们只能使用 pwmchip1~pwmchip3。每个 PWM 有 4 个接口：export、period、duty_cycle、inversed、enable。其中，export 的功能和 GPIO 的 export 类似，都是用来将对应的功能导出到用户空间，写 0 表示导出到用户空间，写 1 表示不导出到用户空间；period 用来设置 PWM 的周期，单位是纳秒，比如要设置周期为 1 秒，则需要写入 1000000000；duty_cycle 用来设置 PWM 的占空比（占空比是指在一个脉冲循环内，通电时间相对于总时间所占的比例），如果我们要将占空比设置为 50%，则应当向 duty_cycle 写入 500000000；inversed 用来设置 PWM 信号的极性，决定了是高占空比的信号输出电平高，还是低占空比的信号输出电平高。假设一个信号的占空比为100%，如果为正常极性，则输出电平最大，如果为翻转的极性，则输出电平为 0；enable，顾名思义，就是使能 PWM 开始工作，写入 1 表示使能，写入 0 表示禁止。

下面，我们使用开发板上的 PWM 控制 LED 灯，利用龙芯派产生占空比可变的矩形波。当产生此矩形波的 IO 接口与 LED 灯相接后，因为输出矩形波占空比不断变化，所以一个周期内有一部分时间 LED 导通，一部分时间 LED 截止，导通时灯亮，截止时灯灭；并且，随着波形占空比不断变化，LED 灯也会由暗到亮再由亮到暗不断变化（市场上的 LED 灯和 LED 屏幕就是通过 PWM 控制的）。我们在龙芯派的插针排上连接 3 个 LED 灯，分别与 pwm1、pwm2、pwm3 连接，设置不同的占空比，让这 3 个 LED 灯依次亮灭，产生闪光灯的效果。

在上一小节中，我们使用了 shell 脚本来操作 GPIO，本小节我们将使用 C 语言编写一个简单的程序来操纵 PWM，实现闪光灯程序。

```
1.    int MyPeriod = 1000000000; //period 设置为 1 秒
2.    float rate;
3.    int MyDuty;
4.
5.    while(1){
6.    scanf("%f",&rate);
7.    if( rate > 1){
8.    printf("exit\n");
9.    break;
10.   }
11.   MyDuty = MyPeriod * rate;
12.   for(int i=1;i<4;i++){
13.   if(pwm_export(i)<0){
14.   perror("PWM export err");
15.   printf("pwm %d\n",i);
16.   return -1;
17.   }
18.   if(pwm_disable(i) < 0) {
19.   printf("PWM disable error!\n");
20.   printf("pwm %d\n",i);
21.   return(-1);
22.   }
23.   /* set period and duty cycle time in ns */
24.   if(pwm_config(i, MyPeriod, MyDuty*i) < 0) {
25.   printf("PWM configure error!\n");
26.   printf("pwm %d\n",i);
```

```
27.    return(-1);
28.    }
29.    if(pwm_polarity(i, 1) < 0) {
30.    printf("PWM polarity error!\n");
31.    printf("pwm %d\n",i);
32.    return(-1);
33.    }
34.    /* enable corresponding PWM Channel */
35.    if(pwm_enable(i) < 0) {
36.    printf("PWM enable error!\n");
37.    printf("pwm %d\n",i);
38.    return(-1);
39.    }
40.    }
41.    printf("PWM_a successfully enabled with period - %dms, duty cycle - %2.1f%%\n",
MyPeriod/1000000, rate*100);
42.    }
```

在程序中，我们首先要输入占空比，可以输入 0~1 之间的小数，并且从 pwm 1 ~ pwm 3 依次增大占空比（分别是输入的占空比的 1 倍、2 倍、3 倍）。然后将 3 个 PWM 导出到用户空间，在重新配置 PWM 参数之前需要先关闭 3 个 PWM，接下来就将我们计算好的占空比写入 PWM 控制接口，最后使能这 3 个 PWM，然后观察 3 个 LED 灯，它们会以不同的频率开始闪烁。

下面我们再分析一下具体的操作函数，第一组是导出函数 pwm_export 和关闭导出函数 pwm_unexport，这两个函数就是打开 PWM 的控制接口 /sys/class/pwm/pwmchip0/export。因为龙芯共有 4 个 PWM 控制器，所以也就有 4 组 PWM 控制接口，分别是 pwmchip0、pwmchip1、pwmchip2、pwmchip3（以下类似）。我们要将使用的 3 组 PWM 导出到用户空间，只需要向 export 文件写入 0 即可（注意，就是写 0），用完之后关闭导出，只需要写入 1 即可。

```
1.    /* PWM export */
2.    int pwm_export(unsigned int pwm)
3.    {
4.    int fd;
5.    switch(pwm) {
6.    case 0: {
7.    fd = open(SYSFS_PWM_DIR "/pwmchip0/export", O_WRONLY);
8.    if (fd < 0) {
9.    printf ("\nFailed export PWM_B\n");
10.    return -1;
11.    }
```

```
12.
13.    write(fd, "0", 2);
14.    close(fd);
15.    return 0;
16.    break;
17.
18.    }
19.    ...
20.    }
21.    int pwm_unexport(unsigned int pwm)
22.    {
23.    int fd;
24.    switch(pwm) {
25.    case 0: {
26.    fd = open(SYSFS_PWM_DIR "/pwmchip0/export", O_WRONLY);
27.    if (fd < 0) {
28.    printf ("\nFailed unexport PWM_B\n");
29.    return -1;
30.    }
31.
32.    write(fd, "1", 2);
33.    close(fd);
34.    return 0;
35.    break;
36.    }
37.    }
```

第二组是禁止函数 pwm_disable 和使能函数 pwm_enable，这两个函数就是打开 PWM 的控制接口 /sys/class/pwm/pwmchip0/enable，写入 0 关闭 PWM 功能，写入 1 使能 PWM 功能。

```
1.    int pwm_enable(unsigned int pwm)
2.    {
3.    int fd;
4.
5.    switch(pwm) {
6.    case 0: {
7.    fd = open(SYSFS_PWM_DIR "/pwmchip0/pwm0/enable", O_WRONLY);
8.    if (fd < 0) {
9.    printf ("\nFailed enable PWM_B\n");
```

```
10.    return -1;
11.    }
12.    write(fd, "1", 2);
13.
14.    close(fd);
15.    return 0;
16.    break;
17.    }
18.    ...
19.    }
20.
21.    int pwm_disable(unsigned int pwm)
22.    {
23.    int fd;
24.
25.    switch(pwm) {
26.    case 0: {
27.    fd = open(SYSFS_PWM_DIR "/pwmchip0/pwm0/enable", O_WRONLY);
28.    if (fd < 0) {
29.    printf ("\nFailed disable PWM_B\n");
30.    return -1;
31.    }
32.    write(fd, "0", 2);
33.
34.    close(fd);
35.    return 0;
36.    break;
37.    }
38.    }
```

　　第三个函数是设置占空比函数 pwm_config，用来将我们预期的占空比写入 PWM 的控制接口文件，它使用的是 duty_cycle 和 period 控制文件，写入的值要求是整数，period 和 duty_cycle 的单位是纳秒，其含义就是周期为 period 纳秒，高占空比的时间为 duty_cycle 纳秒，两者相除就是占空比。

```
1.    int pwm_config(unsigned int pwm, unsigned int period, unsigned int duty_cycle)
2.    {
3.    int fd,len_p,len_d;
```

```
4.    char buf_p[MAX_BUF];
5.    char buf_d[MAX_BUF];
6.
7.    len_p = snprintf(buf_p, sizeof(buf_p), "%d", period);
8.    len_d = snprintf(buf_d, sizeof(buf_d), "%d", duty_cycle);
9.
10.   switch(pwm) {
11.   case 0: {
12.   /* set pwm period */
13.   fd = open(SYSFS_PWM_DIR "/pwmchip0/pwm0/period", O_WRONLY);
14.   if (fd < 0) {
15.   printf ("\nFailed set PWM_B period\n");
16.   return -1;
17.   }
18.
19.   write(fd, buf_p, len_p);
20.   /* set pwm duty cycle */
21.   fd = open(SYSFS_PWM_DIR "/pwmchip0/pwm0/duty_cycle", O_WRONLY);
22.   if (fd < 0) {
23.   printf ("\nFailed set PWM_B duty cycle\n");
24.   return -1;
25.   }
26.
27.   write(fd, buf_d, len_d);
28.
29.   close(fd);
30.   return 0;
31.   break;
32.   }
33.   }
```

　　第四个函数是极性设置函数 pwm_polarity，该函数使用了 polarity 文件，如前文所述，决定了是高占空比的信号输出电平高，还是低占空比的信号输出电平高，可选参数包括 normal 和 inversed（极性翻转）两种。

```
1.    int pwm_polarity(unsigned int pwm, int polarity)
2.    {
3.    int fd;
4.
```

```
5.    switch(pwm) {
6.    case 0: {
7.    fd = open(SYSFS_PWM_DIR "/pwmchip0/pwm0/polarity", O_WRONLY);
8.    if (fd < 0) {
9.    printf ("\nFailed polarity PWM_B\n");
10.   return -1;
11.   }
12.
13.   if(polarity == 1){
14.   write(fd, "normal", 6);
15.   }
16.   else if (polarity == 0){
17.   write(fd, "inversed", 8);
18.   }
19.   close(fd);
20.   return 0;
21.   break;
22.   }
23.   }
```

第 05 章
基于 Qt 开发拼图游戏的设计与实现

拼图游戏是一种非常古老的游戏，在公元前一世纪就出现了名为"七巧板"的拼图游戏。我们在日常生活中也接触过网页上的拼图游戏，将一幅图片等分后打乱顺序，并抠出一个图块作为拼图活动空间，通过对图块的挪动恢复原状，实在是趣味无穷。

【目标任务】

在本次设计中，将要求选择任意图片进行切分，然后打乱图块顺序，由鼠标拖动错乱的图块将图片恢复原状。在进阶设计中，我们将加入键盘的控制，除了鼠标拖动之外，再增加方向键移动图块的功能。

【知识点】

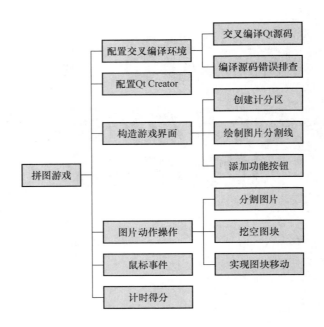

5.1 应用需求设计

我们需要完成的应用比较简单，玩家选取想用来进行拼图游戏的图片，单击"开始游戏"。图片将会被切割为等大小的图块，并打乱图块的顺序。乱序的图块被放置在游戏区中，其中一个图块被抠出，抠出的空间供其他图块移动到合适的位置。

玩家的步数和时间将被记录，在完成拼图后，应用会依据玩家步数和时间计算出最终得分。

5.1.1 应用功能

拼图游戏的功能主要由 3 个部分组成：游戏界面、开始游戏和计数模块。我们在代码实现的过程中，也将按照图 5.1 所示的功能分步实现。

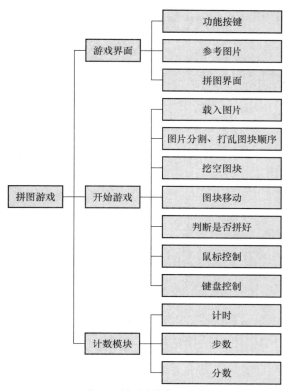

图 5.1　拼图游戏实现功能

5.1.2　应用界面预览

拼图游戏直接使用了 Qt Creator 的默认纯色背景，上方是计分部分，左侧是拼图区，右侧是原图展示区。在拼图完成后，会弹出对话框，显示游戏得分，如图 5.2 所示。

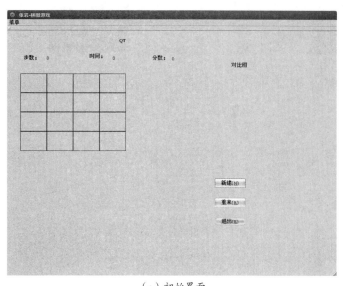

（a）初始界面

图 5.2　拼图游戏应用界面

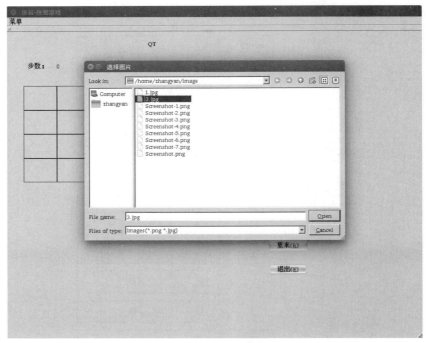

（b）选取图片

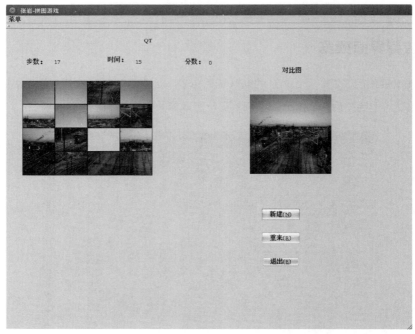

（c）开始拼图

图 5.2　拼图游戏应用界面（续）

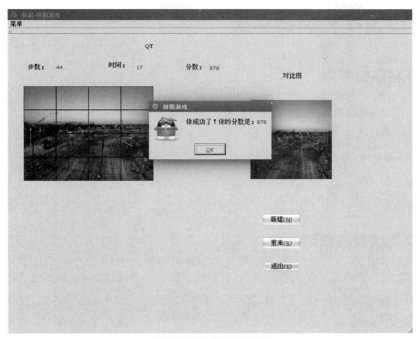

（d）拼图成功，返回分数

（e）退出游戏

图 5.2　拼图游戏应用界面（续）

5.2 配置交叉编译环境

5.2.1 开发环境要求

该应用的开发环境要求如下。

● 上位机操作系统：Ubuntu 16.04

● 龙芯派操作系统：Loongnix

● 开发工具：Qt 4.8.6、Qt Creator 4.8

● 开发语言：C、C++

5.2.2 交叉编译的流程

龙芯派作为嵌入式开发设备，在配置 Qt 开发环境时，需要通过龙芯派的交叉编译工具链，将 Qt 的源代码在上位机编译成可执行文件，然后才能在 Qt Creator 中进行龙芯派开发环境的配置。交叉编译的流程如图 5.3 所示。

图 5.3 交叉编译流程

5.2.3 下载安装交叉编译工具链

在安装 Ubuntu 的上位机中访问 http://ftp.loongnix.org/loongsonpi/pi_2/toolchain/gcc-4.9.3-64-gnu.tar.gz，下载编译需要用到的工具链。

下载后打开命令行终端（Ctrl+Alt+T），在命令行执行以下命令解压该文件。

```
tar -xvf gcc-4.9.3-64-gnu.tar.gz
mv  gcc-4.9.3-64-gnu  /opt
```

解压后可以看到整个工具链是由很多功能文件包组成的，我们只需要使用其中的部分工具链，因此需要通过环境变量（environment variables）[1]的方式指定文件的路径。

将解压好的工具链文件 gcc-4.9.3-64-gnu 添加到环境变量中，才能在之后编译 Qt 源码时，对工具链的调用位置准确无误，如图 5.4 所示。

图 5.4 添加环境变量

---

1 环境变量一般是指在操作系统中用来指定操作系统运行环境的一些参数，如临时文件夹位置和系统文件夹位置等。

1. 打开家目录（HOME）下的 .bashrc，如图 5.5 所示。

图 5.5　命令行下打开 .bashrc

2. 将 export PATH=$PATH:/opt/gcc-4.9.3-64-gnu/bin 添加到最后一行。一般来说，在终端中执行的路径信息是不会保存的，因此需要通过执行该语句保证下次启动时仍然保存了环境变量。

3. 执行 source ~/.bashrc，使用该语句更新环境配置。

4. 如果需要确认版本信息，可以执行 mips64el-linux-gcc -v 语句，如图 5.6 所示。

```
zhangyan@zhangyan-G50-80:~$ mips64el-linux-gcc -v
Using built-in specs.
COLLECT_GCC=mips64el-linux-gcc
COLLECT_LTO_WRAPPER=/opt/gcc-4.9.3-64-gnu/libexec/gcc/mips64el-linux/4.9.3/lto-wrapper
Target: mips64el-linux
Configured with: ../gcc-loongson-4.9.3/configure --disable-werror --prefix=/opt/gcc-4.9.3-64-gnu --host=i486-pc-linux-gnu --build=i486-pc-l
inux-gnu --target=mips64el-linux --host=i486-pc-linux-gnu --with-sysroot=/opt/gcc-4.9.3-64-gnu//sysroot --with-abi=64 --enable-static --with
-build-sysroot=/opt/gcc-4.9.3-64-gnu//sysroot --enable-poison-system-directories --with-arch=loongson3a --with-mips-plt=/opt/gcc-4.9.3-64-gnu//
with-mpfr=/opt/gcc-4.9.3-64-gnu/ --with-mpc=/opt/gcc-4.9.3-64-gnu/ --with-cloog=/opt/gcc-4.9.3-64-gnu/ --disable-nls --enable-shared --disab
le-multilib --enable-__cxa_atexit --enable-c99 --enable-long-long --enable-threads=posix --enable-languages=c,c++,fortran
Thread model: posix
gcc version 4.9.3 20150626 (Red Hat 4.9.3-2) (GCC)
zhangyan@zhangyan-G50-80:~$
```

图 5.6　获取版本信息

5.2.4　下载 Qt 源码

本项目使用 Qt 配合 Qt Creator 进行开发。Qt 是一个跨平台的 C++ 图形用户界面应用程序框架。它提供给应用程序开发者建立 GUI（图形用户界面）所需的功能。Qt 是完全面向对象的，很容易扩展，并且允许组件编程。

在 Qt 的官网下载 Qt 4.8.6 的源码包后，在命令行输入 sudo tar -xvf qt-everywhere-opensource-src-4.8.6.tar.gz 完成源码包解压。

进入 Qt 的源码目录下，我们可以看到 Qt 的源码目录，如图 5.7 所示。

图 5.7　终端显示的源码目录

因为当前的 Qt 源码是一个通用版本，不可以直接在龙芯平台使用，所以需要对 qmake 文件[1]进行修改。

在 Qt 源码目录下，需要先修改文件 mkspecs/qws/linux-mips-g++/qmake.conf，修改方法如图 5.8 所示。

1　qmake 是用来为不同的平台和编译器书写 Makefile 的工具，是 Qt 库和 Qt 所提供工具的主要联编工具。

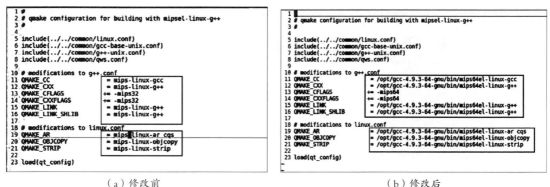

（a）修改前　　　　　　　　　　　　　　　　　　　　（b）修改后

图 5.8　修改文件内容对比

5.2.5　选择需要的选项参数

Qt 源码中包含通用的组件，部分组件是拼图游戏中不需要的，因此需要在选项参数中进行增减。所有选项参数可以在终端执行 `sudo ./configure-help` 查看。表 5.1 列出了我们选择的选项参数。

表 5.1　选项参数功能一览

参数	功能说明
–prefix /opt/Qt4.8mips	指定想要安装到的安装目录
–opensource	以开源版本发布程序
–embedded mips	指定嵌入式平台的架构
–xplatform qws/linux-mips-g++	指定目标平台使用的交叉编译工具
–no-webkit	禁用 webkit 模块
–qt-libtiff	支持 tiff 插件
–qt-libmng	支持 mng 插件
–no-mouse-tslib	不加载触摸驱动
–qt-mouse-pc	加载鼠标驱动
–no-neon	不支持 ARM 扩展指令集 NEON
–little-endian	小端存储模式
–shared	动态编译库
–qt-libpng	支持 png 图片格式
–qt-libjpeg	支持 jpeg 图片格式
–qt-kbd-tty	支持串口控制
–qt-gfx-linuxfb	加载显示设备
–system-sqlite	启用支持 sqlite 数据库

决定使用哪些选项参数后，在终端中的 Qt 源码顶层目录执行以下命令。

```
sudo  ./configure -prefix /opt/Qt4.8mips -opensource -embedded mips -xplatform qws/
linux-mips-g++ -no-webkit -qt-libtiff -qt-libmng -no-mouse-tslib -qt-mouse-pc -no-
neon -little-endian  -shared  -qt-libpng -qt-libjpeg -qt-kbd-tty -qt-gfx-
linuxfb -system-sqlite
```

需要使用哪个选项参数，只需要像前文的命令一样，执行"./ 库的名称"。比如我们选择了加载鼠标驱动，就找到对应的库 -qt-mouse-pc，执行 `sudo ./ -qt-mouse-pc`。

在调试中，如果出现报错重启的情况，我们之前执行的对选项参数选择的命令是不会保存的。可以把修改选项参数的命令做成一个脚本。例如，cmd.sh 就是我们制作的脚本，打开后如图 5.9 所示。

图 5.9　打开 cmd.sh 脚本

如果需要重新配置选项参数，只需要执行脚本就可以了，结果如图 5.10 所示。

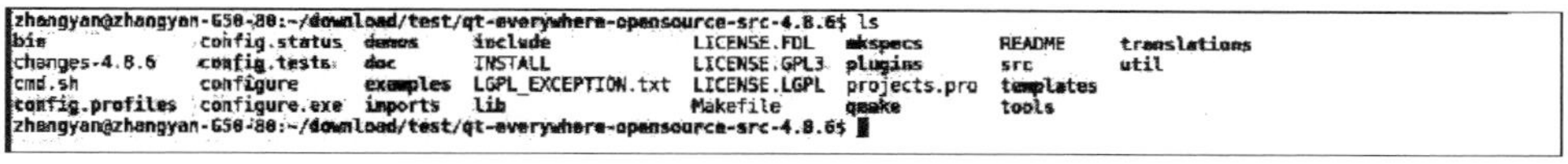

图 5.10　执行 cmd.sh 脚本

5.2.6　编译 Qt 源码

在前面的准备工作完成后，来到了最神奇的时刻，我们可以开始进入编译环节了。编译环节可能会非常简单，只需要在命令行执行 `make` 命令，等待 10~15 分钟，就能完成编译。在命令执行完毕，重新回到命令行提示符下时，如果没有出现 error 等字样，那么就代表编译完成了。

随后输入 `make install` 命令就完成了 Qt 源码的整个编译环节。

但是，很可能编译环节没有这么顺利，会出现报错，这就需要我们按照报错信息去排查错误，保证编译的顺利进行。这里举两个比较常见的报错情况。

1. 提示 mips64el-linux-g++ 命令找不到。

我们添加的交叉编译路径是在 HOME 目录下进行的，但是在执行的时候是 `sudo make` 在 root 目录下进行的，root 目录的 .bashrc 没有添加交叉编译工具链的路径，因此会报错。可以在 root 目录下按照 5.2.3 节介绍的步骤执行，如果想确认添加路径是否成功，在 root 下的 HOME 目录执行 `mips64el-linux-g++  -v`，可以看到版本的打印信息。出现版本打印信息，就说明 mips64el-linux-g++ 这个选项参数已经完成添加了。

2. 提示"OSharedMemory"does not name a type，如图 5.11 所示。

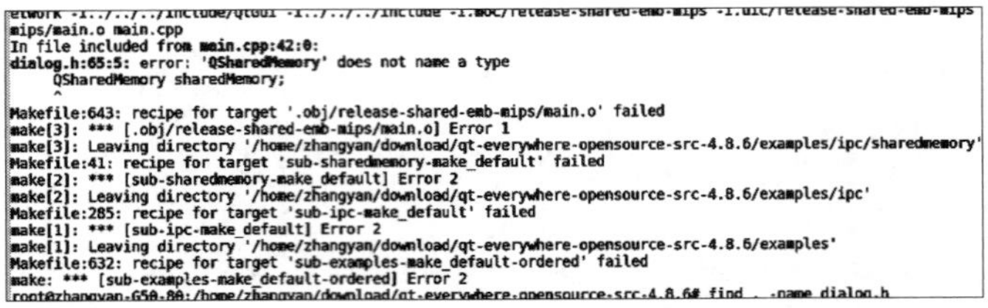

图 5.11　OSharedMemory 错误

正常来说，配置选项参数只需要进行一次 configure 完成配置，但是如果输入失误进行了多次 configure 的声明，在调用的时候终端无法判断我们要进行的配置目标，就会出现调用位置出错的问题，报出类未声明的错误，可以有如下两种解决办法。

● 解决方法 1：执行 `make confclean`，然后再重新 `./configure`。

● 解决方法 2：在 `./configure` 后面的参数中将 `-qt-zlib` 选项去掉。

5.2.7　下载 Qt Creator 4.8

Qt Creator 是跨平台的 Qt IDE，Qt Creator 是 Qt 被 Nokia 收购后推出的一款新的轻量级集成开发环境（IDE）。此 IDE 能够跨平台运行，支持的系统包括 Linux（32 位及 64 位）、Mac OS X 以及 Windows。Qt Creator 使用强大的 C++ 代码编辑器，可快速编写代码，使用浏览工具管理源代码，集成了领先的版本控制软件，包括 Git、Perforce 和 Subversion 开放式文件，无须知晓确切的文件名称或位置搜索类，也不需要文件跨不同位置或文件沿用符号在头文件和源文件，或在声明和定义之间切换。此外，Qt Creator 还集成了特定于 Qt 的功能，如信号与槽 (Signals & Slots) 图示调试器，对 Qt 类结构可一目了然，集成了 Qt Designer 可视化布局和格式构建器，只需单击一下就可生成和运行 Qt 项目。

本应用使用 Qt Creator 4.8 进行开发，需要先完成 Qt Creator 4.8 的下载。可以直接在终端执行命令 `sudo apt-get install qtcreator` 来进行下载安装，在命令行直接输入 `qtcreator` 打开 Qt 界面。也可以自行在官网上下载安装，如图 5.12 所示。

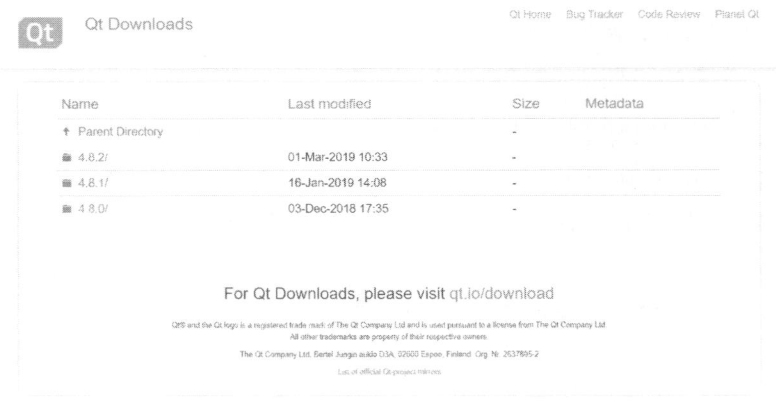

图 5.12　在 Qt 官网下载 Qt Creator

5.2.8 在 Qt Creator 中配置交叉编译环境

1. 进入编译器【选项】对话框，单击【Kits →编译器】按钮，如图 5.13 所示。

> ⚡ **注意：**
>
> 若通过 apt-get 命令的方式下载的 Qt Creator 中无 Kits，则前往 Qt 官网，通过下载后缀为 .run 的文件获取 Qt Creator 4.8，下载完成后，用 chmod 命令修改其权限为 777，然后执行安装。

图 5.13 【选项】对话框

2. 添加 5.2.3 节下载的交叉编译工具链的具体位置，如图 5.14 所示。

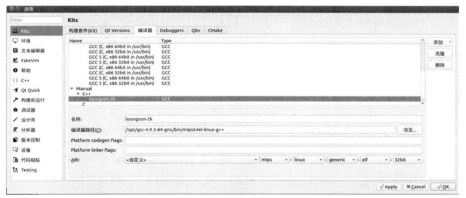

图 5.14 添加交叉编译工具链

> ⚡ **注意：**
>
> ABI 选项最后要选择 32Bit，因为 Qt Versions 是 32Bit 的，两者一定要匹配。

3. 添加 Qt Versions。进入编译器【选项】对话框，单击【Kits → Qt Versions】按钮，单击右上角的【添加】按钮，找到 5.2.6 节编译的 Qt 源码的安装目录，如图 5.15 所示。

图 5.15　添加 Qt Versions

如果按照 5.2.5 节中选择的选项参数，打开 qmake 路径会得到如图 5.16 所示的结果。

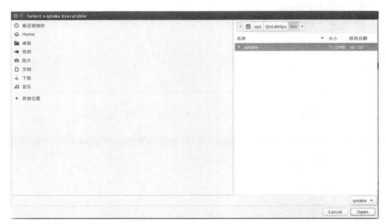

图 5.16　打开 qmake 路径

4. 单击【Open】按钮，可以看到手动设置下面有一个刚添加的 Qt Versions，如图 5.17 所示。

图 5.17　手动设置下的 Qt Versions

5. 设置【设备类型】为【通用 Linux 设备】，【编译器】选择在步骤 2 添加的编译器，【Qt 版本】同样选择在步骤 3 添加的版本，最后单击【Apply】按钮，完成配置，如图 5.18 所示。

图 5.18　进行手动设置

5.3　使用 Qt Creator

在终端中输入命令 qtcreator 完成启动，Qt Creator 初始界面如图 5.19 所示。

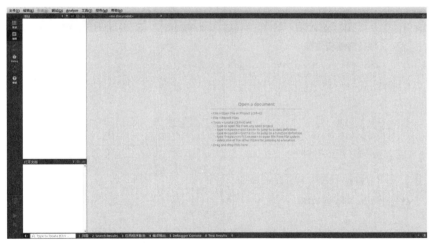

图 5.19　Qt Creator 初始界面

下面以拼图游戏为例，详解如何在 Qt Creator 中创建项目。

1. 打开 Qt Creator，选择菜单栏中"文件→新建文件或项目"，弹出【New File or Project】对话框。

2. 由于拼图游戏需要有界面、库函数的支持，我们在【Application】中选择【Qt Widgets Application】，如图 5.20 所示。

图 5.20　选择【Qt Widgets Application】

3. 输入项目名称，选择保存位置，然后单击【下一步】按钮继续，如图 5.21 所示。

图 5.21　设置项目名称和保存位置

4. 因为应用是在龙芯派上运行的，所以需要在【Kits】选项卡中选择我们之前已经编译好的 "Loongson-2k" 开发环境，如图 5.22 所示。

5. 在【Details】选项卡中设置源码文件名，这里直接使用默认文件名就可以了。拼图游戏是有游戏界面的，因此需要勾选【创建界面】选项，如图 5.23 所示。单击【下一步】按钮，在弹出的界面直接单击【完成】按钮结束项目新建。

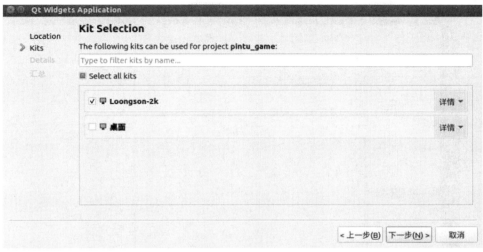

图 5.22 选择"Loongson-2k"开发环境

图 5.23 设置源码文件名

6. 完成新建后，回到代码编辑区 mainwindow.cpp，窗口构成如图 5.24 所示。

可以看出，Qt Creator 开发界面由菜单栏、标题栏、工具栏、项目区、编辑区组成。简单介绍一下上述界面组件的功能。

- 菜单栏：所有的操作选项都可以在菜单栏中找到。
- 标题栏：显示项目名称和当前编辑的文件名称。
- 工具栏：常用的工具（包括编辑、调试、debug、项目和帮助）都集成在了侧边和底部的工具栏中。
- 项目区：包括整体项目的树序列和文件视图两个部分。
- 编辑区：显示当前文件的编辑状态。

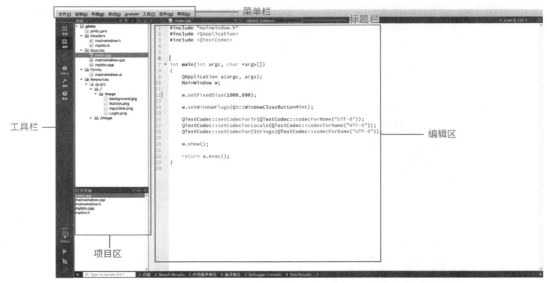

图 5.24　mainwindow.cpp 界面

5.4　主体代码前的准备

在编写主体代码之前，需要提前做一些准备，包括在头文件 main.cpp 中配置好主体代码
MainWindow 的窗体大小，配置对中文的支持以及按照之前的功能规划预先规划好函数与变量。

5.4.1　头文件配置

头文件 main.cpp 里面需要完成两件事情：第一是设置 MainWindow 主窗体的大小，横长
1000 个单位长度，纵长 800 个单位长度；第二是在 QTextCodec 中声明以 UTF-8[1] 的格式显示中文。
具体实现代码如下。

```
1.    int main(int argc, char *argv[])
2.    {
3.        QApplication a(argc, argv);
4.        MainWindow w;
5.
6.        w.setFixedSize(1000,800);
7.
8.        w.setWindowFlags(Qt::WindowCloseButtonHint);
9.
10.       QTextCodec::setCodecForTr(QTextCodec::codecForName("UTF-8"));
```

1　UTF-8：UTF 意为"Unicode 转换格式"，后面的数字"8"表明至少使用 8Bit 储存字符。编码规则很简
单，如果只有一个字节，那么最高的比特位为 0；如果有多个字节，那么第一个字节从最高位开始，连续
有几个比特位的值为 1，就使用几个字节编码，剩下的字节均以 10 开头。

```
11.        QTextCodec::setCodecForLocale(QTextCodec::codecForName("UTF-8"));

12.        QTextCodec::setCodecForCStrings(QTextCodec::codecForName("UTF-8"));

13.

14.        w.show();

15.

16.        return a.exec();

17.    }
```

5.4.2　函数和主要变量声明

面向对象编程是 C++ 的重要特性之一，我们需要将最开始定义的业务流程抽象封装为函数，在 mainwindow.cpp 中的头部进行声明，具体代码如下。

```
1.    class MainWindow : public QMainWindow

2.    {

3.        Q_OBJECT

4.    public:

5.        explicit MainWindow(QWidget *parent = 0);

6.        ~MainWindow();

7.

8.        void cutImage();// 将图片分割成一个一个小方块

9.        void Random();// 打乱

10.        void moveImage();// 图片移动

11.        void mousePressEvent(QMouseEvent *event);// 鼠标单击事件

12.        int taskFinish();// 判断拼图是否完成

13.        void sumPoint();// 拼图完成后计算分数

14.        int sumSteps;// 定义储存总步数的变量

15.        QTimer *timer; // 定时器

16.

17.    private slots:        // 以下都是一些和信号绑定的槽函数

18.        void on_btn_clicked();// 新建按钮触发的槽函数

19.        void onTimerOut();        // 定时器溢出槽函数

20.        void on_pushButton_clicked();// 退出按钮触发的槽函数

21.        void on_pushButton_2_clicked();// 重来按钮触发的槽函数

22.        void on_action_N_triggered();// 菜单中新建的槽函数

23.        void on_action_R_triggered();// 菜单中重来的槽函数

24.        void on_action_E_triggered();// 菜单中退出的槽函数

25.        void on_action_3_triggered();// 菜单中初级的槽函数

26.        void on_action_4_triggered();// 菜单中中级的槽函数
```

```
27.      void on_action_5_triggered();// 菜单中高级的槽函数
28.
29.  private:
30.      Ui::MainWindow *ui;
31.      QString strFileName;// 文件名称
32.      QImage* pSourceImage;// 原图
33.      QLabel* pLbImage[36];// 存储最多 36 个 label，代码中需要将 pImage[x][y] 的图片设置到相应
的 label 上
34.      QImage pImage[6][6]; // 存储最多 36 张小图片
35.      int pCompare[6][6];  // 标记数组;
36.  protected:
37.      void keyPressEvent(QKeyEvent *event);
38.  };
```

5.5 构造游戏界面

在应用的最开始，我们需要通过函数配置，绘制出初始游戏界面，包含单击按钮、计步（步数）、计时（时间）、计分（分数）和图片分割线等部分，如图 5.25 所示。

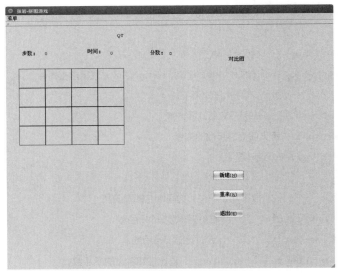

图 5.25 游戏界面

5.5.1 界面初始化

在 mainwindow.cpp 的构造函数中对界面进行初始化，类的构造函数是类的一种特殊的成员函数，它会在每次创建类的新对象时执行，具体实现代码如下。

```
1.    MainWindow::MainWindow(QWidget *parent) :
2.        QMainWindow(parent),
3.        ui(new Ui::MainWindow)
```

5.5.2　创建定时器，构建计时、计分、计步联系

首先创建一个定时器，供我们之后开始玩游戏计时使用，然后将定时器的超时信号与槽（功能函数）联系起来。sumSteps、tim 和全局变量 sorce 分别作为记录步数、时间和分数的变量，并调用 setText 将它们的值都初始化为 0，具体代码如下。

```
1.    ui->setupUi(this);
2.    timer=new QTimer(this);
3.    connect(timer,SIGNAL(timeout()), SLOT(onTimerOut()));
4.    int sumSteps = 0;
5.    int tim = 0;
6.    ui->label_3->setText((QString::number(sumSteps)));
7.    ui->time_label->setText((QString::number(tim)));
8.    ui->sorce_lable->setText((QString::number((sorce))));
```

5.5.3　绘制图片分割线

pSourceImage 是我们选择图片的原图 Qimage 指针变量，先把它置为空。然后设置一个 for 双循环，根据变量 a 的大小来决定游戏难度，比如是 4×4、5×5 还是 6×6。这里默认 a 的大小为 4。

在 for 循环里，pLblImage 是 QLable 类型的一个数组，大小为 36，因为游戏难度最大是 6×6，所以最多要有 36 个 lable；每循环一次创建一个 lable，并调用 setGeometry 方法设置这个 lable 的起始位置和大小（PHOTO_X 和 PHOTO_Y 是起始位置，SMALL_W 和 SMALL_H 是每个 lable 的大小），然后调用 move 方法，将每个 lable 移动到相应的坐标位置，横着排列，最后调用 setFrameShape 方法为每个 lable 添加边框。到这里初始化就完成了，就出现了如图 5.26 所示的图片分割线区域（网格）。

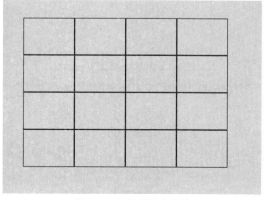

图 5.26　绘制图片分割线

绘制图片分割线的代码如下。

```
1.    pSourceImage=NULL;//指针指向 NULL
2.    for(int i=0;i<a;i++){
3.            for(int j=0;j<a;j++){
4.                    pLbImage[i*a+j] = new QLabel(this);
5.                    pLbImage[i*a+j]->setGeometry(PHOTO_X,PHOTO_Y,SMALL_W,SMALL_H);
6.                    pLbImage[i*a+j]->move(PHOTO_X+SMALL_W*i,
7.                                          PHOTO_Y+SMALL_H*j);
8.                    pLbImage[i*a+j]->setFrameShape(QFrame::Box);
9.            }
```

5.5.4 添加功能按钮

从图 5.25 中可以发现，【新建】【重来】和【退出】等按钮是链接到动作的。因此，我们需要为这 3 个按钮添加槽函数，【新建】的槽函数是 on_btn_clicked，【重来】的槽函数是 on_pushButton_2_clicked，【退出】的槽函数是 on_pushButton_clicked。

当用户单击【新建】按钮时，就会执行相应的槽函数，用户可以选择一张图片，如图 5.27 所示。实现这个功能需要在槽函数里首先调用 QFileDialog 类的 getOpenFileName 方法，里面有 4 个参数，第 2 个参数是打开对话框的标题，第 3 个参数是打开图片所在的路径，第 4 个参数是图片的类型。

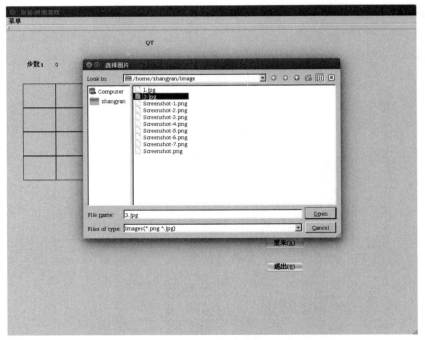

图 5.27 单击【新建】按钮选择图片

【新建】按钮的具体实现代码如下。

```
1.    void MainWindow::on_btn_clicked()
2.    {
3.        // 打开对话窗
4.        strFileName =
5.            QFileDialog::getOpenFileName(this,
6.                                    " 选择图片 ",
7.                                    "/home/zhangyan/image",
8.                                    "Images(*.png *.jpg)");
9.    if(strFileName==NULL) return ;
```

【退出】和【重来】按钮的实现和【新建】按钮类似，这里不再赘述，具体实现代码如下。

```
1.    void MainWindow::on_pushButton_2_clicked()   // 重来
2.
3.    {
4.        if(pSourceImage==NULL) return ;
5.
6.        QPixmap tep(":/DMPhoto02.jpg");// 挖空
7.
8.        pLbImage[a*a-1]->setPixmap(tep);
9.
10.       Random();
11.
12.   }
13.
14.   void MainWindow::on_pushButton_clicked()// 退出
15.
16.   {
17.
18.       if (!(QMessageBox::information(this,tr(" 退出游戏 "),tr(" 你确定要退出游戏？ "),
tr(" 是 (&Y)"),tr(" 否 (&N)"))))
19.
20.       {
21.           close();
22.       }
23.
24.   }
```

5.5.5　放置图片

选择图片之后，拿到 getOpenFileName 的返回值 strFileName，然后通过 new 新建一张图片并将其赋值给原图 pSourceImage 指针变量，再调用 scaled 将原图缩放到和图右方的对比图一致的尺寸，最后调用 setPixmap 将图片设置上去，具体实现代码如下。

```
1.    if(NULL!=pSourceImage)          // 把原来的空间释放掉
2.    {
3.        delete pSourceImage;
4.        pSourceImage = NULL;
5.    }
6.    pSourceImage =new QImage(strFileName);
7.    if(pSourceImage == NULL) return ;
8.
9.    QImage tep=pSourceImage->scaled(ui->label->width(),
10.                                    ui->label->height());
11. ui->label->setPixmap(QPixmap::fromImage(tep));
```

调用 cutImage() 函数将图片分割到网格中，cutImage() 函数的实现将在下一节详解，这样我们就得到了构想中的界面，如图 5.28 所示。

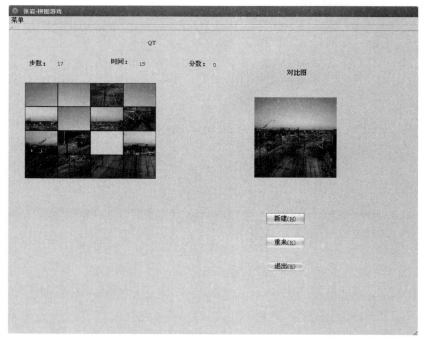

图 5.28　游戏界面

5.6　图片分割、打乱图片

5.6.1　使用 cutImage() 分割图片

在分割之前，我们先调用 scaled 方法将图片缩放到整个网格大小。cutImage() 使用了 for 双循环将图片依次按 lable 大小复制到 pImage 数组里面，再将图片设置到相应的 lable 上面，然后用 pCompare 数组来记录每个 lable 对应图片的下标，用于之后移动图片；这样就实现了每一个 lable 都对应一张小图片。注意，这里的图片还是完整的，并没有被打乱，具体实现代码如下。

```
1.    void MainWindow::cutImage()
2.    {
3.    QImage temp = pSourceImage->scaled(SMALL_W*a, SMALL_H*a);
4.      for(int i=0;i<a;i++){
5.          for(int j=0;j<a;j++){
6.            pImage[i][j]=temp.copy(i*SMALL_W,          j*SMALL_H,
7.                              SMALL_W,
8.                              SMALL_H);
9.            pLbImage[i*a+j]->setPixmap(QPixmap::fromImage(pImage[i][j]));
10.           pCompare[i][j]=i*a+j;
11.        }
12.   }
```

5.6.2　挖空图片块

拼图需要在图中挖空一个图块用于其他图块的移动，我们选择将右下角的 lable 图块挖空，具体实现代码如下。

```
1.    QPixmap tep(":/blank.jpg");
2.    pLbImage[a*a-1]->setPixmap(tep);
```

5.6.3　使用 Random() 函数打乱图片块

打乱图片以及之后鼠标和键盘移动图块的关键在于找到空白格。因为初始空白格在右下角，所以它对应的下标就是 $a \times a-1$，这里是 15。遍历整个网格，找到下标是 15 的那个 lable 图块，将它的 x、y 坐标找出来。x、y 的初始值赋值为 −1，是为了如果没有找到能直接退出。

我们将打乱的次数设定为 100 次，以 i 的循环的方式实现打乱的循环，具体实现代码如下。

```
1.    void MainWindow::Random()// 打乱
2.    {
```

```
3.          sumSteps=0;
4.          ui->label_3->setText((QString::number(sumSteps)));
5.          tim=0;// 设置步数和时间都为 0
6.    ui->time_label->setText((QString::number(tim)));
7.          int x=-1;
8.          int y=-1;
9.          for(int w=0;w<a;w++){// 找到空白格
10.             for(int j=0;j<a;j++){
11.                 if(pCompare[w][j]==a*a-1){
12.                     x=w;
13.                     y=j;
14.                     break;
15.                 }
16.             }
17.             if(x!=-1)
18.                 break;
19.         }
20.         if(x==-1||y==-1)
21.             return ;
22.    qsrand(QTime(0,0,0).secsTo(QTime::currentTime()));// 使用 qsrand 产生一个随机数
23.         for(int i=0;i<100;i++){
                // 随机将 4 个数字排列，即 0、1、2、3，分别代表将空白格向右、向左、向下、向上移动
24.             int ret = qrand()%4;
25.             switch (ret)
26.             {
27.             case 0:// 右
28.                 if(x<a-1)
29.                 {
30.                     pCompare[x][y]=pCompare[x+1][y];
31.                     pCompare[x+1][y]=a*a-1;
32.                     x++;
33.                 }
34.                 break;
35.    //0 代表向右移动，那么找到的这个空白格的 x 坐标必须要小于 a-1，也就是只能是 0、1、2，因为如果是
3 的话代表已经在最右边了，不能再向右移动了。然后将空白格和它右边的 lable 图片下标进行交换，这时空白
格的坐标就变成了 (x+1,y)，所以要执行 x++，向左移动同理
36.             case 1:// 左
37.                 if(x>0)
```

```
38.                {
39.                    pCompare[x][y]=pCompare[x-1][y];
40.                    pCompare[x-1][y]=a*a-1;
41.                    x--;
42.                }
43.            break;
44.        case 2://下
45.            if(y<a-1)
46.            {
47.                    pCompare[x][y]=pCompare[x][y+1];
48.                    pCompare[x][y+1]=a*a-1;
49.                    y++;
50.            }
51.
52.            break;
```
53.   //2 代表向下移动，那么空白格的 y 坐标必须要小于 a-1，也就是必须要是 0、1、2，避免越界。然后交换空白格和它下面那个 lable 图片的 pCompare 值，最后记得要执行 y++，实时更新空白格的坐标位置，向上同理
```
54.        case 3://上
55.            if(y>0)
56.            {
57.                    pCompare[x][y]=pCompare[x][y-1];
58.                    pCompare[x][y-1]=a*a-1;
59.                    y--;
60.            }
61.            break;
62.        default:
63.            break;
64.        }
65.    }
```

5.6.4 图片移动

　　Random() 函数使用循环打乱图块，只是把每个 lable 图块的下标交换了一下。真正移动图块的是 moveImage() 函数，根据打乱后的每个 pCompare 的值，去找到这个值对应的原本的 lable 图块，并重新按顺序一行一行排列下来。

　　通过一个 for 双循环，依次拿到打乱后的 pCompare 的值，然后再找到这个值对应的 lable 图片，在之前 cutImage 函数中每个 lable 图片都存放于 pLblImage 一维数组中，然后再将这个 lable 图片通过调用 move 函数依次按顺序排列。比如，pCompare[0][0] 的值通过打乱后由原来的 0 变为

6，那么就将 pLblImage[6] 对应的 lable 图片移动到 $x=0$，$y=0$ 位置处。具体实现代码如下。

```
1.    void MainWindow::moveImage()        // 图片移动
2.    {
3.        for(int i=0;i<a;i++)
4.        {
5.            for(int j=0;j<a;j++)
6.            {
7.                int index = pCompare[i][j];
8.                pLbImage[index]->move(PHOTO_X+i*SMALL_W,
9.                                      PHOTO_Y+j*SMALL_H);
10.           }
11.       }
12.   }
```

打乱图片后需要启动定时器，设置溢出时间为 1000ms，也就是每隔一秒，就执行一次溢出函数 onTimerOut，在溢出函数里记录时间的 tim 变量就执行加一的操作，然后显示到 UI 界面的 time_label 上面，这样就实现了每隔一秒时间就累加的效果，具体实现代码如下。

```
1.        if(timer->isActive())
2.        {
3.            timer->stop();
4.        }
5.    timer->start(1000);
6.    void MainWindow::onTimerOut()
7.    {
8.        tim++;
9.        ui->time_label->setText((QString::number(tim)));
10.   }
```

5.7 鼠标事件

完成图块打乱之后，就需要添加鼠标动作事件了。鼠标动作可以分为两部分，一是选择要移动的图块；二是单击挖出的空图块。这样，需要移动的图块就会向空图块移动。

5.7.1 判断拼图状态、关联计步

我们使用 num 作为记录步数的变量，每走一步都要加一。每一次鼠标执行单击之后都要判断是否拼图完成，对应的函数是 taskFinish()，具体实现代码如下。

```
1.    void MainWindow::mousePressEvent(QMouseEvent *event)    // 鼠标单击
2.    {
3.        int num=0;
4.        if(pSourceImage==NULL) return ;
5.    if(taskFinish()) return ;
```

5.7.2　为鼠标操作添加限定条件

在该应用中，鼠标的动作是有限定规则的，如需要有单击行为才可以选定图块，在图块选择框内判定为鼠标动作有效等。

首先判断限定 QMouseEvent *event 鼠标单击事件的 event 指针的 button() 函数必须是 Qt::LeftButton 或 Qt::RightButton，也就是说只有单击鼠标的左键或右键才会进入 if 语句，具体实现代码如下。

```
1.    if(event->button() == Qt::LeftButton
2.            ||event->button() == Qt::RightButton)
3.    {
4.        QPoint pressPoint = event->pos();
```

为鼠标单击的位置添加限定，记录鼠标单击位置的 x、y 坐标，使用 if 语句将 pressPoint.x() 和 pressPoint.y() 横纵坐标限定在整个图块选择框中，具体实现代码如下。

```
1.    if(pressPoint.x()>PHOTO_X&&pressPoint.y()>PHOTO_Y
2.        &&pressPoint.x()<PHOTO_X+SMALL_W*a&&pressPoint.y()<PHOTO_Y+SMALL_H*a)
3.    {
4.        int x = (pressPoint.x()-PHOTO_X)/SMALL_W;    // 列数
5.        int y = (pressPoint.y()-PHOTO_Y)/SMALL_H;    // 行数
```

只有当用户单击空白格的 4 个方向的 lable 图片才有用，所以如果要将 lable 图片向左移动的话，那么用户肯定是单击空白格右边的那个图片。这就需要同时满足两个条件，一是用户单击的 x 坐标必须大于 0，也就是只能是 1、2、3，如果等于 0 代表已经到最左边的边界了，不能再向左移动了；二是这个图片的左边是空白格，也就是 pCompare[x-1][y] 的值是 15，这个很重要。同时每移动一次都要将记录步数的 num 加 1。向右、向上和向下移动同理，具体实现代码如下。

```
1.            if(x>0&&pCompare[x-1][y]==a*a-1)// 判断向左移
2.            {
3.                pCompare[x-1][y]=pCompare[x][y];
4.                pCompare[x][y]=a*a-1;
5.                num++;
6.            }
7.            else if(x<a-1&&pCompare[x+1][y]==a*a-1)// 判断向右移
```

```
8.            {
9.                   pCompare[x+1][y]=pCompare[x][y];
10.                  pCompare[x][y]=a*a-1;
11.                  num++;
12.
13.            }else if(y>0&&pCompare[x][y-1]==a*a-1)// 判断向上移
14.            {
15.                  pCompare[x][y-1]=pCompare[x][y];
16.                  pCompare[x][y]=a*a-1;
17.                  num++;
18.            }else if(y<a-1 && pCompare[x][y+1] == a*a-1)// 判断向下移动
19.            {
20.                  pCompare[x][y+1] = pCompare[x][y];
21.                  pCompare[x][y] = a*a-1;
22.                  num++;
23.            }
24.        }
25.    }
26.    sumSteps+=num;
       // 将移动的步数显示到 UI 界面的 label 上
27.    ui->label_3->setText((QString::number(sumSteps)));
28.    moveImage();// 图片移动和打乱时的原理一样，根据下标移动图片，下标没变的不移动
29.        if(taskFinish()){      // 每走一步调用 taskFinish() 来判断是否拼图完成
30.            timer->stop();     // 然后让定时器停止
31.            sumPoint();        // 最后调用 sumPoint() 函数来计算分数
32.        }
33.    }
```

5.8 计时得分

5.8.1 判断完成状态

用函数 taskFinish() 遍历 pCompare 二维数组，看它的值是不是依次按照 0、1、2、3……
累加的，如果是代表拼图游戏完成，和最开始记录的一致，具体实现代码如下。

```
1.    int MainWindow::taskFinish()
2.    {
3.        int y=1;
4.        for(int i=0;i<a;i++)
5.        {
6.            for(int j=0;j<a;j++)
7.            {
8.                if(pCompare[i][j]!=i*a+j)
9.                {
10.                   y=0;
11.                   break;
12.               }
13.           }
14.           if(!y) break;
15.       }
16.       return y;
17.   }
```

5.8.2　弹出分数对话框

　　函数 sumPoint() 只会在拼图完成后调用，根据不同的计分规则，来计算分数，然后弹出一个 QMessageBox 对话框，提示完成并显示分数，如图 5.29 所示。

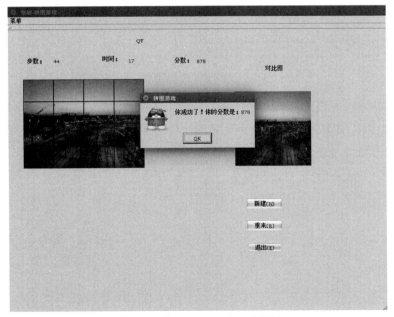

图 5.29　弹出 QMessageBox 对话框

具体实现代码如下。

```
1.    void MainWindow::sumPoint ()
2.    {
3.        sorce = 1000 - tim*2 - sumSteps*2;
4.        char buf[64] = {};
5.        sprintf(buf, "你成功了! 你的分数是: %d", sorce);
6.        ui->sorce_lable->setText((QString::number((sorce)))); // 分数
7.        pLbImage[a*a-1]->setPixmap(QPixmap::fromImage(pImage[a-1][a-1])); // 加载图片
8.        QMessageBox::about(this, "拼图游戏", buf);
9.    }
```

5.9 将应用拷贝到龙芯派上

需要明确的是，我们的开发工作是在上位机中完成的，但是程序是在龙芯派上使用的。因此，这就需要将上位机的代码文件编译为可执行文件，再拷贝到龙芯派上执行。

项目完成之后，在 Qt Creator 内按住【Ctrl+B】组合键来进行编译，编译完之后在我们刚开始创建项目时所选择的项目路径下会生成一个 build-pintu-Loongson_2k-Debug 目录，如图 5.30 所示。

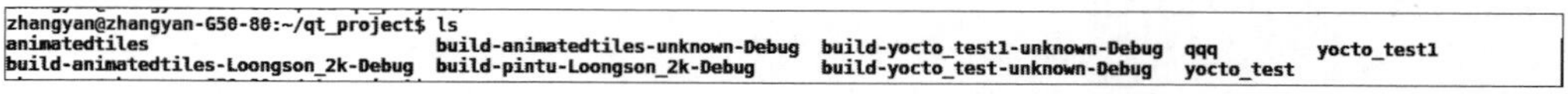

图 5.30　build-pintu-Loongson_2k-Debug 目录

进入该目录，有一个绿色的 pintu 可执行文件，将该文件拷贝到 U 盘中，然后将 U 盘插入龙芯派，如图 5.31 所示。

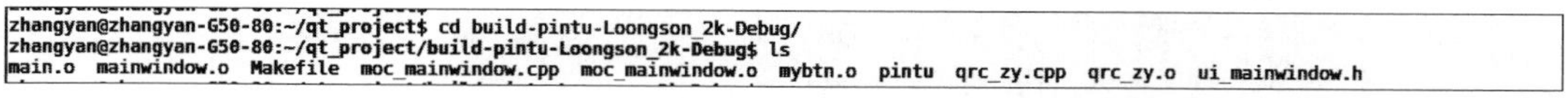

图 5.31　进入 build-pintu-Loongson_2k-Debug

将交叉编译后的 Qt 源码的安装目录下 lib 目录下的所有库文件拷贝到 U 盘中，就是 make install 时的安装目录，如果是按照之前我们设置的 configure 执行的，那就在图 5.32 所示的位置。

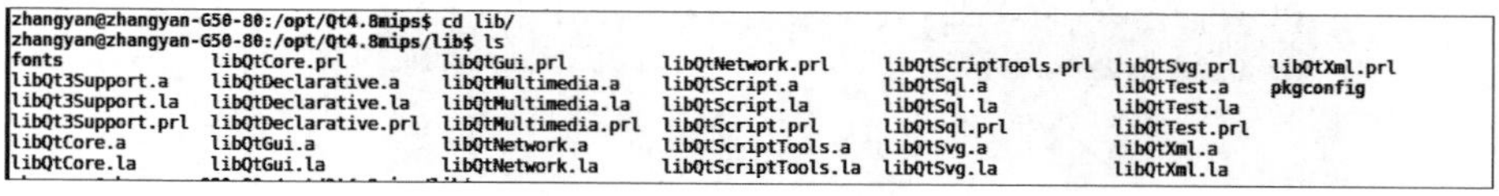

图 5.32　安装目录的位置

将 U 盘插入龙芯派，在龙芯派的 Linux 系统内的命令行终端执行以下命令。

```
mount /dev/sdb /mnt
cp /mnt/pintu .
umount /mnt
mkdir /opt/Qt4.8mips/lib  -p
```

然后将我们拷贝到 U 盘中的所有的库文件拷贝到 /opt/Qt4.8mips/lib 下。

执行以下命令，即可开始游戏。

```
./pintu -qws
```

5.10　实战演练

5.10.1　尝试解决一个 bug

完成上述代码之后，我们应该可以在龙芯派上开始拼图游戏了，但是很快我们就会发现一个 bug，同一个界面上居然出现了两个鼠标光标，如图 5.33 所示。

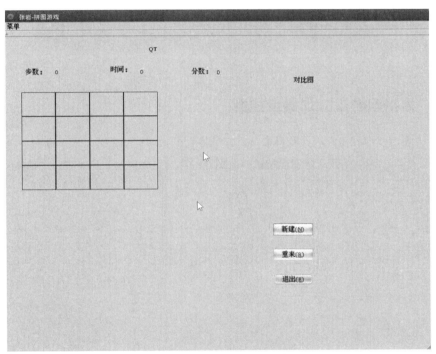

图 5.33　出现两个鼠标光标的情况

请想一想如何解决这个问题呢？

出现两个鼠标光标的原因是，交叉编译的 Qt 程序不能在桌面运行。在桌面运行，Qt 程序本身会生成一个鼠标光标，但是操作系统的 GUI 也会有鼠标光标，这样就出现了两个鼠标光标同时出现的情况。

解决这个问题的方式也非常简单，在龙芯派的操作系统中进入 tty 终端，运行 Qt 程序，就不会出现两个鼠标光标了，如图 5.34 所示。

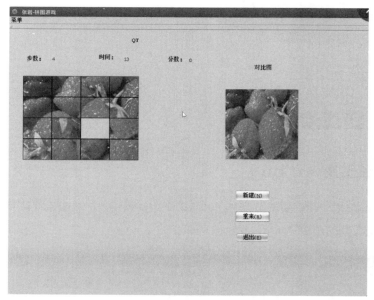

图 5.34　鼠标光标显示正常

5.10.2　为拼图游戏添加键盘控制

目前，拼图游戏已经可以通过鼠标点选的方式控制图块的移动，请试一试在 Qt Creator 内添加键盘事件，使我们可以用设定的键盘按键控制图块的移动完成拼图，具体实现代码如下。

```
1.    void MainWindow::keyPressEvent(QKeyEvent *event)
2.    {
3.        int num = 0;
4.        int x=-1;
5.        int y=-1;
6.        for(int w=0;w<a;w++){// 找到空白格
7.            for(int j=0;j<a;j++){
8.                if(pCompare[w][j]==a*a-1){
9.                    x=w;
10.                   y=j;
11.                   break;
12.               }
13.           }
14.           if(x!=-1)
15.               break;
16.       }
17.       if(x==-1||y==-1)
18.           return;
```

```
19.        switch(event->key())
20.        {
21.            case Qt::Key_Up:
22.            if(y>0)
23.            {
24.                pCompare[x][y] = pCompare[x][y-1];
25.                pCompare[x][y-1] = a*a-1;
26.                num++;
27.                sumSteps+=num;
28.                ui->label_3->setText((QString::number(sumSteps)));
29.                moveImage();// 图片移动
30.                if(taskFinish())
31.                {
32.                    timer->stop();
33.                    sumPoint();
34.                }
35.            }
36.            break;
37.            case Qt::Key_Down:
38.            if(y<a-1)
39.            {
40.                pCompare[x][y] = pCompare[x][y+1];
41.                pCompare[x][y+1] = a*a-1;
42.                num++;
43.                sumSteps+=num;
44.                ui->label_3->setText((QString::number(sumSteps)));
45.                moveImage();// 图片移动
46.                if(taskFinish())
47.                {
48.                    timer->stop();
49.                    sumPoint();
50.                }
51.            }
52.            break;
53.            case Qt::Key_Left:
54.            if(x>0)
55.            {
56.                pCompare[x][y] = pCompare[x-1][y];
```

```
57.              pCompare[x-1][y] = a*a-1;
58.              num++;
59.              sumSteps+=num;
60.              ui->label_3->setText((QString::number(sumSteps)));
61.              moveImage();//图片移动
62.              if(taskFinish())
63.              {
64.                  timer->stop();
65.                  sumPoint();
66.              }
67.          }
68.          break;
69.      case Qt::Key_Right:
70.          if(x<a-1)
71.          {
72.              pCompare[x][y] = pCompare[x+1][y];
73.              pCompare[x+1][y] = a*a-1;
74.              num++;
75.              sumSteps+=num;
76.              ui->label_3->setText((QString::number(sumSteps)));
77.              moveImage();//图片移动
78.              if(taskFinish())
79.              {
80.                  timer->stop();
81.                  sumPoint();
82.              }
83.          }
84.          break;
85.      default:
86.          qDebug() << "wrong!";
87.          break;
88.      }
89.  }
```

经过之前代码的分析，相信这个函数看起来就很简单了。注意鼠标和键盘事件函数里都有一个记录步数的 num 变量，这个局部变量只记录鼠标或键盘每次移动的步数，最后通过 sumSteps += num 来记录到总步数中。这个函数也是先找到空白格，拿到它在 pCompare 里的 x 和 y 值，然后通过一个 switch 语句判断 QKeyEvent *event 键盘事件的 key() 方法，判断具体按的是哪个键，在这里只举例说明一个方向，其他同理。以空白格向上移动为例（注意键盘操作的是空白格，而在鼠标事件里操作的是 lable 图片），在 Qt 库中有一个 Qt 类，里面包含了所有键盘的键值，比如 Key_Up 是一个十六进制 4 字节的正整数，包含在枚举 Key 里面，然后交换空白格和空白格上面那个 lable 图片的 pCompare 值，记录 num 加一，并记录到总步数中，并显示到 UI 界面上对应的步数 lable 上，然后调用 moveImage() 来移动图片，移动后调用 taskFinish() 来判断是否完成拼图，相应的是否停止定时器和弹出分数对话框。

5.11　项目总结

　　这个项目的重点和难点在于配置 Qt 交叉编译环境，可能会出现各种各样的错误，要严格按照本章给出的参数来配置编译 Qt 源码。另外，拼图游戏的实现其实很简单，使用下标来记录每一张小图片，通过交换下标来移动图片，明白这个原理后，读者可以自己来设计游戏难度，比如 4×4、5×5、自定义游戏难度，这些都是可以实现的，留给读者来探索。

第 **06** 章

使用传感器搭建智能家居原型

在物联网智能硬件创新潮流下，智能家居呈现迅猛发展的趋势。随着智能家居市场的进一步推广普及，消费者的使用习惯逐渐被养成。智能家居市场的消费潜力必然是巨大的，产业前景十分光明。正因为如此，越来越多的优秀企业开始重视对智能家居的研究。

龙芯派上有包括 I²C、GPIO、UART、CAN 在内的丰富接口，可以用于物联网的边缘计算端。利用传感器的资源，基于阿里云物联网平台，可以实现手机客户端远程控制屋内设备和查看屋内情况，打造一个智能家居原型。本章将会实现房屋内传感设备与物联网平台的连接，利用小程序实现远程监视，让用户可以同步了解屋内情况，如光照、温度、湿度等，以便提前安排一些设备工作，如空调、热水器等，还可以与屋内报警装置配合提高屋内的舒适性、安全性。

【目标任务】

利用龙芯派上已有的接口，连接传感器，使用龙芯派进行数据处理转发，并连接阿里云物联网平台，熟悉龙芯派的硬件外设连接和物联网应用"云管端"的开发流程。

【知识点】

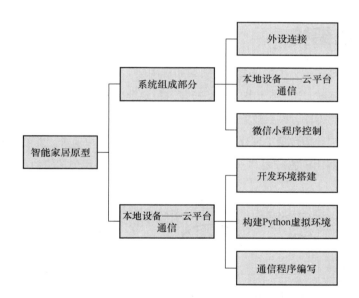

6.1 项目概览

智能家居应用在整体框架上主要分为设备层、网络层、应用层。工作流程大致为，在设备层利用传感器将连接设备数据传输到单片机，通过网络层将数据传输到物联网平台，再推送到应用层小程序；用户对小程序下达指令，通过反方向传输，将指令传输到设备，实现远程操控。

此外，为了进一步完善用户数据分析，可以在小程序端添加数据分析模块，通过收集用户平时的操作习惯（如时间、具体操作等），了解用户偏好，给用户贴心提醒，实现人机交互的目的。

6.2 主要技术要点

该智能家居应用适用于居民住房，将手机连接到云平台，还可以实现随时随地了解屋内状态和控制屋内设备，为用户的生活提供便利。本章将围绕以下几个技术要点进行介绍。

1. 确保传感器采集到的信息能够及时、正确地在物联网平台上显示，如当用火柴测试烟雾传感器时，能够及时报警并在气体散去后关闭警报。

2. 通过云平台发指令给红外学习模块。红外学习模块需要预先学习控制的信号，然后根据云平台发送的不同的指令，准确地读取信息，进行准确的操控。

3. 手机客户端界面简洁明了，直接易懂，方便用户使用，同时要涵盖控制灯、空调、热水壶等多种家居，并能实时接收用户屋内的温度等信息。

4. 确保人机交互界面的友好性、准确性，在不频繁地打扰用户的情况下，准确地推送信息，营造便利、舒适的使用环境。

6.3 系统架构

本项目的整体组成主要分为物理层、网络层和应用层。物理层包括龙芯派开发板控制的各个传感器模块，如光照传感器、温湿度传感器、红外学习模块等；网络层包括 ESP8266 Wi-Fi 模块及其与阿里云平台的数据传输，并且数据传输采用了 RSA 加密算法和 TLS 安全协议，最大限度地保证用户的信息安全；应用层包括小程序的设计及其内部的深度学习模块，能够对从阿里云平台获得的数据进行分析，掌握用户的行为并不断更新软件，使软件的使用更加符合用户的个性，如图 6.1 所示。

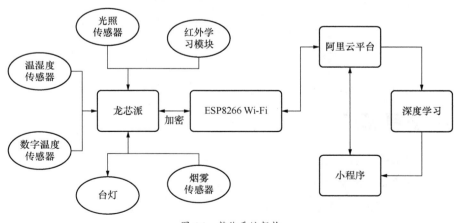

图 6.1　整体系统架构

6.3.1　物理层

智能家居的物理层比较简单，可以简单看作龙芯派开发板和多用途传感器两部分，通过龙芯派上丰富的外设接口与多个传感器连接。

1．龙芯派

面向 IoT 领域的云基础软件与芯片硬件深度融合的软硬件平台，实现快速的设备开发和云端接入，应用 AT 模组指令，支持多种网络协议（如 TCP/IP、SAL、Wi-Fi 等）和众多厂家的传感器接入。

2．温湿度传感器

采用 DHT11 温湿度传感器，具有 0.1% 的高温湿度分辨率，同时使用单总线协议，操作简单。本项目将龙芯派作为主板外接 DHT11，能够实时采集屋内温度和湿度并将数据发送至云平台。用户通过小程序即可获得云端数据，及时了解屋内情况。

3．烟雾传感器

烟雾传感器能够检测空气中甲烷的浓度，通过 ADC 采集烟雾传感器的数值，当数值到达某一值后，龙芯派会驱动蜂鸣器报警，同时将数据传送到用户的手机，及时提醒用户。危险消除之后，报警便会解除。

4．红外学习模块

红外学习模块是通过 AT 模组指令来发射不同的红外线，PC 端与 CB2201 之间通过 UART0 串口通信，龙芯派与红外学习模块之间通过 UART1 串口通信。预先让红外学习模块学习指令，就能够实现在云端控制空调的各种功能。

6.3.2　网络层

网络层构建在物理层之上，是智能家居这类云管端应用的核心。网络层分为两部分，分别是屋内的无线网络连接部分和龙芯派与阿里云平台的网络连接部分。

1．ESP8266 Wi-Fi 模块

本项目通过 UART2 串口进行龙芯派与 ESP8266 模块之间的通信。连接上室内 Wi-Fi 后，ESP8266 模块即可与阿里云平台进行通信，将开发板得到的信息传送给阿里云平台。控制时，龙芯派发送不同的 AT 模组指令，控制 ESP8266 在 Station 模式下工作。此时，输入无线局域网的账号和密码就可以实现数据上云。

2．阿里云平台

龙芯派与阿里云平台之间的通信采用的是 MQTT-TCP 协议，数据在传输层被加密，以预防任何人监听和了解其内容。TLS（也被称为 Secure Sockets Layer，SSL）被广泛用于对许多网站提供安全的访问。TLS 确保在数据传输执行之前，在服务器和客户端之间建立了信任。它使用客户端必须验证的服务器证书来实现此目的。mbed TLS 包含下面三部分内容。

● SSL/TLS 协议实施。

● 一个加密库。

● 一个 X.509 证书处理库。

阿里云平台与小程序之间的通信也需要经过 MQTT 传输协议。MQTT 主要适用于 Topic，只要订阅相同的主题就能够向该 Topic 发送请求和传输数据，主要流程如图 6.2 所示。

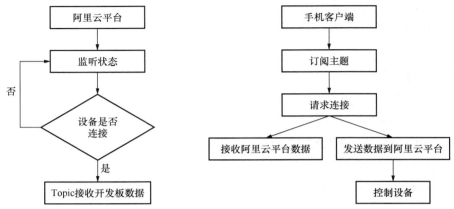

图 6.2　MQTT 传输协议流程

6.3.3　应用层

为了给用户带来更好的体验感，项目设计了一个简单直观的用户界面，用户可以在手机端完成对屋内环境的监控和屋内设备的控制，如图 6.3 所示。

同时在云端使用 JAVA 搭建内部服务器，http 转 https，使用 Nginx 反向代理，WebSocket 对服务器实时监听，获取设备数据，具体通信过程如图 6.4 所示。

图 6.3　用户界面

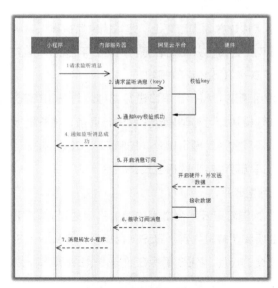

图 6.4　数据通信流程

在客户端，可以通过小程序直接控制空调、灯具、热水器等家居。

6.4　云 – 端通信部分搭建

由于龙芯派使用的 Linux 内核提供了包括 I²C、UART、CAN 等在内的接口驱动，接入传感器部分比较简单，在这里不做赘述。本章的技术实现部分将围绕龙芯派如何和阿里云通信实现屋内数据传输来展开。

6.4.1　环境准备

在龙芯派上配置好 Loongnix 系统后，将龙芯派和鼠标、键盘、HDMI 线等配件连接好。接上电源，按下开发板侧面的开机键，输入密码 loongson，进入 Loongnix 系统。

6.4.2　阿里云 Python 开发环境搭建

在 Loongnix 系统下打开终端，检查 Python 3 的安装情况，输入以下代码，终端会返回如图 6.5 所示的 Python 版本情况。

```
python3
```

图 6.5　验证 Python 安装

龙芯派内默认安装了 Python 3.4.1 版本，阿里云官网推荐的 Python 版本是 3.6 版本，实际测试时 3.4.1 版本也可以使用。

6.4.3　构建 Python 虚拟环境

我们需要在龙芯派中构建 Python 虚拟环境，再在虚拟环境中使用 pip 命令安装所需的库，这样不会对系统原有的 Python 环境造成影响，即使操作错误也可以很容易地删除已构建的虚拟环境并重新构建。

在终端中输入如下代码，如图 6.6 所示。

```
mkdir work
cd work
python3 -m venv ali_env
```

通过 `mkdir work` 命令新建了一个叫作 work 的文件夹，然后使用 `cd work` 命令进入 work 文件夹，再使用 `python3 -m venv ali_env` 命令建立了一个叫作 ali_env 的 Python 虚拟环境，等待一段时间，虚拟环境会自动构建好。

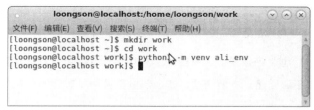

图 6.6　创建虚拟环境

构建好后我们还需要对虚拟环境进行激活，在终端中输入如下代码，返回结果如图 6.7 所示。

```
source ali_env/bin/activate
```

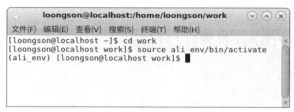

图 6.7　激活 Python 虚拟环境

激活后终端用户名的前面就会出现 (ali_env) 字样，意味着已经进入 ali_env 虚拟环境。

6.4.4　安装阿里云 Python 依赖的库

虚拟环境激活后，我们要在虚拟的 Python 环境中安装阿里云 Python 依赖的库。安装方法有两种，一种是使用 pip 命令自动安装，另一种是使用安装包手动安装。

使用 pip 命令自动安装 aliyun-iot-linkkit 库，进入虚拟环境后输入以下命令，等待依赖库自动安装即可，如图 6.8 所示。

```
pip install aliyun-iot-linkkit
```

```
loongson@localhost:/home/loongson/work
文件(F) 编辑(E) 查看(V) 搜索(S) 终端(T) 帮助(H)
[loongson@localhost ~]$ cd work
[loongson@localhost work]$ source ali_env/bin/activate
(ali_env) [loongson@localhost work]$ pip install aliyun-iot-linkkit
Downloading/unpacking aliyun-iot-linkkit
  Downloading aliyun_iot_linkkit-1.2.0-py2.py3-none-any.whl
Downloading/unpacking hyper (from aliyun-iot-linkkit)
  Downloading hyper-0.7.0-py2.py3-none-any.whl (269kB): 269kB downloaded
Downloading/unpacking paho-mqtt (from aliyun-iot-linkkit)
  Downloading paho-mqtt-1.4.0.tar.gz (88kB): 88kB downloaded
  Running setup.py (path:/home/loongson/work/ali_env/build/paho-mqtt/setup.py
) egg_info for package paho-mqtt

Downloading/unpacking crcmod (from aliyun-iot-linkkit)
  Downloading crcmod-1.7.tar.gz (89kB): 89kB downloaded
  Running setup.py (path:/home/loongson/work/ali_env/build/crcmod/setup.py) e
gg_info for package crcmod

Downloading/unpacking hyperframe>=3.2,<4.0 (from hyper->aliyun-iot-linkkit)
  Downloading hyperframe-3.2.0-py2.py3-none-any.whl
Downloading/unpacking h2>=2.4,<3.0 (from hyper->aliyun-iot-linkkit)
  Downloading h2-2.6.2-py2.py3-none-any.whl (71kB): 71kB downloaded
Downloading/unpacking hpack>=2.2,<4 (from h2>=2.4,<3.0->hyper->aliyun-iot-lin
kkit)
  Downloading hpack-3.0.0-py2.py3-none-any.whl
```

图 6.8　pip 命令安装 aliyun-iot-linkkit 库

如果自动安装不成功，可以使用手动安装。接下来，介绍如何使用安装包手动安装 paho-mqtt 库和 aliyun-iot-linkkit 库。

首先，参考下方链接分别下载 paho-mqtt 库和 aliyun-iot-linkkit 库。

- https://files.pythonhosted.org/packages/25/63/db25e62979c2a716a74950c9ed658dce431b5cb01fde29eb6cba9489a904/paho-mqtt-1.4.0.tar.gz?spm=a2c4g.11186623.2.14.16a356bbva49vr&file=paho-mqtt-1.4.0.tar.gz

- http://iotx-pop-quickstart-shanghai.oss-cn-shanghai.aliyuncs.com/linkkit/sdk/python/aliyun-iot-linkkit-1.1.0.tar.gz?spm=a2c4g.11186623.2.15.16a356bbva49vr&file=aliyun-iot-linkkit-1.1.0.tar.gz

下载好安装包后，在 work 文件夹下完成解压缩，如图 6.9 所示。

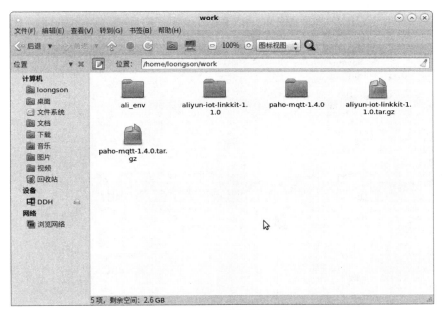

图 6.9　下载安装包并解压缩

完成解压缩后，在终端输入如下代码进入 paho-mqtt-1.4.0 文件夹，开始手动安装 paho-mqtt 库，如图 6.10 所示。

```
cd paho-mqtt-1.4.0
python3 setup.py install
```

同理，在终端输入如下代码进入 aliyun-iot-linkkit-1.1.0 文件夹，开始手动安装 aliyun-iot-linkkit 库，如图 6.11 所示。

```
cd ..
cd aliyun-iot-linkkit-1.1.0
python3 setup.py install
```

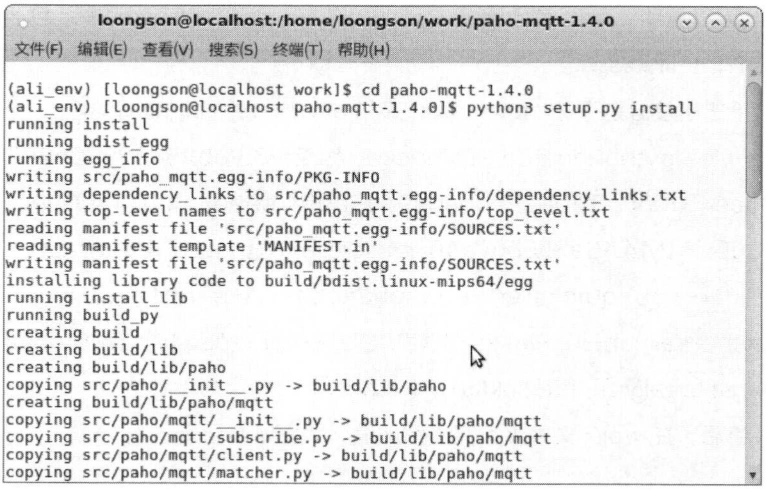

```
loongson@localhost:/home/loongson/work/paho-mqtt-1.4.0
文件(F) 编辑(E) 查看(V) 搜索(S) 终端(T) 帮助(H)
(ali_env) [loongson@localhost work]$ cd paho-mqtt-1.4.0
(ali_env) [loongson@localhost paho-mqtt-1.4.0]$ python3 setup.py install
running install
running bdist_egg
running egg_info
writing src/paho_mqtt.egg-info/PKG-INFO
writing dependency_links to src/paho_mqtt.egg-info/dependency_links.txt
writing top-level names to src/paho_mqtt.egg-info/top_level.txt
reading manifest file 'src/paho_mqtt.egg-info/SOURCES.txt'
reading manifest template 'MANIFEST.in'
writing manifest file 'src/paho_mqtt.egg-info/SOURCES.txt'
installing library code to build/bdist.linux-mips64/egg
running install_lib
running build_py
creating build
creating build/lib
creating build/lib/paho
copying src/paho/__init__.py -> build/lib/paho
creating build/lib/paho/mqtt
copying src/paho/mqtt/__init__.py -> build/lib/paho/mqtt
copying src/paho/mqtt/subscribe.py -> build/lib/paho/mqtt
copying src/paho/mqtt/client.py -> build/lib/paho/mqtt
copying src/paho/mqtt/matcher.py -> build/lib/paho/mqtt
```

图 6.10　手动安装 paho-mqtt 库

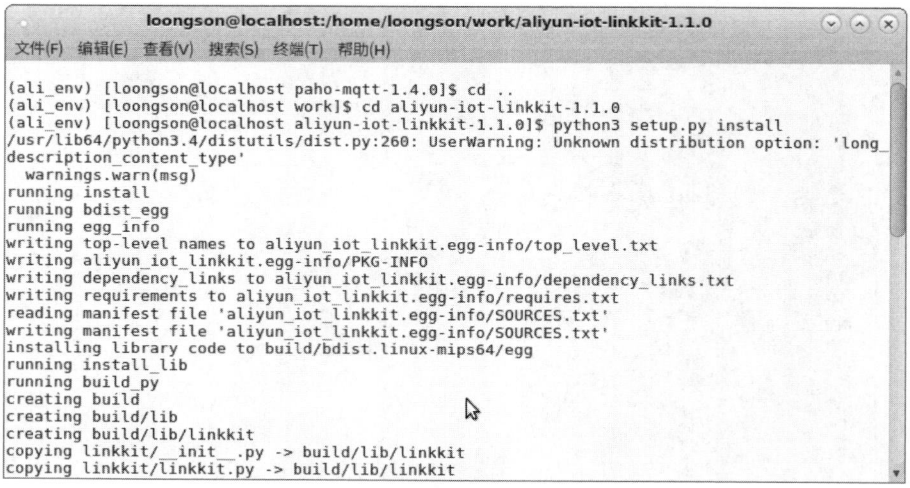

```
loongson@localhost:/home/loongson/work/aliyun-iot-linkkit-1.1.0
文件(F) 编辑(E) 查看(V) 搜索(S) 终端(T) 帮助(H)
(ali_env) [loongson@localhost paho-mqtt-1.4.0]$ cd ..
(ali_env) [loongson@localhost work]$ cd aliyun-iot-linkkit-1.1.0
(ali_env) [loongson@localhost aliyun-iot-linkkit-1.1.0]$ python3 setup.py install
/usr/lib64/python3.4/distutils/dist.py:260: UserWarning: Unknown distribution option: 'long_
description_content_type'
  warnings.warn(msg)
running install
running bdist_egg
running egg_info
writing top-level names to aliyun_iot_linkkit.egg-info/top_level.txt
writing aliyun_iot_linkkit.egg-info/PKG-INFO
writing dependency_links to aliyun_iot_linkkit.egg-info/dependency_links.txt
writing requirements to aliyun_iot_linkkit.egg-info/requires.txt
reading manifest file 'aliyun_iot_linkkit.egg-info/SOURCES.txt'
writing manifest file 'aliyun_iot_linkkit.egg-info/SOURCES.txt'
installing library code to build/bdist.linux-mips64/egg
running install_lib
running build_py
creating build
creating build/lib
creating build/lib/linkkit
copying linkkit/__init__.py -> build/lib/linkkit
copying linkkit/linkkit.py -> build/lib/linkkit
```

图 6.11　手动安装 aliyun-iot-linkkit 库

6.4.5　安装 Python 的串口库 pyserial

为了能让龙芯派作为传感器的上位机，需要使龙芯派能够接收传感器模块的串口信号，在终端中输入以下命令安装串口库 pyserial。

```
pip install pyserial
```

安装完成后，在龙芯派的 USB 口插入 USB 转串口转接线，就可以连接使用串口协议的外设，实现上位机控制了。

在龙芯派的终端中输入 `python3 -m serial.tools.list_ports` 命令可以查询串口，在终端显示 /dev/ttyUSB0 表示设置成功，这个就是我们连接的串口外设，如图 6.12 所示。

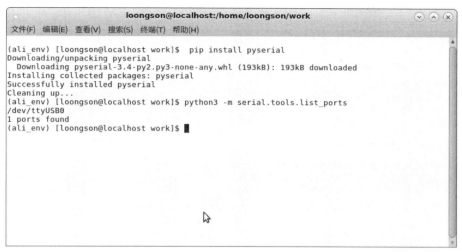

图 6.12　安装 pyserial 库并查询串口

6.4.6　注册阿里云平台

注册阿里云平台，并按照网站指导新建产品和设备，如图 6.13 所示。

图 6.13　阿里云设备管理后台

在阿里云设备管理后台可以获取到以下的信息。

```
host_name="cn-shanghai",

product_key="xxxxxxxxxxx",

device_name="xxxxxxxxxxx",

device_secret="yyyyyyyyyyyyyyyyyyyyyyyyyyyyyyyyyy")
```

6.4.7　编写通信程序

在龙芯派的 Loongnix 系统内，新建文件 serial_test.py，将从阿里云设备管理后台获取的信息填入下方代码的第 6 ~ 10 行的 lk 函数中。

```
1.    import serial
2.    import sys
3.    from linkkit import linkkit
4.    import logging
5.
6.    lk = linkkit.LinkKit(
7.        host_name="cn-shanghai",
8.        product_key="xxxxxxxxxxx",
9.        device_name="xxxxxxxxxxx",
10.       device_secret="yyyyyyyyyyyyyyyyyyyyyyyyyyyyyyyy")
11.
12.   # config log
13.   __log_format = '%(asctime)s-%(process)d-%(thread)d - %(name)s:%(module)s:%(funcName)s
  - %(levelname)s - %(message)s'
14.   logging.basicConfig(format=__log_format)
15.
16.   lk.enable_logger(logging.DEBUG)
17.   lk.config_mqtt(secure="")
18.   lk.connect_async()
19.
20.   com = serial.Serial("/dev/ttyUSB0",115200,timeout = 1)
21.
22.   while True:
23.       try:
24.           msg = input()
25.       except KeyboardInterrupt:
26.           com.close()
27.           sys.exit()
28.       else:
29.           if msg == "1":
30.               lk.disconnect()
31.           elif msg == "2":
32.               lk.connect_async()
33.           elif msg == "3":
34.               com.write("hello world".encode("gbk"))
35.               s = com.read(10)
36.               print(s)
37.               lk.publish_topic(lk.to_full_topic("user/update"), s)
```

```
38.        else:
39.            sys.exit()
```

在上述代码的第 29 ~ 37 行设置了 3 个模式。模式 1 会断开设备和阿里云平台的连接，模式 2 会连接阿里云平台，模式 3 会上报当前设备状态。运行文件 serial_test.py 后，输入对应的数字就可以进入相应模式。

龙芯派读取串口信息首先需要获取 root 权限，打开龙芯派终端，输入 su 命令后输入密码 loongson，即可获取 root 权限。

输入 python3 serial_test.py 命令运行我们刚才写好的脚本程序，会出现一堆 log 信息，说明龙芯派在和阿里云平台通信，如图 6.14 所示。注意，此时必须保证龙芯派处于联网状态。

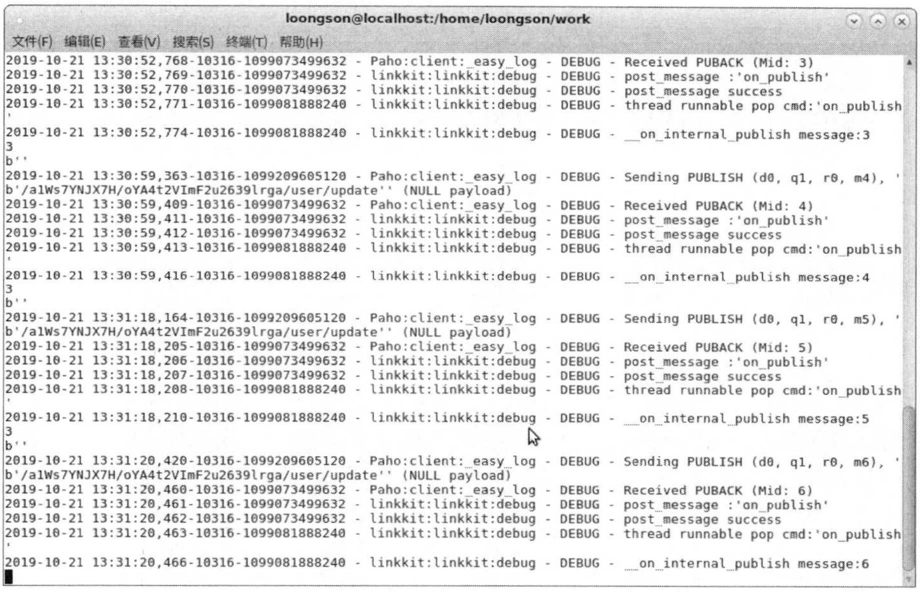

图 6.14　运行 python3 serial_test.py

此时，打开阿里云平台管理页面，可以发现设备已经变成在线模式，如图 6.15 所示。

图 6.15　设备为在线模式

6.5 项目总结

　　本章主要对智能家居的"云管端"原型系统进行介绍，针对其中的难点——将龙芯派作为边缘设备如何与阿里云平台通信展开了详细介绍。智能家居的远程控制核心在于信号控制的管理，完成了龙芯派作为网关和云平台的通信后，添加屋内外设支持和完成移动端的人机交互就很容易了。添加外设的方法可以参考第 04 章的内容，移动设备的交互可以参考网上的许多开源代码，也可以参考本章中阿里云平台提供的参考用例。

第 07 章

基于室内定位技术的
无人机编队系统

随着自动化技术的不断推进，无人机作为一种新兴产品走进了人们的视野。目前，市面上的无人机大多数是小型无人机，常用于航拍、送货、电网巡查、植被灌溉等，在表演市场的应用尚未完全发掘。而将巴掌大小的微型无人机构成的无人机编队用于灯光阵型表演有着惊艳的效果，非常容易吸引公众的目光，可以用于舞台表演、节目录制等。

不同于市面上常见的基于 GPS 定位的无人机群，本系统由小型无人机构成，仅占用较小的空间，利用精度更高的 UWB 超宽带的室内定位技术，可以在室内领域及室外低空进行小型表演。

龙芯派上搭载的龙芯 2K1000 处理器是一款性能强劲的芯片，对于多任务执行有着优越的表现，非常适合用作编队导航系统的主控中心。本章将无人机编队系统分为飞行器系统、室内定位系统、龙芯派编队导航系统 3 个系统，后面将依次对其进行介绍，并以龙芯派编队导航系统为例，详细介绍其搭建流程。

【目标任务】

通过对无人机编队系统的了解，能够完成无人机飞行轨迹的设计，锻炼 Python 编程能力以及熟悉龙芯派的操作系统。

【知识点】

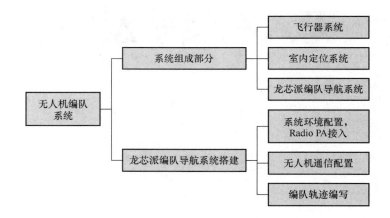

7.1 应用概览

本章由浅入深介绍无人机编队系统，首先介绍整个无人机编队系统的应用背景，再对系统组成部分的硬件、软件及算法进行详细介绍。整个系统由飞行器系统、室内定位系统和龙芯派编队导航系统构成。在实战演练部分，考虑到制作飞行器及室内定位部分步骤比较繁杂，故仅提取龙芯派编队导航系统部分进行步骤说明。该部分按顺序由系统环境配置、无人机通信配置、编队轨迹编写来进行展开，由此完成龙芯派编队导航系统的搭建。

7.2　主要技术要点

本项目利用龙芯派作为主控中心，结合了业界较高精度的 UWB 超宽带的室内定位技术、无人机编队控制技术和阵列灯光控制技术。下面对这几个技术要点进行介绍。

1. 高精度的室内定位技术

采用 TDOA 定位算法，通过得到各个基站到标签板的距离差，来计算飞行器的位置信息，并利用卡尔曼算法，得到即时的飞行器的三维坐标数据。每个飞行器的定位独立于其他飞行器，主机通过飞行器返回的位置信息，确定飞行器的位置。在实际操作中，定位精度在三维上的误差均在 10 厘米之内，视觉误差在可接受范围之内。

2. 无人机编队控制技术

在飞行器协同控制部分，采用基于协同进化的多飞行器协调航迹规划方法实现对多飞行器的轨迹规划；通过修改不同标签板的参数，我们配置了多飞行器不同的信道，避免飞行器之间信息传输的相互干扰。在控制飞行器的阵列时，只需预设好飞行轨迹并在程序中输入对应时间对应的坐标点，便可完成预设飞行；并打印实际坐标信息，直观并且简单，便于调试。

3. 阵列灯光控制技术

飞行器底部搭载调光 6 个 LED 发光管，有 65535 种色彩变化，可以应对各种表演需求。我们采用了 LED 重力感应的闪烁模式和循环流水灯闪烁模式等多种灯光模式，使飞行器在飞行过程中能够自动改变灯光，视觉效果良好。

7.3　系统架构

图 7.1 是无人机编队系统的整体系统架构。龙芯派在 2.4GHz 频段通过 radio 向无人机 Tag 发送预设坐标等信息。同时，各个锚节点 Anchor 在 3.5 ~ 6.5GHz 频段，按照一定时序向无人机发送 UWB 信号，无人机在接收到信号后，解算出自身的当前坐标，再结合获得的预设坐标实现编队飞行。

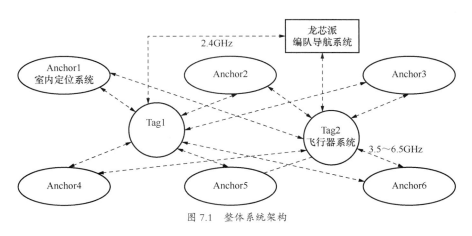

图 7.1　整体系统架构

7.3.1 飞行器定位导航流程

UWB 定位系统由 6 个基站和若干个标签板组成，为飞行器提供定位信息。飞行器定位与导航流程如下。

STEP 1 飞行器搭载的标签板接收到定位锚点的数据包后，计算自身在定位空间的坐标。

STEP 2 飞行器将计算的坐标反馈给龙芯派。

STEP 3 龙芯派将预设的坐标发送给飞行器。

STEP 4 飞行器通过自身的飞控算法调整自身姿态来实现预设的飞行。

定位锚点与标签板之间采用超宽带进行通信，传输频段为 3.5 ~ 6.5GHz；飞行器与龙芯派上的 Radio 传输频率为 2.4GHz。定位和导航采用不同的频段，它们之间的传输不会发生同频干扰。

7.3.2 飞行器系统

飞行器作为无人机编队表演的主体，在系统中占有举足轻重的地位。飞行器的应用系统由主控板和定位板两个部分构成，如图 7.2 所示。主控板正面安放了 NRF51822 辅助芯片、2.4GHz 天线、MPU9250、电机等模块，背面放置 STM32F405 主控芯片。主控板和定位板之间通过 10x2 排针相连。定位板的正面安放 DWM1000 定位模块及用于定位调试的 LED 灯，背面用 6 个 WS2812 构成环形 LED。WS2812 是一个集控制电路与发光电路于一体的智能外控 LED 光源。

（a）主控板　　　　　　　　　　　　　（b）定位板

图 7.2　飞行器的应用系统

图 7.3 展示了飞行器的接口原型图。

飞行器由 STM32F405 主控芯片与 NRF51822 辅助芯片共同完成系统控制，供电由锂电池来完成，有效减小重量，让飞行器可以携带飞行。

NRF51822 辅助芯片完成对 STM32F405 主控芯片的电源管理。接入电池时，电池仅对 NRF51822 供电，按下电源键后，电池才对 STM32F405 供电，有效降低功耗。

天线模块接收龙芯派发送的飞行指令，与 NRF51822 辅助芯片结合，可以完成龙芯派与飞行器之间的通信。每一个同步周期里比较预设坐标和实时解算的三维坐标，比较的结果用于调整飞行器的电机以控制飞行器的运动状态，使飞行器的位置不断趋向预设坐标。

DWM1000 定位模块用于室内定位，测量到各个锚点的 TDOA 值，融合自身陀螺仪的信息，使用扩展卡尔曼滤波得到实时解算的三维坐标。

环形 LED 搭载全彩 LED 调光模块，实现了 65535 种色彩变化，可以应对各种表演需求。

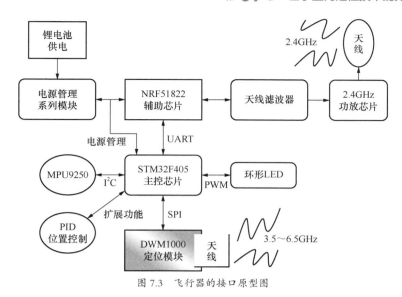

图 7.3 飞行器的接口原型图

7.3.3 室内定位系统

室内定位系统的定位方案选用超宽带（Ultra-Wideband，UWB)，其特点在于高精度、抗多径、低功耗，且支持实时定位，非常适用于构建无人机编队系统。室内定位系统由定位标签和定位锚点组成。定位锚点是定位空间中已知坐标的点，固定在定位空间中。定位标签可以在定位空间中自由移动，通过和定位锚点的不断通信，计算出自身所在的位置。

在这套系统中，飞行器上搭载的 UWB 模块作为定位标签，与室内各个角落中固定的定位锚点进行通信，来获悉自身的精确坐标。下面分两部分介绍室内定位系统的软硬件构成。

（一）定位锚点

定位锚点为分布在定位空间中的各个固定点，它的摆放位置事先是约定好的。定位锚点由主控板和定位板构成，锚点的实物和设计如图 7.4 和图 7.5 所示。主控板上放置 STM32F072 主控芯片、LM1117 电源控制模块。为方便移动电源供电，引入 Micro-USB 口进行连接，另引出 UART、SWD 等排针用于固件调试。定位板上放置 DWM1000 定位模块及用于定位测试的 LED 灯。

图 7.4 定位锚点实物

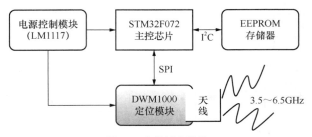

图 7.5 定位锚点设计

因为定位锚点需要固定在房间的各个位置，设计时决定采用移动电源进行供电，但是其 5V 的输出无法直接为 STM32F072 及 DWM1000 所用，故添加电源控制模块 LM1117 实现 5V ~ 3.3V 降压。EEPROM 存储器中存储关键硬件数据，包括锚点位置、配置等信息，这些数据在断电后不会丢失。DWM1000 定位模块作为 UWB 无线通信模块，与飞行器上的 UWB 模块进行通信，为坐标计算提供必要信息。

（二）定位标签

飞行器上搭载的 DWM1000 定位模块作为定位标签。它在定位空间中自由移动，其坐标未知。定位标签测量标签到两个定位锚点之间的到达时间差（Time Difference of Arrival, TDOA）作为定位计算的数据，结合预先写入的锚点坐标、自身的姿态信息来完成坐标的计算。

在系统进行了 TDOA 算法对位置进行测量之后，使用扩展卡尔曼算法进行估计。扩展卡尔曼算法融合了自身姿态信息与 TDOA 数据，它的思路是通过对目标的预测状态（自身姿态）和当前测量数据（TDOA 数据）进行平滑，得到更加准确的状态估计，同时预测目标下一次状态。按照此方式不断迭代，可以逐渐获得目标的最优位置估计。

7.3.4 龙芯派编队导航系统

龙芯派编队导航系统由外接的 Radio PA 及龙芯派构成。Radio PA 实现龙芯派与飞行器之间的通信，完成飞行指令的发送。图 7.6 是使用的 Radio PA 模块，它是一款长距离 USB 无线电加密狗，具有 20dBm 的功率放大器，与 NRF51822 一起使用，可提供超过 1 千米（视线）范围。如果它与另一个 Radio PA 一起使用，那么这个范围在可视下将增加到超过 2 千米。该模块使用 Python API，比通过 Wi-Fi 提供了更长的通信范围。该硬件也可作为无线引导加载程序，可通过 USB 进行固件升级，不需要任何其他硬件。

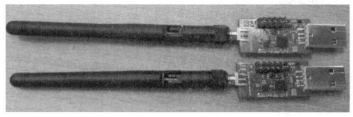

图 7.6 Radio PA 模块

龙芯派作为控制中心进行路径规划。龙芯派作为上位机，是项目的核心部分，主要用于部署编队导航子系统，规划无人机阵列的飞行轨迹，并通过 2.4GHz 的无线信道控制各架无人机。为实现多机控制，龙芯派控制 Radio 切换时隙向各个飞行器发送自身的飞行坐标。在飞行时，飞行器亦向龙芯派报告自身实时坐标，可在编队飞行时进行实时调试。

7.4 搭建龙芯派编队导航系统

龙芯派编队导航系统是整个项目十分重要的一环，龙芯派作为其中的主控中心，通过实行轨迹规划将路径发送给无人机，从而使无人机的编队飞行成为可能。由于篇幅有限，本节着重对轨迹编写进行介绍，其余部分以及其他系统由读者自行探究。

7.4.1 环境准备

在龙芯派上配置好 Loongnix 系统后，需要下载 PyUSB，用于与 Radio USB 适配器之间进行通信。PyUSB 可以在 Loongnix 里的终端通过 pip 命令安装，具体实现代码如下。

```
yum -y install python-pip
pip install pyusb
```

另外，我们还需要下载 libusb，用于对 PyUSB 提供库支持。在 libusb 官网可以下载文件到龙芯派中，文件名为 libusb-1.0.22.tar.bz2。解压该文件，再进行配置，最后执行安装。需要在终端使用如下指令。

```
tar xjvf libusb-1.0.22.tar.bz2
./configure
sudo make install
```

> ⚡ **注意：**
>
> 若报错，出现 udev support requested but libudev header not installed，则需添加配置项，即将命令 ./configure 改为 ./configure --disable-udev。

将 Radio PA 模块插入龙芯派的 USB 接口。Radio PA 模块上主要包括了一块 51 单片机和 NRF51822 芯片，而无人机上具有 NRF2401 模块，因此两者可以进行通信。

7.4.2 实现系统连接

设置无人机的编号与频段，格式为"radio: // 接口 ID/ 通信信道 / 通信速度"。例如，URI = 'radio://0/10/250K'，这段代码表示选择龙芯派编号为 0 的接口，使用 10 号通信通道，速率设置为 250Kbit/s。

龙芯派与无人机群的通信过程如图 7.7 所示。当 Python 脚本执行时，首先导入无人机的

URI，使用 Radio PA 在周围空间进行搜索并为连接通信做好准备。为实现多无人机飞行，脚本使用了 Python 的多线程库 thread.py 和 threading.py，为每一架无人机分配并锁定线程。每一线程独立存在，即可以看作每一架无人机的连接都经过了图 7.7 所示的过程，只在完成连接时进入等待序列。当所有无人机连接完成，同时进入飞行任务执行阶段。

图 7.7　龙芯派与无人机群的通信过程

　　连接建立完成，能够观察到无人机定位板上的 LED 灯闪烁，如图 7.8 所示，然后就可以使用龙芯派将信息发送给无人机。为了更好地控制无人机，龙芯派和无人机之间通信的调试变量分为两类——只读与读写。只读变量包括当前定位坐标、陀螺仪数据等，可读写的变量包括无人机的 pitch、row、yaw、thrust、灯效等数据。控制飞行的方式除操控姿态角之外，亦可以直接发送三维坐标。无人机结合自身姿态，使用来自室内定位系统的定位数据，通过自身的飞控算法完成特定的飞行。

图 7.8　与无人机建立连接

　　将无人机放置在一些坐标点上，使用 Python 编写简单的测试程序，观察室内定位系统是否正常。我们将无人机放置在 (1.0, 1.1, 1.4)、(1.0, 1.5, 1.4) 等坐标点上，观察返回的坐标值，发现误差均在 10cm 以下，说明定位系统正常，如图 7.9 所示。

```
Setting position (1.0, 1.1, 1.4, 0)
pos: (1.0517412424087524, 1.0623472929000854, 0.9933727383613586)
pos: (1.0524444580078125, 1.0367692708969116, 1.125648021697998)
pos: (1.112493038177490, 1.078769922256469, 1.237809419631958)
pos: (1.154272675514221, 1.0443364381790161, 1.351945996284484)
pos: (1.058868408203125, 1.048959493637085, 1.442623496055603)
pos: (1.0301356315612793, 1.0453470945358276, 1.508518815040588)
pos: (0.9055792689323425, 1.0918760299682617, 1.502215972976685)
pos: (0.9607372283935547, 1.107124924659729, 1.486465692520141)
pos: (0.8969301774291199, 1.092007994651794, 1.455343604078296)
Setting position (1.0, 1.5, 1.4, 0)
pos: (0.9474199414253235, 1.143280029296875, 1.455631494522094)
pos: (0.9105480909347534, 1.287758350372314, 1.437237501144409)
pos: (0.9632138013839722, 1.546673536300659, 1.417770862579345)
pos: (0.9860923886299133, 1.484455347061157, 1.369759082794189)
pos: (0.9709267616271973, 1.529413223266601, 1.284516453742981)
pos: (1.0859500169754028, 1.414232611656189, 1.323769927024841)
pos: (1.177693605422974, 1.515178918838501, 1.315637826919555)
pos: (1.094895839691162, 1.538963198661804, 1.305659055709838)
pos: (1.104097008705139, 1.517388820648193, 1.310026407241821)
pos: (1.090123653411865, 1.449072241783142, 1.403341770172119)
pos: (1.045762300491333, 1.600899338722229, 1.354700088500976)
Setting position (1.0, 2.5, 1.4, 0)
pos: (0.9092536568641663, 1.824578762054443, 1.356273412704467)
pos: (0.8786797523498535, 2.27703404426574, 1.379669308662414)
pos: (0.9181029200553894, 2.380606651306152, 1.351173400878906)
pos: (1.014185786247253, 2.370167493820190, 1.350508706710815)
pos: (0.9648991823196411, 2.504100084304809, 1.302487015724182)
pos: (1.035952568054199, 2.605258703231811, 1.305917739686416)
pos: (1.045809626579284, 2.558163160604614, 1.360074230194091)
pos: (1.029176115989685, 2.585466384887695, 1.339422821998596)
pos: (1.019405364490234, 2.480171918869018, 1.388660073280334)
pos: (1.060088634490966, 2.572823524475097, 1.350558996200561)
Setting position (1.0, 2.5, 1.6, 0)
pos: (1.022255778312683, 2.522722482681274, 1.462815165519714)
pos: (1.055980324745178, 2.442990541458130, 1.533833146095275)
pos: (1.034468293190024, 2.519781589580506, 1.547399997711181)
pos: (0.968316912651062, 2.643405675888061, 1.547464966773986)
pos: (1.031396150588989, 2.502823352813720, 1.564110040664672)
pos: (0.984423577785491, 2.499105690190791, 1.573886036872863)
```

图 7.9　定点测试数据

7.4.3　飞行轨迹脚本

飞行轨迹脚本，其实是编写一串的坐标并等间隔将每个坐标发送给无人机。而无人机在接收到一个预设坐标后，与室内定位系统下获得的自身当前坐标进行对比，通过飞控系统控制无人机达到预设位置。脚本编写步骤如下。

STEP 1 构思无人机飞行的轨迹。由于系统采用的是点对点通信，而系统中有多架无人机，且它们之间未进行通信，因此在设计轨迹时为了保证所有无人机在飞行过程中不会有碰撞，在考虑室内定位系统的定位误差前提下，将无人机间预设坐标的间距控制在 40cm 左右。

STEP 2 编写轨迹，一般有两种方法。一种是针对每一架无人机进行轨迹编写，这样便于控制每一架无人机的位置，也能较好地保证无人机间的间隔，缺点是编写起来比较烦琐，飞行轨迹不够直观，示例代码如下。

```
1.    # 0 号无人机
2.    def generate_sequence0():
3.
4.    # 1 号无人机
5.    def generate_sequence1():
6.
7.    # 2 号无人机
8.    def generate_sequence2():
9.
```

```
10.    # 3 号无人机
11.    def generate_sequence3():
12.        global sequences
13.        # 起飞排成一列
14.        z=0.7
15.        sequences = [(1.8, 3.0, 0.7, 0)] * 10
16.        for i in range(10):
17.            z = z + 0.1
18.            sequences.append((1.8, 3.0, z, 0))
```

上述脚本控制了 4 架无人机的轨迹。以 3 号无人机为例，从第 15 行的代码可以得知，将发送 10 次（1.8, 3.0, 0.7, 0），由于无人机刚起飞的时候容易抖动，所以需要将起始位置多次发送，接下来实现了 3 号无人机逐步向上飞行的轨迹。

另一种方法是编写通用性的函数，改变输入的初始位置等关键参数实现轨迹编写。这样编写效率高，他人也能够比较形象地了解该函数的功能。然而，如果无人机数量增多，较难确保无人机之间的间隔，容易导致碰撞。具体实现代码如下。

```
1.     def generate_sequence_circle(x, y, z0, xita, r, w, t0, t1):
2.
3.         x0 = 1.8 + r * math.cos(math.radians(xita))
4.         y0 = 1.8 + r * math.sin(math.radians(xita))
5.         z = 1.7
6.         count = 1
7.         for i in range(20):
8.             x_new = x + count*(x0 - x)/20.0
9.             y_new = y + count*(y0 - y)/20.0
10.            z_new = z + count*(z0 - z)/20.0
11.            count = count + 1
12.            sequences.append((x_new, y_new, z_new, 0))
13.        x = x_new
14.        y = y_new
15.        z = z_new
16.        count = 1
17.        while count < t1:
18.            for theta in range(0, 360, w):
19.                x = 1.8 + r * math.cos(math.radians(theta+xita))
20.                y = 1.8 + r * math.sin(math.radians(theta+xita))
21.                sequences.append((x, y, z, 0))
22.                count = count + 1
```

```
23.
24.      for i in range(30+t0):
25.          sequences.append((x, y, z, 0))
26.
27.      while z > 0.2:
28.          z = z - 0.2
29.          sequences.append((x, y, z, 0))
30.          sequences.append((x, y, z, 0))
```

上述代码的功能是实现无人机进行圆周运动，输入参数包括初始位置、其位置对应圆心角（可省略）、圆周半径、角速度以及两个时间参数。

最后在主函数中调用，就实现了 3 号无人机的轨迹设计，代码如下。

```
1.      generate_sequence_start2(2.4, 1.5, 1.7,   0, 120) # 3号
2.      generate_moving2(2.4, 1.5)
3.      generate_sequence_circle(2.4, 2.7, 1.2, 72, 1.1, 6, 0, 100)
4.      #(x, y, z0, xita, r, w, t0, t1)
5.      sequence3 = sequences
```

STEP 3 设计完每个无人机的轨迹后，需要设计时间序。比如每次和一架无人机进行通信将一个预设坐标发送出去后，需要延迟 100ms，之所以延迟一定时间是为了保证无人机能够在接收到下一个预设坐标时到达上一个预设坐标的位置。

STEP 4 加入灯光控制，通过等时间间隔改变所有无人机的灯效，示例如下。

```
31.      effect = ['0', '1', '2', '3','4', '5', '6', '7', '8', '9', '10', '11', '12', '13', '14', '15']
32.      for position in sequence:
33.          if count < 150:
34.              cf.param.set_value('ring.effect', effect[5])
```

数组 effect 包括所有灯光效果；count 表示运行时间，单位是秒。另外，我们也可以针对每一架无人机进行专门的灯效设计等。

STEP 5 在编写完脚本后，不断进行调试与修正，最终实现室内无人机编队表演。以单架无人机为例的完整脚本可见附录。

⚡ **注意：**

　　1. 设计三层式的通信包格式。

　　第一层：Link，负责在龙芯派与无人机之间传输数据包，主要处理包长度以及包错误信息。

　　第二层：Packet handling，将数据包传递给相应的无人机和龙芯派。

　　第三层：ports，代表发送和接收数据包的相应的子系统。

　　2. 建立日志，便于调试的时候能够实时返回需要的参数并进行查看，有利于发现问题。

7.5 实战演练

在已有系统基础上，尝试编写更多不同轨迹的脚本，如螺旋上升、跟随飞行等。提示：螺旋上升，可以将运动轨迹分成垂直与水平两部分，无人机在垂直方向上匀速上升，在水平方向上做圆周运动；跟随飞行，以两架无人机为例，只需让第二架无人机的目标位置总是第一架的上一次目标位置，就能够实现跟随飞行。

7.6 附录：单架无人机飞行脚本参考代码

以下的脚本代码实现了单架无人机水平直线飞行、螺旋飞行、依次多点停留以及下降，读者可以自行尝试，为无人机添加更多动作。

```
1.   # -*- coding: utf-8 -*-
2.
3.   import time
4.   import math
5.
6.   import cflibrary.crtp
7.   from cflibrary.log import LogConfig
8.   from cflibrary.swarm import Swarm
9.   from cflibrary.syncLogger import SyncLogger
10.
11.  URI0 = 'radio://0/15/250K'
12.  uris = {URI0}
13.  sequences = []
14.  sequence0 = []
15.  seq_args = {}
16.
17.  # 0 号无人机
18.  def generate_sequence0():
19.      global sequences
20.      # 起飞排成一列
21.      z=0.7
22.      sequences = [(1.8, 0.6, 0.7, 0)] * 10
23.      for i in range(10):
24.          z = z + 0.1
25.          sequences.append((1.8, 0.6, z, 0))
26.      for i in range(30):
```

```
27.          sequences.append((1.8, 0.6, 1.7, 0))
28.      # 螺旋
29.      t = 1
30.      for i in range(2):
31.          for theta in range(0, 360, 30):
32.              x = 1.8 + 0.6 * math.cos(math.radians(theta))
33.              z = 1.5 + 0.6 * math.sin(math.radians(theta))
34.              y = 0.6 + 0.1 * t
35.              yaw = 0
36.              sequences.append((x, y, z, yaw))
37.              t = t + 1
38.              if y >= 3.0:
39.                  break
40.      # 暂停片刻
41.      for i in range(5):
42.          sequences.append((1.8, 3.0, 1.5, 0))
43.  #0
44.      # 暂停片刻
45.      for i in range(5):
46.          sequences.append((1.8, 3.0, 1.5, 0))
47.
48.      for i in range(24):
49.          sequences.append((1.8, 2.2, 1.5, 0))
50.  #1
51.      for i in range(5):
52.          sequences.append((1.8, 2.2, 1.5, 0))
53.      for i in range(24):
54.          sequences.append((1.8, 1.4, 1.5, 0))
55.  #2
56.      for i in range(5):
57.          sequences.append((1.8, 1.4, 1.5, 0))
58.      for i in range(24):
59.          sequences.append((1.8, 0.6, 1.5, 0))
60.      for i in range(10):
61.          sequences.append((1.8, 0.6, 1.5, 0))
62.      # 下降
63.      z = 1.5
64.      while z >= 0.0:
```

```
65.          z = z - 0.3
66.          sequences.append((1.8, 0.6, z, 0))
67.          sequences.append((1.8, 0.6, z, 0))
68.          sequences.append((1.8, 0.6, z, 0))
69.
70.   def position_callback(timestamp, data, logconf):
71.       x = data['kalman.stateX']
72.       y = data['kalman.stateY']
73.       z = data['kalman.stateZ']
74.       print('pos: ({}, {}, {})'.format(x, y, z))
75.
76.   def start_position_printing(scf):
77.       log_conf = LogConfig(name='Position', period_in_ms=500)
78.       log_conf.add_variable('kalman.stateX', 'float')
79.       log_conf.add_variable('kalman.stateY', 'float')
80.       log_conf.add_variable('kalman.stateZ', 'float')
81.       scf. cflibrary .log.add_config(log_conf)
82.       log_conf.data_received_cb.add_callback(position_callback)
83.       log_conf.start()
84.
85.   def wait_for_position_estimator(scf):
86.       print('Waiting for estimator to find position...')
87.
88.       log_config = LogConfig(name='Kalman Variance', period_in_ms=500)
89.       log_config.add_variable('kalman.varPX', 'float')
90.       log_config.add_variable('kalman.varPY', 'float')
91.       log_config.add_variable('kalman.varPZ', 'float')
92.
93.       var_y_history = [1000] * 10
94.       var_x_history = [1000] * 10
95.       var_z_history = [1000] * 10
96.
97.       threshold = 0.002
98.
99.       with SyncLogger(scf, log_config) as logger:
100.          for log_entry in logger:
101.              data = log_entry[1]
102.
```

17

```
103.            var_x_history.append(data['kalman.varPX'])
104.            var_x_history.pop(0)
105.            var_y_history.append(data['kalman.varPY'])
106.            var_y_history.pop(0)
107.            var_z_history.append(data['kalman.varPZ'])
108.            var_z_history.pop(0)
109.
110.            min_x = min(var_x_history)
111.            max_x = max(var_x_history)
112.            min_y = min(var_y_history)
113.            max_y = max(var_y_history)
114.            min_z = min(var_z_history)
115.            max_z = max(var_z_history)
116.
117.            print("{} {} {}".
118.                format(max_x - min_x, max_y - min_y, max_z - min_z))
119.
120.            if (max_x - min_x) < threshold and (
121.                    max_y - min_y) < threshold and (
122.                    max_z - min_z) < threshold:
123.                break
124.
125.    print("Finish estimating!")
126.
127.
128. def reset_estimator(scf):
129.    cf = scf.cflibrary
130.
131.    wait_for_position_estimator(cf)
132.
133.
134. def run_sequence(scf, sequence):
135.    cf = scf.cf
136.    effect = ['0', '1', '2', '3']
137.
138.    cflibrary.param.set_value('flightmode.posSet', '1')
139.
140.    cflibrary.commander.send_setpoint(0, 0, 0, 0)
```

```
141.      cnt = 0
142.      times = 0
143.      for position in sequence:
144.          print('Setting position {}'.format(position))
145.          for i in range(2):
146.              if times % 10 == 0:
147.                  cf.param.set_value('ring.effect', effect[cnt % 4])
148.                  cnt += 1
149.              times += 1
150.              cf.commander.send_setpoint(position[1], position[0],
151.                                         position[3],
152.                                         int(position[2] * 1000))
153.              time.sleep(0.1)
154.
155.      cflibrary.commander.send_setpoint(0, 0, 0, 0)
156.
157.      time.sleep(0.1)
158.
159.
160. if __name__ == '__main__':
161.      global sequence0
162.      global seq_args
163.
164.      generate_sequence0()
165.      sequence0 = sequences
166.
167.      seq_args = {
168.          URI0: [sequence0]
169.      }
170.
171.      cflibrary.crtp.init_drivers(enable_debug_driver=False)
172.      with Swarm(uris) as swarm:
173.          swarm.sequential(reset_estimator)
174.          swarm.parallel(run_sequence, args_dict=seq_args)
```

7.7 项目总结

本章主要是对室内无人机编队系统进行介绍，针对其中的龙芯派编队导航系统进行详细说明，

从安装 PyUSB 库到无人机编号连接，最后在龙芯派上用 Python 编写轨迹规划脚本，实现了通过
USB 模块与无人机通信以及编队飞行。这里面的难点是完成轨迹脚本，需要读者熟悉 Loongnix 系
统，具有一定的 Python 编程能力和立体空间想象力。龙芯派编队导航系统作为整个系统的核心，
保证了龙芯派与无人机的稳定通信，指导无人机飞行路线以及控制表演灯光等。如果读者还有兴趣，
可以继续探索另外两个系统，室内定位采用的是基于 UWB 的 TDOA 技术，而无人机系统中的飞
行控制算法可以参考网上许多开源代码，如 PX4、Crazyflie 2.0 等。对于飞行器和定位系统的硬件，
读者可以参考著名的开源工程 Crazyflie 2.0。本章根据项目需求修改的硬件原理图和 PCB 已经在
读者交流群中上传，供读者参考。

第 08 章

基于 libmodbus 开发
数字采集系统

　　在很多现场采集应用场景中，探测仪器的实时数据采集一直是一件令人烦恼的事情。虽然许多探测仪器已经具有 rs232/485 等接口，但许多企业仍然采用一边测量，一边手工记录到纸张，最后再输入到 PC 中的处理方式。这样不但工作繁重，同时也无法保证数据的准确性，管理人员常常得到的更是滞后了一两天的数据。那么，如何高效地采集简洁、实时的数据是许多企业面临的一大难题。

　　而本章要开发的数字采集系统正是解决这一问题的有力工具。它运行在龙芯派下，集数据获取、数据分析、危险报警功能于一身，并以自动化的方式完成这一系列动作，在保证数据时效性的前提下大大简化了工作流程，提高了工作效率。该系统可作为环境监控系统来使用，大多部署于核心机房、中控室、无人值守的操作间和设备间等重要位置，实现远程监测的目的。目前神州慧安科技有限公司开发的该系统已有多个成功案例，在多地进行了部署实施，且效果良好。

【 **目标任务** 】

　　1. 采集传感器监测到的温度和湿度数据，以直观的方式实时记录和显示现场环境中各区域的温湿度变化，并进行越界报警处理。

　　2. 采集监测探头上的漏水、漏电及烟雾数据，一旦发现危险情况，会将报警信息以多种方式发送给管理人员。

【 **知识点** 】

　　在开发该系统时需要了解的内容主要包括搭建交叉编译环境、数据采集、异常报警以及历史数据入库。

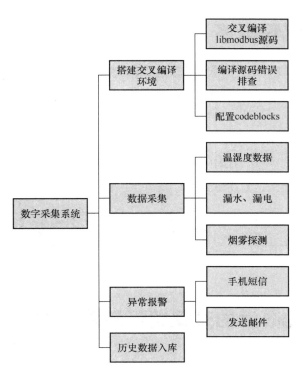

【系统主要界面】

在命令行中输入程序绝对路径，按回车键结束，即可启动数字采集系统。系统启动界面如图8.1所示。

图 8.1　系统启动界面

输入数字"0"并按下回车键后实时显示各传感器的数据，如图8.2所示。

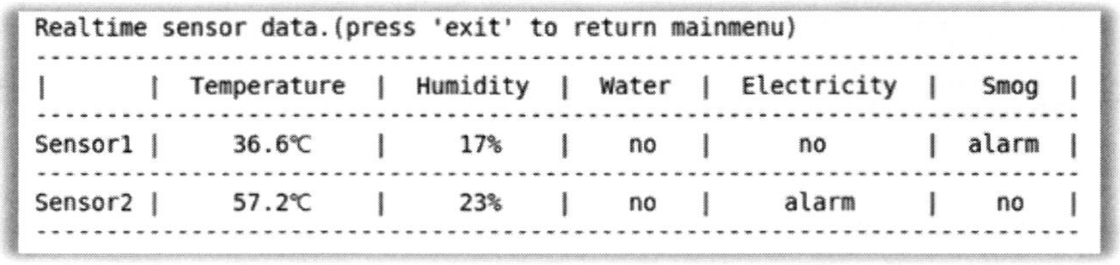

Realtime sensor data.(press 'exit' to return mainmenu)					
	Temperature	Humidity	Water	Electricity	Smog
Sensor1	36.6℃	17%	no	no	alarm
Sensor2	57.2℃	23%	no	alarm	no

图 8.2　实时数据显示界面

8.1　开发流程概述

有别于常规的数字采集系统，该系统需要在龙芯派上运行。而龙芯派搭载的是龙芯 2K1000 处理器，其指令集与 X86 架构的芯片有很大区别。目前，大多数程序都是基于 X86 架构开发的，不能直接在龙芯派上运行。

因此我们在正式编写功能代码前，首先要搭建基于龙芯派的交叉编译环境，然后在集成开发环境中配置需要的交叉编译环境变量，接着才能进行系统功能代码的编写与编译，最后将编译出来的可执行程序移植到龙芯派上，至此才算完成整个数字采集系统的开发工作。具体开发流程如图 8.3 所示。

图 8.3　开发流程

8.2　基于龙芯派的交叉编译环境搭建

此次交叉编译环境搭建时采用的上位机操作系统为 CentOS 6.0，龙芯派的交叉编译工具链则选择直接从龙芯官网下载。系统功能代码主要依赖 libmodbus 库进行数据采集和解析，而代码的集成开发环境则使用了 Code::Blocks17.12。

8.2.1　交叉编译 libmodbus 开发库

首先需要下载并安装龙芯派的交叉编译工具链，然后将 libmodbus 源码在上位机编译成库文件，再移植到龙芯派上即可，具体的流程如图 8.4 所示。

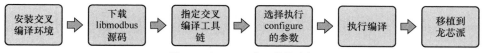

图 8.4　libmodbus 交叉编译流程

8.2.2　下载安装交叉编译工具链

在安装 CentOS 6.0 的上位机下访问网址链接 http://ftp.loongnix.org/loongsonpi/pi_2/toolchain/gcc-4.9.3-64-gnu%20.tar.gz，下载交叉编译时需要用到的工具链。

下载完成后，按住【Ctrl+Alt+T】组合键打开命令行终端，执行以下命令解压该文件。

```
tar -xvf gcc-4.9.3-64-gnu.tar.gz
mv  gcc-4.9.3-64-gnu  /opt
```

解压后可以看到，整个工具链是由很多功能文件包组成的，我们只需要使用其中的部分工具链，因此需要通过环境变量的方式指定文件的路径。

将解压好的工具链文件 gcc-4.9.3-64-gnu 添加到环境变量中，保证在之后编译 libmodbus 源码时，对工具链的调用位置准确无误，返回结果如图 8.5 所示。

```
[root@bogon bin]# ls
cloog                      mips64el-linux-c++filt   mips64el-linux-gcc-4.9.3   mips64el-linux-gfortran   mips64el-linux-objcopy   mips64el-linux-strings
mips64el-linux-addr2line   mips64el-linux-cpp       mips64el-linux-gcc-ar      mips64el-linux-gprof      mips64el-linux-objdump   mips64el-linux-strip
mips64el-linux-ar          mips64el-linux-elfedit   mips64el-linux-gcc-nm      mips64el-linux-ld         mips64el-linux-ranlib    ppl-config
mips64el-linux-as          mips64el-linux-g++       mips64el-linux-gcc-ranlib  mips64el-linux-ld.bfd     mips64el-linux-readelf   ppl_lcdd
mips64el-linux-c++         mips64el-linux-gcc       mips64el-linux-gcov        mips64el-linux-nm         mips64el-linux-size      ppl_pips
[root@bogon bin]# echo $PATH
/opt/gcc-4.9.3-64-gnu/bin/mips64el-linux-gcc:/usr/local/sbin:/usr/sbin:/sbin:/usr/local/bin:/usr/bin:/bin:/root/bin:/root/bin
[root@bogon bin]#
```

图 8.5　添加环境变量

使用 vi 命令打开家目录（/home）下的 .bashrc，将命令 export PATH=$PATH:/opt/gcc-4.9.3-64-gnu/bin 添加到最后一行。一般来说，在终端中执行的路径信息是不会被保存的，因此需要通过执行该语句保证在下次启动时仍然保存了环境变量。

然后执行 source ~/.bashrc，更新环境配置。

如果需要确认版本信息，可以执行 mips64el-linux-gcc -v 语句，本例中的 gcc 版本获取结果如图 8.6 所示。

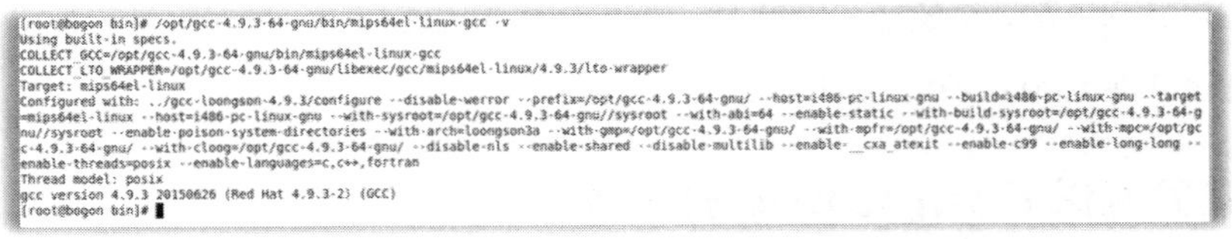

图 8.6　获取版本信息

8.2.3　下载 libmodbus 源码

libmodbus 是一个根据 Modbus 协议发送 / 接收数据的免费软件库。该库是基于 C 语言编写的，支持 RTU(串行) 和 TCP(以太网) 通信，可以通过 libmodbus 官网获取源码包。

下载了 libmodbus 的源码包后，在命令行中输入 `sudo tar -xvf libmodbus-3.0.6.tar.gz` 完成源码包解压。

进入 libmodbus-3.0.6 的源码目录下，我们可以看到 libmodbus 的源码目录，如图 8.7 所示。

图 8.7　终端显示的源码目录

8.2.4　指定交叉编译工具链

进入命令行终端，执行 `mv /usr/bin/gcc /usr/bin/gcc.bak` 命令备份原始 gcc，再使用 `ln -s` 命令将 gcc 替换为交叉编译工具链中的 gcc 即可，如图 8.8 所示。

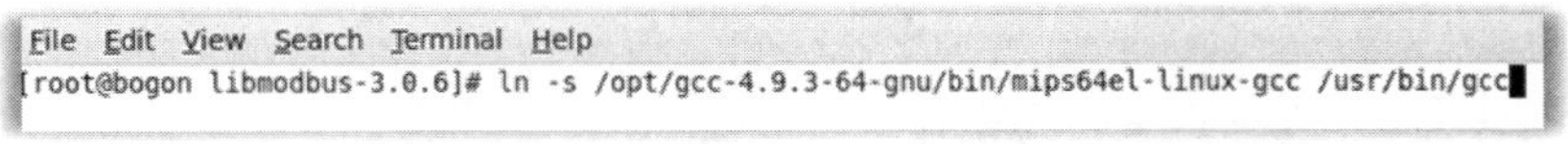

图 8.8　替换为交叉编译工具链中的 gcc

8.2.5　编译 libmodbus 源码

libmodbus 源码中的所有选项参数都可以在终端执行 `sudo ./configure-help` 查看。表 8.1 列出了我们选择的选项参数及其功能说明。

表 8.1　选项参数一览

参数	功能说明
-prefix /opt/libmodbus	指定想要安装到的安装目录
--with-pic	尝试只使用 pic 对象
--enable-silent-rules	启用静默模式加载规则
--with-platform	指定目标平台使用的交叉编译工具

续表

参数	功能说明
-enable-autosave	开启自动保存
--disable-dependency-tracking	禁用 tracking 依赖
--enable-dependency-tracking	开启 tracking依赖
-enable-debugger	启用调试插件
--enable-fortran	启用 fortran 扩展
--enable-static	静态编译库
-enable-shared	动态编译库

在命令行终端中的 libmodbus 源码目录（本例是 /usr/local/src/libmodbus-3.0.6）中执行以下命令。

```
sudo  ./configure --prefix=/opt/ --enable-static --enable-shared --enable-silent-
rules --enable-dependency-tracking --with-pic
```

⚡ 注意：

本章中的上位机使用的是 CentOS 系统，若为 Ubuntu 系统，需添加配置项 --host=mips64el。

在调试中，如果出现报错的情况，我们需要再次执行 `configure` 命令。为了方便调试，我们可以把配置选项参数的命令保存下来。例如，cmd.sh 就是我们制作的脚本，打开后脚本内容如图 8.9 所示。如果需要重新配置选项参数，只需要执行脚本文件就可以了。

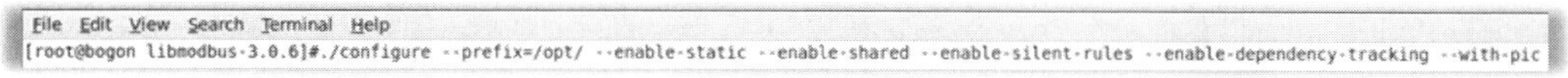

```
File  Edit  View  Search  Terminal  Help
[root@bogon libmodbus-3.0.6]#./configure --prefix=/opt/ --enable-static --enable-shared --enable-silent-rules --enable-dependency-tracking --with-pic
```

图 8.9　configure 编译参数

在前面的工作准备完成后，在命令行终端执行 `make` 命令，等待 10~15 分钟，就能完成编译。在命令执行完毕后，重新回到命令行提示符下，如果没有出现 error 等字样，那么就代表编译完成了。

随后输入 `make install` 命令就完成了 libmodbus 源码的整个编译环节。

但是，很可能编译环节进行得没有这么顺利，会出现报错，这就需要我们按照报错信息去排查错误，保证编译的顺利进行。这里举例说明一个比较常见的报错情况，如 configure 过程中提示 modbus_write_register(...) : inconsistent type of last input-parameter，一般出现这个问题的原因都是传入的参数与函数定义时的参数不匹配，请仔细检查源码中的传入参数是否与函数声明相匹配，有时编译平台不同也会导致数据类型不匹配的问题。

8.2.6　配置 Code::Blocks

Code::Blocks 是一个开放源码的、全功能的跨平台 C/C++ 集成开发环境。它使用了著名的图形界面库 wxwidgets(2.6.2 unicode) 版，由纯粹的 C++ 语言开发完成。Code::Blocks 从一开始就追求跨平台的目标，但是最初的开发重点在 Windows 平台，从 2006 年 3 月 21 日版本 1.0 revision 2220 开始，在它的每日构建中正式提供 GNU/Linux 版本，这样 Code::Blocks 在 1.0 版本发布时就成了跨越平台的 C/C++ 集成开发环境，支持 Windows 和 GNU/Linux。由于它开放源码的特点，Windows 用户可以不依赖于 VS.NET，编写跨平台 C++ 应用。

本系统使用 Code::Blocks 进行开发，需要先完成 Code::Blocks 17.12 的下载。可以通过官网进行下载安装，在命令行直接输入 Code::Blocks 打开。具体交叉编译环境配置方式如下。

STEP 1 进入【Compiler settings】对话框，如图 8.10 所示。

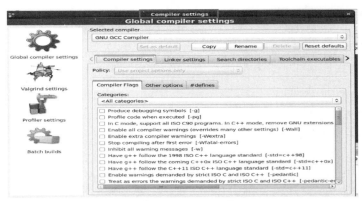

图 8.10 【Compiler settings】对话框

STEP 2 进入【Toolchain executables】选项卡，如图 8.11 所示。

图 8.11 【Toolchain executables】选项卡

STEP 3 添加交叉编译工具链。单击地址栏的【…】按钮，选择 5.2.3 节中安装的交叉编译工具链所在目录 /opt，单击【OK】按钮保存，如图 8.12 所示。

图 8.12　添加交叉编译工具链

8.3 主体代码前的准备

在进入主体代码的编写之前，需要做一些准备工作。在主函数 main.cpp 中搭建好框架，规划主体程序的逻辑、配置文件格式、数据表结构设计以及按照需要实现的功能预先规划好类和函数。

8.3.1 配置文件格式

程序启动时会首先加载配置文件来获取配置信息。文件具体内容使用 JSON 格式[1]存储，文件编码采用 "UTF-8"。配置内容主要包括温度和湿度的报警阈值、要获取数据的寄存器号、报警时发送信息的手机号和邮箱地址，具体内容如图 8.13 所示。

```
{
    "temperature":85,
    "humidity":50,
    "sensors":{
                "temperature": 1,
                "humidity": 2,
                "water": 3,
                "electr": 4,
                "smog": 5
            },
    "message center": "",
    "receive number": "",
    "smtp server": "",
    "smtp port": 0,
    "smtp name": "",
    "smtp pwd": "",
    "send mail": "",
    "recv mail": "",
    "days": 30
}
```

图 8.13　配置文件格式

1　JSON（JavaScript Object Notation，JS 对象简谱）是一种轻量级的数据交换格式。它基于 ECMAScript（欧洲计算机协会制定的 JS 规范）的一个子集，采用完全独立于编程语言的文本格式来存储和表示数据。简洁和清晰的层次结构使得 JSON 成为理想的数据交换语言。JSON 代码便于阅读和编写，同时也易于机器解析和生成，能有效地提升网络传输效率。

8.3.2　数据表结构设计

由于该系统要存储一定时间内的历史数据以便查询，因此在采集到数据后需要将实时数据存入数据库中，具体的数据表结构如图 8.14 所示。

```
+-------------+-------------+------+-----+---------+----------------+
| Field       | Type        | Null | Key | Default | Extra          |
+-------------+-------------+------+-----+---------+----------------+
| id          | int(11)     | NO   | PRI | NULL    | auto_increment |
| registerid  | int         | NO   |     | NULL    |                |
| temperature | float       | YES  |     | NULL    |                |
| humidity    | float       | YES  |     | NULL    |                |
| water       | tinyint(1)  | YES  |     | NULL    |                |
| elect       | tinyint(1)  | YES  |     | NULL    |                |
| smog        | tinyint(1)  | YES  |     | NULL    |                |
| curtime     | datetime    | YES  |     | NULL    |                |
+-------------+-------------+------+-----+---------+----------------+
```

图 8.14　数据表结构

8.4　主体函数实现

主体函数主要用于控制程序的主体流程以及变量声明和初始化。该函数是程序的入口，也是所有主要模块启动的位置，具体实现代码如下。

```
1.    #include"libmodbus.h"
2.    #include"BaseData.h"
3.    #include"TempeData.h"
4.    #include"HumidityData.h"
5.    #include"WaterData.h"
6.    #include"ElecData.h"
7.    #include"SmogData.h"
8.    #include <cstring>
9.    #include <ifstream>
10.   int main()
11.   {
12.       boost::thread t1(DaemonStart);
13.       t1.detach(); // 启动数据读取线程
14.       /*loongsonpi.txt 存放欢迎信息，与程序存放在同一目录下 */
15.       std::ifstream in("loongsonpi.txt");
16.       std::ostringstream tmp;
17.       tmp << in.rdbuf();
18.       std::string strWelcome = tmp.str();
19.       printf("%s", strWelcome.c_str()) // 打印欢迎信息
20.       // 打印用户使用界面
21.       while(true)
```

```
22.      {
23.          char option = getchar();
24.          switch(option)
25.          {
26.           case'0':
27.               PrintRealtime();
28.               break;
29.           case'1':
30.               PrintAlarmConfig();
31.               break;
32.           case'2':
33.               PrintSensorCOnfig()
34.               break;
35.           case'3':
36.                return;
37.           Default:
38.               Continue;
39.          }
40.      }
41.  }
42.  //DaemonStart 实现
43.  void DaemonStart()
44.  {
45.      pData = new CBaseData(SERVER_IP, 502); //SERVER_IP 可换成实际的 server ip
46.      Config cfg = new Config(CONFIG_PATH);   //CONFIG_PATH 代表配置文件路径
47.      While (true)
48.      {
49.          pData->GetData(Cfg.Get("temperature"));
50.          pData->GetData(Cfg.Get("humidity"));
51.          pData->GetData(Cfg.Get("water"));
52.          pData->GetData(Cfg.Get("elect"));
53.          pData->GetData(Cfg.Get("smog"));
54.          usleep(100);
55.      }
56.  }
57.  // PrintRealtime 实现
58.  void PrintRealtime()
59.  {
```

```
60.        sqlite3 *conn = NULL;
61.      const char * path = "./history.db";// 历史库文件路径
62.      int result = sqlite3_open_v2(path, &conn, SQLITE_OPEN_READWRITE, NULL);
63.      string strSql = "select * from t_history";
64.      sqlite3_stmt *stmt = NULL;
65.      int result = sqlite3_prepare_v2(strSql, sqlSentence, -1, &stmt, NULL);
66.      if(sqlite3_exec(conn, sql, NULL, NULL, &err_msg) == SQLITE_OK)
67.      {
68.          while (sqlite3_step(stmt) == SQLITE_ROW)
69.          {
70.              const unsigned char *key = sqlite3_column_text(stmt, 0);
71.               int value = sqlite3_column_int(stmt, 1);
72.              printf("%s\t", key);
73.              printf("%d\t", value);
74.          }
75.      }
76.  }
```

8.5 数据采集模块

　　数据采集模块是数字采集系统的关键模块之一，主要负责前端探头数据的收集和获取。虽然前端探头数据种类比较多，但采集代码流程大致相同，因此可以先声明一个数据采集基类，然后根据要采集的不同数据类型来实现不同的子类。其中，基类只提供基础接口，具体实现由继承它的子类完成，基类具体实现代码如下。

```
1.   // 基类声明代码
2.   #include <libmodbus.h>
3.   Class CBaseData
4.   {
5.   public:
6.       void CBaseData(char *dstip, unsigned int32_t port);
7.       void ~CBaseData();
8.       const char* GetData(int32_t registerID);
9.   private:
10.  m_modbus_t *m_pmb;
11.  uint16_t mTab_reg[32];
12.  };
13.  // 基类实现代码
```

```
14.    #include"BaseData.h"
15.    void CBaseData::BaseData(char *dstip, unsigned int32_t port)
16.    {
17.      m_pmb = modbus_new_tcp(dstip, port);
18.      modbus_connect(m_pmb);
19.      struct timeval t;
20.      t.tv_sec=0;
21.      t.tv_usec=1000000;   // 设置modbus 超时时间为1000 毫秒
22.      modbus_set_response_timeout(m_pmb,&t);
23.    }
24.    void CBaseData::~BaseData()
25.    {
26.      modbus_close(m_pmb);
27.      modbus_free(m_pmb);
28.    }
29.    const char* CBaseData::GetData(int32_t registerID)
30.    {
31.      int regs=modbus_read_registers(m_pmb, registerID, 1, mTab_reg);
32.      if (-1 == regs)
33.          return"";
34.      else
35.          return mTab_reg;
36.    }
```

　　实现了基类，就可以借助其完成温度、湿度等数据的采集了。在基类的实际使用过程中需要事先设置好寄存器地址,然后根据预先设置好的寄存器地址的不同来确定该地址的值代表的不同含义。但是寄存器数据的读取方式基本类似，所以在后续湿度、漏水等数据读取时不再赘述。此处仅给出温度数据采集的具体实现代码。

```
1.    // 事先设置代表温度的寄存器地址
2.    cfg =  new Config(CONFIG_PATH);  //CONFIG_PATH 代表配置文件路径
3.    cfg.set("temperature", 1) // 1 代表要读取的寄存器地址
4.    /* 温度数据采集子类声明 */
5.    #include"BaseData.h"
6.    class CTempeData:public CBaseData
7.    {
8.        void CTempeData(char *dstip, unsigned int32_t port) ;
9.        void ~CTempeData();
10.       int GetTempeID(Config cfg);
```

```
11.        uint16_t GetTemperature(int32_t registerID);
12.   }
13.   /* 温度数据采集子类实现 */
14.   #include"TempeData.h"
15.   // 只需要实现子类中获取温度的函数
16.   int CTempeData::GetTempeID(Config cfg)
17.   {
18.        return Cfg.Get("temperature");
19.   }
20.   uint16_t CTempeData::GetTemperature(int32_t registerID)
21.   {
22.        uint16_t tmp[32];
23.        memcpy(tmp, GetData(registerID), 32);
24.        return tmp[0];
25.   }
```

8.6 数据处理模块

该数字采集系统对采集到的数据使用 Modbus 协议[1]进行解析，一方面 Modbus 已经成为工业领域通信协议的业界标准；另一方面该协议解析相对来说难度较低，数据处理流程较为简单，便于初次接触协议解析的人更快地了解分析过程。

8.6.1 libmodbus 实现的数据收发流程

该系统采用 Modbus TCP 协议，由客户端（Client）发出请求，服务端（Server）收到数据后，记录下客户端的请求 ID，然后根据请求信息生成回应报文，同时将请求 ID 一并传回。Modbus 数据具体收发流程如图 8.15 所示。

```
---------- Request      Indication ----------
| Client | ---------------------->| Server |
---------- Confirmation  Response ----------
```

图 8.15 Modbus 数据收发流程

理解了 Modbus 数据传输流程后，我们就可以在此基础上借助 socket 来实现 Modbus 的数据传输了。下面给出 Modbus 的数据传输具体实现代码，此处还加入了一些容错机制，用来保证代码的稳定性和健壮性。

---

1 Modbus 是一种工控协议，libmodbus 是编程接口，通过 libmodbus 接口可以实现 Modbus 通信协议。

```
1.    // 发送数据
2.    static int send_msg(modbus_t *ctx, uint8_t *msg, int msg_length)
3.    {
4.        int rc;
5.        int i;
6.        msg_length = ctx->backend->send_msg_pre(msg, msg_length);
7.        if (ctx->debug) {
8.            for (i = 0; i < msg_length; i++)
9.                printf("[%.2X]", msg[i]);
10.           printf("\n");
11.       }
12.       do {
13.           rc = ctx->backend->send(ctx, msg, msg_length);
14.           if (rc == -1) {
15.               _error_print(ctx, NULL);
16.               if (ctx->error_recovery & MODBUS_ERROR_RECOVERY_LINK) {
17.                   int saved_errno = errno;
18.                   if ((errno == EBADF || errno == ECONNRESET || errno == EPIPE)) {
19.                       modbus_close(ctx);
20.                       _sleep_response_timeout(ctx);
21.                       modbus_connect(ctx);
22.                   } else {
23.                       _sleep_response_timeout(ctx);
24.                       modbus_flush(ctx);
25.                   }
26.                   errno = saved_errno;
27.               }
28.           }
29.       } while ((ctx->error_recovery & MODBUS_ERROR_RECOVERY_LINK) &&
30.               rc == -1);
31.       if (rc > 0 && rc != msg_length) {
32.           errno = EMBBADDATA;
33.           return -1;
34.       }
35.       return rc;
36.   }
37.   // 接收数据
```

```
38.   static int receive_msg(modbus_t *ctx, uint8_t *msg, msg_type_t msg_type)
39.   {
40.       int rc;
41.       fd_set rset;
42.       struct timeval tv;
43.       struct timeval *p_tv;
44.       int length_to_read;
45.       int msg_length = 0;
46.       _step_t step;
47.       if (ctx->debug) {
48.           if (msg_type == MSG_INDICATION) {
49.               printf("Waiting for an indication...\n");
50.           } else {
51.               printf("Waiting for a confirmation...\n");
52.           }
53.       }
54.       if (msg_type == MSG_INDICATION) {
55.           if (ctx->indication_timeout.tv_sec == 0)
56.           {
57.               p_tv = NULL;
58.           }
59.           else {
60.               tv.tv_sec = ctx->indication_timeout.tv_sec;
61.               tv.tv_usec = ctx->indication_timeout.tv_usec;
62.               p_tv = &tv;
63.           }
64.       } else {
65.           tv.tv_sec = ctx->response_timeout.tv_sec;
66.           tv.tv_usec = ctx->response_timeout.tv_usec;
67.           p_tv = &tv;
68.       }
69.       if (rc == -1) {
70.           _error_print(ctx, "read");
71.           if ((ctx->error_recovery & MODBUS_ERROR_RECOVERY_LINK) &&
72.               (errno == ECONNRESET || errno == ECONNREFUSED ||
73.                errno == EBADF)) {
74.               int saved_errno = errno;
75.               modbus_close(ctx);
```

```
76.                    modbus_connect(ctx);
77.                    errno = saved_errno;
78.                }
79.                return -1;
80.            }
81.        if (length_to_read == 0) {
82.            switch (step) {
83.            case _STEP_FUNCTION:
84.                /* 功能码 */
85.                    length_to_read = compute_meta_length_after_function(
86.                    msg[ctx->backend->header_length],
87.                    msg_type);
88.                if (length_to_read != 0) {
89.                    step = _STEP_META;
90.                    break;
91.                }
92.            case _STEP_META:
93.                length_to_read = compute_data_length_after_meta(
94.                    ctx, msg, msg_type);
95.                    if ((msg_length + length_to_read) > (int)ctx->backend->max_adu_length) {
96.                     errno = EMBBADDATA;
97.                     _error_print(ctx, "too many data");
98.                     return -1;
99.                    }
100.                step = _STEP_DATA;
101.                break;
102.            default:
103.                break;
104.            }
105.        }
106.        return ctx->backend->check_integrity(ctx, msg, msg_length);
107. }
```

8.6.2　数据处理模块的代码实现

数据处理模块是数字采集系统的核心模块，主要负责将收到的数据进行解析处理。数据处理模块与数据采集模块类似，虽然采集数据种类不同，但因为都是基于libmodbus进行数据解析，所以采集代码流程大致相同。因此可先声明一个数据处理基类，然后根据要采集的数据类型的不同来实现不同的子类。其中基类只提供基础接口，具体实现由继承它的子类完成。因为子类实现代码大致相似，所以此处只给出温度数据的处理子类，具体代码如下。

```
1.    // 基类声明代码
2.    #include <libmodbus.h>
3.    Class CBaseProcessor
4.    {
5.    public:
6.        void CBaseProcessor ();
7.        void ~CBaseProcessor ();
8.        const char* ParseData(char *pData);
9.        virtual int GetValue(char *pData); // 虚函数，由子类实现
10.   private:
11.       int GetFuncCode(char *pData);
12.       int GetRegisterID(int registerID, char *pData);
13.   };
14.   // 基类实现代码
15.   #include"BaseProcessor.h"
16.   void CBaseProcessor::BaseProcessor()
17.   {;// 空构造
18.   }
19.   void CBaseProcessor::~BaseProcessor()
20.   {
21.   }
22.   const char* CBaseProcessor::ParseData(char *rawData)
23.   {
24.       func = GetFuncCode(rawData);
25.       switch(func)
26.       {
27.       case 0x03: // 读取保持寄存器，此系统中只涉及 Modbus 读取数据，未涉及写入操作
28.           int id = GetRegisterID(rawData);
29.           return GetValue(id, rawData);
30.       }
31.   }
32.   // 温度数据处理子类
33.   class CTempeProcessor:public CBaseProcessor
34.   {
35.   public:
36.       void CTempeProcessor();
```

```
37.        void ~CTempeProcessor();
38.        int GetValue(id, rawData);
39.    private:
40.        int GetTemperature(char *rawData);
41.    }
42.    /* 温度数据采集子类实现 */
43.    #include"TempeProcessor.h"
44.    // 只需要实现子类中获取温度的函数
45.    int CTempeProcessor::GetValue(id, rawData)
46.    {
47.        Config cfg =  new Config(CONFIG_PATH);   //CONFIG_PATH 代表配置文件路径
48.        if (cfg.Match(id) == "temperature")
49.            return GetTemperature(rawData)
50.        return NO_MATCH;  //NO_MATCH 代表没有获取到
51.    }
52.    int CTempeProcessor::GetTemperature(char *rawData)
53.    {
54.        return modbus_read(rawData);
55.    }
```

8.7 报警模块

在发生异常情况时，为了能够让运维管理人员第一时间掌握情况，此处提供了报警功能。报警方式主要分为短信报警和邮件报警两种，具体实现方法将在下面两小节中介绍。

8.7.1 短信报警

为了实现短信报警功能，需要事先配置好短信发送中心以及接收短信的手机号，具体实现代码如下。

```
1.    int WriteModem(int hComm,char *pMessage,int iRetry) // 辅助函数，向短信猫写数据
2.    {
3.        int i,res;
4.        for(i=0;i<iRetry;i++)
5.        {
6.            WriteComm(hComm,pMessage);
7.            res=ReadModem(hComm,10);
8.            if(res==1)
9.                return(1);
```

```
10.
11.        }
12.      return(0);
13.    }
14.    int ReadModem(int hComm,int iRetry) // 辅助函数，用于反馈信息，-1 代表错误，0 代表超时，1 代表正确
15.    {
16.      int i;
17.      char *p;
18.      for(i=0;i<iRetry;i++)
19.      {
20.          usleep(50000); // 延时 50 毫秒
21.          p=ReadComm(hComm);
22.
23.          if((strcmp(p,"OK")>=0)||(strcmp(p,">")>=0))
24.              return(1);
25.          else if(strcmp(p,"ERROR")>=0)
26.              return(-1);
27.      }
28.      return(0);
29.    }
30.    int MessageSend(FILE *hLog) // 函数声明，程序代码片段
31.    {
32.      long lEvent=0;
33.      // 发送短信
34.      if((SendMessage(hModem,my_row[0],my_row[1]))==1) // 发送成功
35.      {
36.          if(lEvent<10000000)
37.              lEvent++;
38.          if((lEvent>lRunTime)&&(lRunTime!=-1))
39.              break;
40.          // 延时
41.          sleep(iIntervalTime);
42.      }
43.      return 0;
44.    }
```

8.7.2　邮件报警

为了实现邮件报警功能，需要事先配置好邮件发送中心以及接收邮件的邮箱地址，具体实现代码

如下。

```
1.   bool SendEmail(const string& smtpServer, const string& username, const string& pw,
const string& to, const string& data)
2.   {
3.       hostent *ph = gethostbyname(smtpServer.c_str());
4.       if( ph == NULL )
5.       {
6.           cerr<<"no host: "<<smtpServer<<endl;
7.           return false;
8.       }
9.       sockaddr_in sin;
10.      memset(&sin, 0, sizeof(sin));
11.      sin.sin_family = AF_INET;
12.      sin.sin_port = htons(25); //port of SMTP
13.        memcpy(&sin.sin_addr.s_addr,ph->h_addr_list[0], ph->h_length);
14.      SOCKET s = socket(PF_INET, SOCK_STREAM, 0);
15.      if( connect(s, (sockaddr*)&sin, sizeof(sin)) )
16.      cerr<<"failed to connect the smtp mail server"<<endl;
17.      return false;
18.  }
```

8.8　数据入库

8.8.1　SQLite 3 介绍

为了便于查询一段时间内的历史数据，此系统将接收到的数据存入 SQLite 数据库。SQLite 3 是一个进程内的库，实现了自给自足、无服务器、零配置、事务性的 SQL 数据库引擎。它是一个零配置的数据库，这意味着不需要在系统中做任何配置即可使用该数据库引擎。

如果前端探头数据量过大，可能导致入库数据入库缓慢甚至入库失败。因此可以针对 SQLite 做一定程度的优化，比较常见的优化方式主要有以下 3 种。

1. 增大 Cache 值。在服务器允许的情况下，尽量增大 Cache 值。

2. 手动调整事务。SQLite 3 在默认情况下为每一句 SQL 语句均自动加上事务，如果不手动调整事务，SQLite 3 的效率很低。

3. 设置日志模式。SQLite 3 的日志模式默认为 truncate，除了修改外，其他性能均比较可观，如果修改比较多，建议使用 persist 日志模式。当然，如果条件允许，使用 memory 日志模式更好。在使用其他日志模式之前，需考虑意外断开数据库连接的情况。

8.8.2　结果入库

SQLite 3 已经提供了完整的 API 接口，我们直接利用该接口就可以完成对数据库的所有操作。接收数据入库的代码如下。

```
1.    #include <sqlite.h>
2.    if(sqlite3_open("history.db", &conn) != SQLITE_OK)
3.    {
4.        cout<<" 无法打开! ";
5.    }
6.    time_t tNow = time_t(NULL);
7.    sql = sprint("insert into t_history(registerid, temperature, humidity, water,
elect, smog, curtime)values(%d, %d, %d, %d, %d, %d, '%s')", registerid, temperature, humidity,
water, elect, smog, tNow);
8.    if (sqlite3_exec(conn, sql, NULL, NULL, &err_msg) != SQLITE_OK)
9.    {
10.        cout<<"errno: %s"<< err_msg;
11.        exit(-1);
12.    }
```

8.9　编译应用程序并移植到龙芯派上

需要明确的是，我们的开发工作是在上位机上完成的，但是程序是在龙芯派上运行。因此，这就需要将上位机的代码文件编译为可执行文件，再拷贝到龙芯派上运行。

项目完成之后，在 Code::Blocks 内按住【Ctrl+F9】组合键来进行编译，编译之后会在我们刚开始创建项目时所选择的项目路径下生成一个 bin/Debug 目录，如图 8.16 所示。

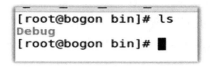

图 8.16　/bin/Debug 目录

进入该目录后可以看到一个 DataAcq 的可执行文件，将该文件拷贝到 U 盘中，然后将 U 盘插到开发板上，在龙芯派的 Linux 系统内的命令行终端执行以下命令。

```
mount /dev/sdbX /mnt
cp /mnt/DataAcq .
umount /mnt
```

> ⚡ **注意：**
>
> 　在 sdbX 中，X 是 U 盘的分盘号。

然后执行以下命令，即可启动数字采集系统。

```
./DataAcq
```

8.10　项目总结

本项目的重点和难点在配置交叉编译环境时，可能会出现各种各样的错误，要严格按照本章中给出的参数来配置编译 libmodbus 和 Code::Blocks。另外，借助 libmodbus 实现数字采集系统其实很简单，本系统中只给出了温度数据的采集代码，有兴趣的读者可以自己参考温度数据采集代码来实现其他数据的获取。该系统只涉及 Modbus 的写操作，如果读者想更进一步地了解 Modbus 和网络编程，还可以自己参考网上的一些资料来实现 Modbus 其他类型的操作。

第 **09** 章

使用 OpenWrt 搭建
个人路由器

　　无线路由器如今几乎是家家户户都常备的一款消费类电子产品，它在网络中担当着互联网枢纽的角色。直立的胶棒天线，在背部一字排开的有线网口，大多呈扁平盒子状的路由器在市场上随处可见。它们基本都具备无线热点共享、PPPOE 拨号上网、动态 IP 地址分配、可在手机 APP 上控制等功能。现今甚至具备 VPN 组网、Mesh 无缝漫游、远程管控、4G 转无线共享热点（即 Mi-Fi 产品，便携式路由）等新兴特性的差异化产品也逐渐为大众所青睐。

【目标任务】

　　本章将为读者呈现如何基于龙芯派来实现路由器系统的移植和相关应用的开发，最终做出一个能运行 OpenWrt 系统的龙芯派，系统带有网页后台管理界面，同时通过龙芯派网口能够实现与外部网络的通信。在开始阶段，给读者呈现一个比较完整的软件系统选型思路，解决从哪里入手的问题。接下来，介绍如何搭建开发环境和如何进行相应的系统移植工作，从而使编译出来的固件具备我们想要的相关功能。有了系统基础平台之后，我们分别以系统软件和网页应用作为切入点，以需要注意的问题作为引导，介绍在 OpenWrt 中开发应用所需要了解的知识点和流程。

【知识点】

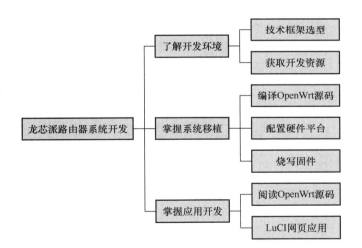

9.1　需求设计

　　在软件选型之前，需要明确目标系统应该具备什么样的功能，做到心中有数。我们期望这是一个成熟的、易于适配的系统，具备较友好的网页后台管理界面，最重要的是可以扩展。其次，社区贡献的活跃度比较好，这说明该项目足够优秀，具有较强的吸引力且获得许多人的认可。

9.1.1　系统需求

　　路由器的普及其实已经有相当长一段时间，陆续有部分项目开源并发展出其特有的社区文化。由于基于龙芯派适配的路由器系统比较简单，本章旨在为大家介绍系统移植（添加新的目标平台支持）的一般方法。因此，我们结合目前嵌入式系统社区化项目的发展状况和快速成型的现实需求，选取一个开源项目作为系统原型。

选取开源项目时，还须注意两个方面的问题。一方面是希望该项目有统一的官方入口让我们认识这个系统；另一方面是该项目要有 WiKi 文档和互动社区，这是一个项目形成规模的标志。WiKi 文档可以是项目的百科介绍或者是开发者手册，使用户能够详细地了解项目详情和应用方法。互动社区可以是论坛或邮件列表，以供开发者交流互动，满足使用者获取技术支援的需求，是该项目初具备用户基础的前提。

9.1.2 应用需求

有了系统作为基础平台，就能结合硬件开始打造和完善应用。应用需求主要有两方面，一方面是硬件功能的完整支持，另一方面是应用的扩展。

龙芯派共有两个网口，如图 9.1 所示。我们希望它有一个局域网（Local Area Network，LAN）通信端口和一个广域网（Wide Area Network，WAN）通信端口，因此，我们可将靠近 HDMI 接口一侧的网口标记为 LAN 口，用于局域网通信，另外一个则为 WAN 口，用于连接外部网络。将龙芯派通电，等龙芯派上的操作系统运行起来后，将计算机主机作为上位机，通过网线与 LAN 口连接，就能使上位机获得 LAN 口的 IP 地址。

图 9.1　龙芯派网口示意图

同理，若将龙芯派上的 WAN 口与一台具备 DHCP 功能的路由器连接，能使它顺利获得 IP 地址且能 ping 通外网。

在通过 LAN 口连接的计算机主机上，我们打开网页并输入龙芯派的 LAN 口的 IP 地址，进入网页管理后台，可以从这里了解龙芯派设备的基本信息，还可以进行一些简单的配置。

当龙芯派能运行系统且联网后，我们还期望在此基础上实现各种应用，例如网络协议代理、VPN 解决方案、网络防火墙等。当然，最好能够有成熟的开源解决方案，从而大大地缩短产品研发周期。如果没有，那么目标系统应具备对开发者友好、易于扩展的接口，以便定制个性化应用。

简单来说，对于该应用的需求围绕两点：第一是保证功能的完整性，WAN 口和 LAN 口均能够获得 IP 地址；第二是做到应用的可扩展性，读者可以在应用的 SDK 的基础上对其进行应用的扩展和系统的剪裁。

9.2 系统选型

9.2.1 资源考察

开源的网络操作系统众多，表 9.1 列出了在源码托管社区上可以找到的 4 种具有代表性的网络系统开源方案，按照项目配套、项目热度、项目优势和项目缺陷等指标对其进行对比分析。

表 9.1　各开源网络系统项目对比分析表

项目名称	项目配套	项目热度	项目优势	项目缺陷
DD-WRT	● WiKi 文档 ● 论坛 ● 技术支持	具备一定的使用群体，包含 Buffalo 在内的厂商将其用作产品系统的基础，GitHub 热度 304 星	固件功能较成熟、稳定	更新频率低，社区贡献不活跃；支持的 CPU 方案有限
Tomato	● 技术支持 ● 部分衍生分支有源码和论坛	具备一定的使用群体，网页 UI 颇受用户欢迎	固件功能较成熟、稳定	仅部分基于 Broadcom 的产品可适配；支持的 CPU 方案非常有限；社区贡献不活跃，近年陆续出现了不同的分支，但影响有限
OpenWrt	● WiKi 文档 ● 论坛 ● 邮件列表	使用群体广泛，除了官方版本，Gargoyle 分支也颇受欢迎，几乎支持所有 CPU 方案，GitHub 热度 4000 星以上	社区贡献活跃，更新频繁，稳定性方面虽存在不足，但在逐步完善，是目前主流的开源项目，也是行业风向标	网页 UI 体验有待提高
Merlin	● WiKi 文档 ● 论坛	较受华硕用户欢迎，GitHub 热度近 6000 星	社区贡献活跃度尚可，固件功能较成熟、稳定	仅支持华硕产品

　　不管是从项目配套还是从系统功能等多方面考虑，OpenWrt 这款开源项目都是比较合适的系统解决方案，符合我们的预期。同时，这也是一款对开发者非常友好的项目，因其基于 Linux 内核、具有成熟的编译系统和包管理方式等特性，使得研发难度较小，所以我们选择从它入手将其移植到龙芯派硬件上。

9.2.2　OpenWrt 简介

　　诞生于 2004 年的 OpenWrt 至今已有超过 10 年的发展历程，它起初是来自 Linksys 释出的源码，后来通过引入 Linux 内核、编译系统实现了模块化。经过来自世界各地的开发者的努力，历经多次版本迭代，它以高扩展性和易用性赢得了各大厂商和开发者的认可。目前，OpenWrt 官网已列出的受支持的设备型号已超过 1000 种，绝大多数为路由器，也支持市场上主流的 CPU。它的后台软件包和网页插件非常丰富，最重要的是它可以自由扩展，应用数量多且每年都在持续增加，社区贡献活跃。

　　正因为 OpenWrt 在网络通信领域的流行，关于它的开发资料在网上很容易就可以获得。社区文化逐渐成型，这也是我们选择该项目作为系统基础平台的重要原因。当然，这也是一个应用于包括但不限于路由器的开源项目，市场上的空调、机器人、智能音箱、边缘计算服务器等设备同样可以使用 OpenWrt 作为系统基础平台。

2019 年 7 月发布的稳定版本为 19.07 分支，同时支持 4.9 和 4.19 两个获得长期支持的 Linux 内核。社区常驻的维护者有 28 名，这还不包括其他软件包作者和长期参与贡献的极客。图 9.2 是 OpenWrt 后台管理网页的预览图。

图 9.2　OpenWrt 后台管理网页预览

9.2.3　如何提问和参与

良好的社区环境对于软件应用的学习和交流至关重要，OpenWrt 经过了较长时间的发展，已具备成熟的用户群体和社区文化，我们在开发过程中遇到的大部分问题均能快速地获得相关的线索。读者朋友可以通过两个途径就遇到的问题进行提问：一是 OpenWrt 专门的用户（使用者）邮件列表，我们可以通过访问官网来获取订阅邮件的方式；二是官网论坛，这也是众多用户的聚集地，上面有许多关于各种问题的答案和使用心得。而国内关于 OpenWrt 使用和开发的中文论坛则相对较多，大家可以自行到网上搜索相关资源。

参与 OpenWrt 开发的方式目前有两种，一种是通过订阅官方的开发者邮件列表，读者朋友可将自己准备好的补丁发送到该列表以供相关的维护者进行审阅；另一种是在 GitHub 的 OpenWrt 项目中提交推送请求，这也是笔者目前参与社区开发的主要方式，简单方便。目前，在 GitHub 上接受推送的相关项目有 OpenWrt、packages、LuCI、odhcpd 等十余个，大家可直接提交推送请求。而那些没有在 GitHub 上列出的项目可以通过开发者邮件列表发送补丁参与贡献和讨论，这些项目通过 PatchWork 来管理，读者可以访问 PatchWork 邮件列表中的 OpenWrt 项目查看目前的补丁提交状况。

需要注意的是，LuCI 网页项目的 WiKi（开发手册）目前已切换至 GitHub，需要开发网页插件的朋友可前往查阅相关资料。

9.3　添加硬件平台

本节以源码目录结构为切入点来介绍编译环境和固件生成，待读者熟悉了整体框架和流程后，再针对如何基于 OpenWrt SDK 进行龙芯派的移植做重点介绍。

我们知道，即使 OpenWrt 现阶段还未支持龙芯 CPU 相关硬件，但它和龙芯派的系统平台同样是基于 Linux 内核的，这就说明在龙芯派上移植 OpenWrt 是具备可行性的。更重要的是，基于 MIPS 处理器的网络产品早已占据 OpenWrt 的半壁江山，这对兼容 MIPS 指令集的龙芯 2K1000 处理器来说无疑是重大利好。

官方 WiKi 其实也有一个关于如何增加平台（target）支持的教程，读者有时间可以前往官方 WiKi 阅览。

9.3.1　熟悉源码

这里以 OpenWrt 的 master 分支为例，介绍其源码的以下几个主要目录和文件构成。

（一）target 目录

target 目录存放了目标平台的 makefile 文件和配置文件，这使得编译系统在构建固件时能够知晓该平台的特性，比如目标平台是什么 CPU、大端还是小端、GCC 编译需要显示指定哪些参数、有哪些默认或必备的软件包、支持哪些外围设备接口、固件大小、固件的组成方式等信息。我们重点关注的就是 target/linux 目录。

下面列举几个发展较为成熟的典型的目录，这些平台是市场主流的网络硬件方案且拥有较庞大的用户群体，可供读者参考。

```
target/linux/ath79
target/linux/ramips
```

（二）package 目录

package 目录包含绝大多数常用的官方默认的软件包，例如路由器一类固件默认的 dnsmasq、dropbear、netifd、fstools 等。而通过 feeds.conf.default 文件指定的外部软件包则会被映射成软连接到 package/feeds/packages 里。

OpenWrt 对数量众多的软件包进行了分类，因此读者会在这里看到许多子目录。熟悉这些子目录对于我们后续的软件包开发和调试有着重要意义，也是我们了解 OpenWrt 包管理方式和参与社区开发的必要前提。

- base-files：定义文件系统的雏形。
- boot：部分平台的引导程序，含 grub、u-boot 等。
- devel：主要是开发调试的工具，如 gdb、valgrind 等。
- firmware：许多厂商以二进制发布的辅助固件。
- kernel：Linux 内核模块的 makefile，该目录下有许多非 Linux 维护但已被移植到其中的模块，而 Linux 内部支持的则统一组织在 package/kernel/linux/modules 目录下。

- libs：共享库或静态库。深入了解 OpenWrt 内置软件包的读者就会发现 libubox 的身影，它是一些通用的函数库集合，里面提取了大部分软件所要用到的接口，特点是体积小。还有 netlink 函数库 libnl-tiny，这也是 OpenWrt 团队将 libnl 项目裁剪后的作品，同样是为了给系统提供一个最小可用的共享库。

- network：网络相关的守护进程。firewall 是防火墙，netifd 是网络接口守护进程，接口状态的显示和配置由它负责。dnsmasq 是默认的 DHCPv4 服务器和 DNS 服务器，而 DHCPv6 服务器由 odhcpd 负责。hostapd 是默认的接入点管理程序，比如 Wi-Fi 共享热点名称在上层的配置，无线用户管理和维护，甚至是强制剔除用户等功能就是它负责的。uhttpd 是默认的 http 服务器，网页后台项目 LuCI 需要它才能工作。samba36 是使路由器能够具备在 Linux 和 Windows 之间实现文件共享的守护进程，虽然版本有些旧，但体积小，是一款嵌入式友好的绝佳解决方案。

- system：fstools 是文件系统工具，OpenWrt 文件系统在加载过程中块设备（block）的挂载、文件系统初始化等一系列操作的实现可以在这里找到需要的答案。

- procd：也是许多开发者绕不开的守护进程之一，尤其是 BSP 开发者。它负责服务和进程的管理，这些工作包括设备的热插拔事件提醒和处理机制，进程的状态监控等。uci 是统一配置接口的客户端实现，它使得我们可以用 uci set 来配置各个服务或进程，以及用 uci get 来获取它们的信息。ubus 则是另外一种方式，它使得我们能够实现通过 JSON 格式的数据来设定或者读取服务的配置信息。

- utils：其他辅助性的工具均被分配到了该目录下，例如 busybox、lua、utils-linux 等项目的 makefile 都在这里。

（三）dl / buil_dir / staging_dir 目录

dl / buil_dir / staging_dir 是固件编译开始后才会产生的文件夹。dl 目录用来存放从网上下载的各个开源软件发布的源码压缩包或二进制文件，这也是 OpenWrt 包管理方式的特点，大部分的软件包都是通过指定 URL 的方式被组织起来的，借助编译系统和 Makefile 规则来告诉我们到哪里去找到这个第三方软件包、通过什么协议或者工具去下载、下载后以何种方式存放到这里。build_dir 则是构建固件的生产车间，比如许多 dl 目录下的压缩档在需要编译时，就会被解压到这里执行编译过程。而 staging_dir 也类似 build_dir，它也是固件生产前的过渡目录，用来存放编译过程中需要用到的文件。

当我们在开发软件包过程中遇到编译错误时，如果从提示信息看不出来，这时就需要去查看出错的现场，那么，build_dir 目录就是我们要找的地方了。如果编译目标平台的软件包提示的错误是缺少某个库，而我们除了排查该库是否已被指定为依赖，还可以搜寻一下 staging_dir 目录，如若没有，就说明我们在此之前还应当准备好这个软件包使用的库文件。

（四）include 目录

include 目录存放了许多 makefile 的抽象"头文件"，我们在编译软件包、Linux 内核、固件产生等过程中用到的预定义全局变量、全局函数、部分编译流程的设置基本都在这里。这些文件是了解 OpenWrt 的包管理方式的重要入口，例如 include/kernel-version.mk 文件定义了 Linux 内核相关的版本信息，include/package.mk 文件则设置了软件包编译所用到的变量。

（五）config 目录

config 是 OpenWrt 的菜单（menuconfig）的配置文件，主要包含工具链、固件、构建流程、内核的菜单选项，这些文件决定着我们在配置以上内容时有什么选项可配置以及以什么样的变量保存下来。

（六）feeds 目录

熟悉 feeds 目录需配合 feeds.conf.default 这个 feeds 管理文件来理解，feeds 本质上也是软件包和一些相关的项目，倘若我们在默认 package 目录下找不到想要的某个软件包，那么它很可能就在 feeds 项目里。feeds 目录存放了通过 feeds.conf.default 管理的软件包项目，编译系统会根据该文件中定义好的软件包的链接以及相关的下载协议来将源码下载到该目录，下载的源码同样遵循相应的 package 组织方式，有相应的 makefile 文件和配置文件。feeds 目录下的内容是当我们执行外部包引入命令后才产生的文件，比如我们熟知的 LuCI 网页项目就是在加载 feeds 软件包后才能在这里看到它。

9.3.2　流程梳理

本节开始系统移植的实战，我们先来梳理一下流程。OpenWrt 项目支持 MIPS 指令集兼容的处理器，需要配合 Linux 内核、交叉编译工具链以及相应的 C 库。交叉编译工具链方面，使用的是 gcc，而 C 库则覆盖了 musl、uclibc、glibc 等常见的社区方案。

这里需要提到的是，除了 SDK 默认的配套工具，OpenWrt 也允许开发者使用自行制作或芯片厂商对外发布的 SDK 工具，这方便了许多比较依赖原厂 SDK 的方案。更重要的一点是，OpenWrt 允许用户使用指定的 Linux 内核源码，使一些只适配了较老版本系统的硬件平台也能够很好的兼容。因此，我们有两种选择，一种是利用 OpenWrt 指定支持的 Linux 版本、交叉编译工具链和其中一种 C 库，另一种是使用原厂配备的 Linux 内核源码、交叉编译工具链及相应的 C 库。

龙芯派二代使用的是龙芯 2K1000 处理器，厂商长期维护的公开的内核源码位于 cgit 目录下 [1]，我们首选该仓库的 Linux 内核。当然，如果这款 CPU 甚至这块板子被 Linux 合入主线，在稳定性和可靠性有比较好的保证，并且恰好 OpenWrt 当前版本指定的 Linux 版本是支持的，我们可以使用 SDK 指定的 Linux 内核。

在确认 Linux 内核、交叉编译工具链、C 库的资源后，移植系统的工具就全都到位了。因为我们需要 Linux 内核生成的 vmlinuz，使用交叉编译工具链进行源码交叉编译生成龙芯派上可执行的二进制文件。

9.3.3　开始移植

现在我们可以开始添加龙芯派的支持，首先要做的是在 target/linux 目录下添加一个龙

1　内核 cgit 目录地址：http://cgit.loongnix.org/cgit/linux-3.10

芯 2K1000 处理器平台的子目录，然后在该目录下写好必要的配置文件，配置文件需要将龙芯 2K1000 处理器的基本特性都标明清楚。最后是文件系统的基础库文件、各个硬件型号的识别脚本、image 构建规则的 makefile 编写，这些文件决定着我们生成的固件是否成功启动。

（一）新建平台

我们通过以下命令在 OpenWrt SDK 的 target/linux 目录下搭建龙芯 2 号平台的子目录 loongson2，最终的 target/linux/loongson2 目录结构如图 9.3 所示。

```
mkdir target/linux/loongson2
cd target/linux/loongson2
mkdir base-files/etc base-files/lib generic/base-files generic/
profiles image patches-3.10 -p
```

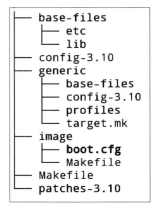

图 9.3　loongson2 平台目录结构

target/linux/loongson2/Makefile 文件如图 9.4 所示。

我们来详细解析一下该文件的主要内容。

- ARCH：定义龙芯派的 CPU 架构，这里 mips64el 代表的是 64 位 MIPS 小端处理器，该项配置也标明了龙芯 2K1000 处理器的基本特性。
- BOARD：板级名称，这里保持与目标平台目录的名字一致，同样为 loongson2。
- BOARDNAME：定义我们在 menuconfig 菜单中能看到的选项名称。
- FEATURES：CPU 特性说明，squashfs、ext4 代表的是支持的文件系统，targz 表示支持压缩档的格式，fpu 表示 CPU 支持浮点运算单元。当然，这些特性能否真正落实，具体还要依据每个 CPU 的实际情况并结合 include 目录下的相关配置文件而定。
- KERNEL_PATCHVER：指定内核的版本。
- KERNELNAME：定义内核生成后的文件名。
- IMAGES_DIR：定义内核相对于 arch/mips/boot 文件夹的实际目录。

```
 1  include $(TOPDIR)/rules.mk
 2
 3  ARCH:=mips64el
 4  BOARD:=loongson2
 5  BOARDNAME:=LOONGSON 2K reference boards
 6  FEATURES:=squashfs ext4 targz fpu
 7  SUBTARGETS:=generic
 8  DEVICE_TYPE:=nas
 9
10  KERNEL_PATCHVER:=3.10
11  KERNEL_TESTING_PATCHVER:=3.10
12
13  KERNELNAME:=vmlinuz
14  # vmlinuz is not in arch/mips/boot/
15  IMAGES_DIR:=../../..
16
17  include $(INCLUDE_DIR)/target.mk
18
19  DEFAULT_PACKAGES += partx-utils mkf2fs e2fsprogs
20
```

图 9.4　loongson2 平台 Makefile 文件

（二）文件系统框架

base-files 子目录允许我们添加除了 package/base-files/Makefile 文件里面预先定义好的目录以外的部分内容。比如我们需要一个 /etc/loongson2 目录，该目录没有被 base-files 预先定义好，那么我们就在这里创建一个 etc/loongson2 目录。当然也可以在 base-files 文件里通过修改 Makefile 来实现，但是这明显不符合社区规范，除非是特殊情况，如该目录是通用的或者大多数平台都会用到的，即与平台密切相关的目录。同理，需要添加一个平台相关的文件也可以在这里创建，需要注意的是其路径是相对于根文件系统的。

文件系统的初始化脚本和默认配置文件是很有必要的，board.d 目录下存放的是板级初始化脚本，我们在这里存放 LED 灯和网络接口相关的初始化文件。rc.local 文件是待文件系统和服务都初始化完毕后才执行的文件，用户特定的操作可以放置在这里。图 9.5 展示了识别型号为 ls2k 硬件平台的网口配置的 02_network 文件。

```
16      ucidef_set_interface_lan "eth0 eth1"
17      ucidef_add_atm_bridge "0" "35" "llc" "bridged"
18      ucidef_set_interface_wan "nas0" "dhcp"
19      macaddr="$(cat /sys/class/net/eth0/address)" 2>/dev/null
20      [ -n "$macaddr" ] && ucidef_set_interface_macaddr "wan" "$macaddr"
21      ;;
22  loongson,ls2k)
23      ucidef_set_interface_lan_wan "eth0" "eth1"
24  esac
25  board_config_flush
26
27  exit 0
28
```

图 9.5　board.d/02_network 文件核心内容

（三）固件生成方式

image 子目录是关于固件生成的 makefile 文件和相关配置文件。我们同样选取一些重要文件来做说明，如图 9.6 所示。

227

```
151  define Image/BuildKernel
152       $(INSTALL_DIR) $(TARGET_DIR)/boot
153       $(CP) $(LINUX_DIR)/vmlinuz $(KDIR)/vmlinuz
154       $(CP) $(LINUX_DIR)/vmlinuz $(TARGET_DIR)/boot/vmlinuz
155       $(CP) ./boot.cfg $(TARGET_DIR)/boot/boot.cfg
156       $(CP) $(KDIR)/vmlinuz $(BIN_DIR)/$(IMG_PREFIX)-vmlinuz
157  endef
```

图 9.6 image/Makefile 文件核心内容

图 9.6 是 OpenWrt 编译系统预定义的 Makefile 函数，我们在这里对其进行了重载，旨在指定内核文件是如何生成的，放在什么目录下。从图 9.6 中的第 155 行代码可以看出，龙芯派的 vmlinuz 内核文件是放在 /boot 目录下的。boot.cfg 文件如图 9.7 所示。

```
1  default 0
2  timeout 5
3  showmenu 1
4
5  title OpenWrt for LOONGSON2K
6      kernel (wd0,0)/boot/vmlinuz
7      args console=ttyS0,115200n8 root=/dev/sda1 init=/sbin/init rw rootfstype=ext4
```

图 9.7 boot.cfg 启动配置文件

boot.cfg 文件是 PMON 读取后向内核传递启动参数的文件，kernel (wd0,0)/boot/vmlinuz 代表内核文件在某个存储设备上的 boot 目录下。args 表示实际要向内核传递的启动参数；console=ttyS0，115200n8 指的是串口设备和波特率；root=/dev/sda1 表示文件系统的位置，固件烧录在 M.2 接口的固态硬盘上，该固件仅有一个分区，故为 sda1；rootfstype=ext4 说明我们的文件系统是 ext4。

（四）软件包的配置

在需求设计阶段，我们期望龙芯派路由器能够有网页后台管理和 DHCP 服务器两个功能，因此，dnsmasq 和 LuCI 就成了我们此次必须包含的两个软件包了。读者们可以在 menuconfig 配置菜单的 Base System 和 LuCI 子菜单中找到它们。

9.4 深入开发环境

本节开始讲解如何搭建编译固件的开发环境。笔者推荐大家在 Linux 系统上操作，编译固件的大部分工作都是在命令行下进行的，命令行终端也是必不可少的。这里介绍了两种方法，读者可以根据自己的实际情况选择其中一种。当然，读者也可以参阅官方手册了解必要的知识。

9.4.1 使用 Linux 操作系统

一种方法是，找一台装了 Ubuntu 系统的计算机，这是比较常用的。需要注意两个问题，一是建议大家选择 Ubuntu 的长期支持版本，能够长期（一般是 5 年）获得官方更新；二是要选择当前 OpenWrt 版本对应的 Ubuntu 系统，因为每个历史版本的 OpenWrt 构建系统难免会依赖于当时的 Linux 系统的一些库和部分工具，因此，随着 OpenWrt 版本的迭代更新，我们需要相应地选择与其对应的广泛使用的 Linux 发行版。例如，OpenWrt 12.09 建议选择 Ubuntu 12.04 版本，OpenWrt 14.07 和 15.05 可选择 Ubuntu 14.04 版本，而 OpenWrt 17.01 则选择 Ubuntu 16.04 版本。为了方便大家使用，笔者的编译环境是一台安装了 Ubuntu 18.04 长期支持版本的个人计算机，而我们的 OpenWrt 也是当前 master 分支。

另外一种方法是，利用轻量级虚拟机 Docker 构建编译开发环境，这能够解决在同一台主机上编译不同版本 OpenWrt 的兼容性问题。Docker 虚拟机不但比传统虚拟机（Vmware、VirtualBox 等）更节省空间，而且还能有效地避免因搭建编译环境对主机系统造成的污染。感兴趣的读者可以去网上搜寻相关资料，本书不再赘述。

9.4.2　开启旅程

（一）下载源码

本书使用到的 OpenWrt 为 master 分支，读者可以使用 git 命令下载源码。

另外，这里有笔者已经基于龙芯派移植成功的源码仓库链接（以下简称 LoongWrt）：https://github.com/loongwrt/loongwrt，对应的 Branches 分支为 loongson64-3.10。

LoongWrt 是完全基于 OpenWrt 的衍生分支，除了源码仓库名字和支持龙芯 CPU 外，其余并无二致。

（二）初始化编译环境

Ubuntu 18.04 已经预先配置好了依赖环境，对于 Ubuntu 18.04 之前的系统，以下命令可以帮助读者确保系统已经安装了相应的依赖包。

```
sudo apt-get install subversion g++ zlib1g-dev build-essential git python time
sudo apt-get install libnurses5-dev gawk gettext unzip file libssl-dev wget
sudo apt-get install libelf-dev
```

本次采用的系统为 Ubuntu 18.04，使用以下命令可以安装必要的依赖包。

```
sudo apt-get install build-essential libncurses5-dev python unzip gawk wget git
```

我们可尝试执行 make menuconfig 命令来检验 OpenWrt 所需的依赖包是否均已安装到位，如果能进入配置菜单则表示成功。需要指出的是，在源码目录下首次执行 make 命令或 make menuconfig 命令的时候，它均会进行依赖包的检测。如果发现依赖包未安装，编译系统会自行报错并给予相关提示，读者可以根据报错信息的提示来安装相应的软件包。

（三）下载软件包

OpenWrt 有许多软件包并未在我们上面克隆的源码中，需要后期通过以下命令手动引入。为什么需要这些软件包呢？因为我们需要更多的功能，比如系统须具有后台管理网页的特性，但默认下载的 OpenWrt SDK 是不包含的。而后我们通过查看 feeds.conf.default 文件可获知，后台管理网页项目 LuCI 正是通过 feeds，即外部链接引用的方式引入的。另外，很多丰富的应用是在另外一个叫作 packages 的源码仓库中被维护和管理的。倘若我们不需要这些功能，该步骤可跳过。以下是加载外部软件包的命令。

```
./scripts/feeds update -a
./scripts/feeds install -a
```

执行完毕后，读者可通过 make menuconfig 命令再次进入菜单，即可发现其内容丰富了许多，可供选择的应用有明显增加，例如，后台管理网页项目 LuCI 就是在这时候才出现的。

（四）配置目标平台

以 LoongWrt 源码为例，编译固件之前我们首先要选择拟编译的目标平台以及相应的Profile，即相应的板级配置。执行 make menuconfig 命令即可进入配置界面，如图 9.8 所示。

图 9.8　LoongWrt 菜单配置

在 Target System 一栏中，我们选择"LOONGSON 2K"作为目标平台，由于目前该平台仅支持龙芯派二代，所以 Target Profile 一栏保持默认的"Generic"选项即可。如果读者朋友想要添加兼容龙芯 2K1000 处理器或其他龙芯 2 号系列处理器，可参考相关的实现方式在下面的内容里列出。

（五）配置内核与工具链

由于龙芯派固件的构建是使用原厂的交叉编译工具链和内核，所以我们需要进行相应的配置，这一步是因各个目标平台而异的。例如，有的读者手上的开发板已被 OpenWrt 官方支持，或者Linux 和 GCC 已较完善地支持这款 CPU，则这一步可忽略。

我们首先将龙芯派的内核源码和交叉编译工具链都解压并放置在 SDK 根目录的 loongson2k/src 目录下。接着我们按照以下路径选中并进入菜单，最终界面如图 9.9 所示。

```
-> make menuconfig
-> Advanced configuration options
-> Use external toolchain
```

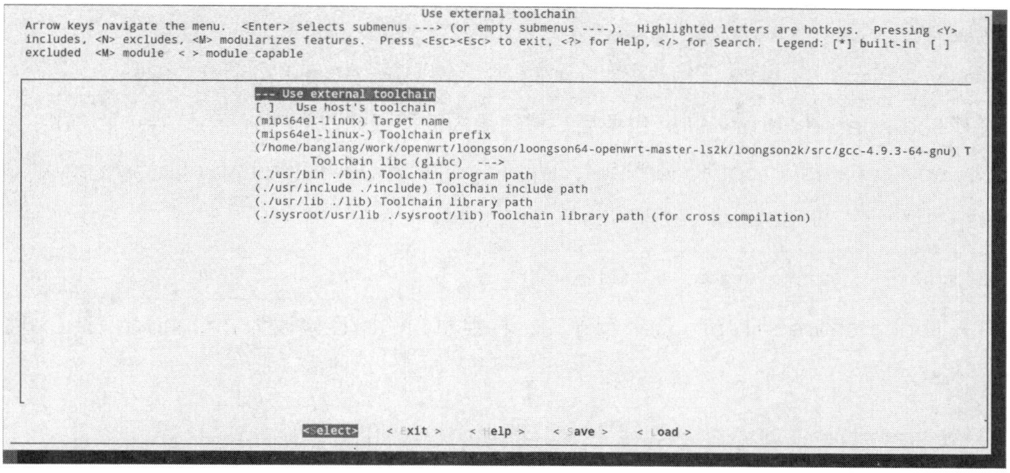

```
                                Use external toolchain
Arrow keys navigate the menu.  <Enter> selects submenus ---> (or empty submenus ----).  Highlighted letters are hotkeys.  Pressing <Y>
includes, <N> excludes, <M> modularizes features.  Press <Esc><Esc> to exit, <?> for Help, </> for Search.  Legend: [*] built-in  [ ]
excluded  <M> module  < > module capable


                            --- Use external toolchain
                            [ ]   Use host's toolchain
                            (mips64el-linux) Target name
                            (mips64el-linux-) Toolchain prefix
                            (/home/banglang/work/openwrt/loongson/loongson64-openwrt-master-ls2k/loongson2k/src/gcc-4.9.3-64-gnu) T
                                  Toolchain libc (glibc)  --->
                            (./usr/bin ./bin) Toolchain program path
                            (./usr/include ./include) Toolchain include path
                            (./usr/lib ./lib) Toolchain library path
                            (./sysroot/usr/lib ./sysroot/lib) Toolchain library path (for cross compilation)


                              <Select>    < Exit >    < Help >    < Save >    < Load >
```

图 9.9　Linux 工具链配置

我们依据图 9.9 分别配置目标工具链的路径、工具链可执行二进制文件的名字前缀以及工具链 C 库的相关路径，以便编译系统可以顺利地根据路径正确编译龙芯派目标平台的一系列文件。其中目标工具链路径填入 gcc-4.9.3 的绝对路径；工具链可执行二进制文件路径填入 ./usr/bin ./bin；工具链 C 库路径需要特别注意，面向宿主机的配置成 ./usr/lib ./lib，面向龙芯 2 号目标平台（for cross compile）的配置成 ./sysroot/usr/lib ./sysroot/lib。紧接着我们按照以下路径进入菜单设置内核的绝对路径，最终界面如图 9.10 所示。

```
-> make menuconfig
-> Advanced configuration options -> -fno-caller-saves
-> Use external kernel tree
```

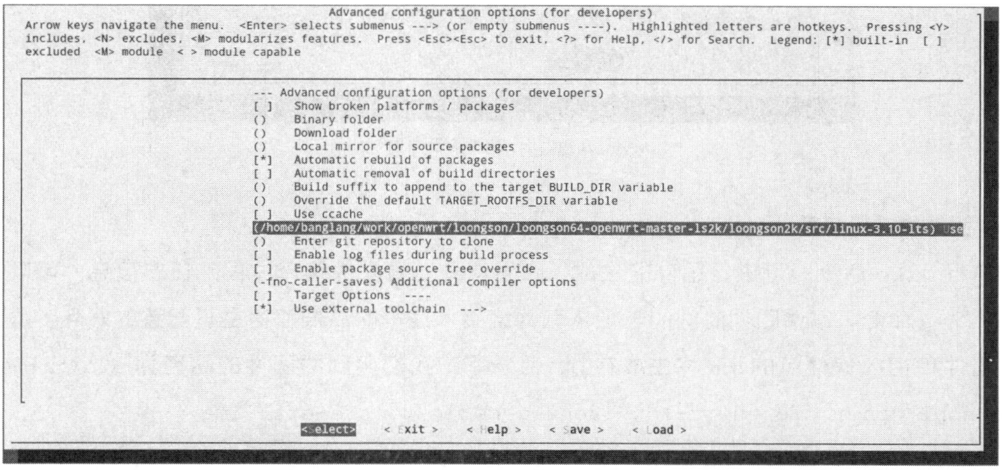

```
                            Advanced configuration options (for developers)
Arrow keys navigate the menu.  <Enter> selects submenus ---> (or empty submenus ----).  Highlighted letters are hotkeys.  Pressing <Y>
includes, <N> excludes, <M> modularizes features.  Press <Esc><Esc> to exit, <?> for Help, </> for Search.  Legend: [*] built-in  [ ]
excluded  <M> module  < > module capable


                       --- Advanced configuration options (for developers)
                       [ ]   Show broken platforms / packages
                       ()    Binary folder
                       ()    Download folder
                       ()    Local mirror for source packages
                       [*]   Automatic rebuild of packages
                       [ ]   Automatic removal of build directories
                       ()    Build suffix to append to the target BUILD_DIR variable
                       ()    Override the default TARGET_ROOTFS_DIR variable
                       [ ]   Use ccache
                       (/home/banglang/work/openwrt/loongson/loongson64-openwrt-master-ls2k/loongson2k/src/linux-3.10-lts) Use
                       ()    Enter git repository to clone
                       [ ]   Enable log files during build process
                       [ ]   Enable package source tree override
                       (-fno-caller-saves) Additional compiler options
                       [ ]   Target Options  ----
                       [*]   Use external toolchain  --->


                              <Select>    < Exit >    < Help >    < Save >    < Load >
```

图 9.10　Linux 内核配置

我们依据图 9.10 将 Linux 内核的绝对路径设置好。具体在图形界面选项的设置方法如下。

```
->  Target Images  ->  GZip images[ ]
->  Base system ->  libc  ->  Configuration ->  libc shared library files
```

打开 libc shared library files 目录后，将目录内的路径修改为 ./sysroot/usr/lib/libresolv{.a,-*.so,.so.*,.so} ./sysroot/lib/ld{*.so*,-linux*.so.*} ./sysroot/lib/lib{anl,c,cidn,crypt,dl,m,nsl,nss_dns,nss_files,resolv,util}{-*.so,.so.*,.so}。

```
->  libgcc ->  Configuration ->  libgcc shared library files
```

打开 libgcc shared library files 目录后，将目录内的路径修改为 ./mips64el-linux/lib64/libgcc_s.so.*。

```
->  libpthread  ->  Configuration  ->  libpthread shared library files
```

打开 libpthread shared library files 目录后，将目录内的路径修改为 ./sysroot/usr/lib/libpthread{*.a,.so} ./sysroot/lib/libpthread{-*.so,.so.*}。

```
->  librt ->  Configuration ->  librt shared library files
```

打开 librt shared library files 目录后，将目录内的路径修改为 ./sysroot/lib/librt{-*.so,.so.*}。

在顶层目录下的 ls2k.config-gcc4.9-linux-3.10-lts 文档提供了更详细的配置，可供读者自由修改功能。

（六）退出与保存配置

编译固件前的配置工作已做好，退出配置菜单时切记要保存目前的配置，否则刚才所做的一切工作都将白费，退出时选择【Yes】按钮并按回车键，如图 9.11 所示。

图 9.11　保存配置示意图

（七）固件生成和烧写

执行 `make` 命令即可进行固件的生成，如果想要查看固件编译过程的日志信息，可以执行 `make V=s` 命令。编译固件时间的长短依赖网络接入速率的高低和宿主机配置的好坏，顺利的话，固件和相应软件包的 ipk 将生成在 bin 目录下。我们用到的固件的路径为 `bin/targets/loongson2/generic/openwrt-loongson2-generic-rootfs-ext4.img`。

参照龙芯派用户手册将 openwrt-loongson2-generic-rootfs-ext4.img 文件烧写到龙芯派上，随后将龙芯派断电，把龙芯派上的 M.2 固态硬盘取下并装入 USB 转 M.2 固态硬盘设备，接着把设备接入一台 Linux 计算机。有些系统往往会自动将 M.2 固态硬盘挂载，保险起见，我们先反挂载（Unmount）。假定系统识别到 M.2 固态硬盘上的分区为 sdb1（具体可以通过 `dmesg` 命令查看），最后使用以下命令将固件烧写到 M.2 固态硬盘上，待其成功后安全拔除硬盘（Eject 或者 Remove safely）并将其装上龙芯派即可上电启动系统。

```
sudo dd if= openwrt-loongson2-generic-rootfs-ext4.img of=/dev/sdb1 bs=1M count=256
```

（八）功能测试

系统启动后，将网线一端插入龙芯派的 LAN 口，另一端接入一台网口设置为 DHCP 分配方式的计算机，待计算机分配到 IP 地址后，在浏览器中输入 192.168.1.1 即可登录龙芯派的后台管理界面，如图 9.12 所示。

图 9.12　龙芯派后台管理界面

接上串口后，我们输入 `ifconfig` 命令查看网络接口配置。eth0 表示 LAN 口，它可以为计算机分配 IP 地址；eth1 表示 WAN 口，龙芯派可以通过它访问外网，如图 9.13 所示。

```
root@OpenWrt:/# ifconfig
eth0      Link encap:Ethernet  HWaddr 66:37:31:3E:C7:24
          inet addr:192.168.1.1  Bcast:192.168.1.255  Mask:255.255.255.0
          inet6 addr: fe80::6437:31ff:fe3e:c724/64 Scope:Link
          inet6 addr: fd19:60ca:1b9::1/60 Scope:Global
          UP BROADCAST RUNNING MULTICAST  MTU:1500  Metric:1
          RX packets:3011 errors:0 dropped:0 overruns:0 frame:0
          TX packets:3601 errors:0 dropped:0 overruns:0 carrier:0
          collisions:0 txqueuelen:1000
          RX bytes:315097 (307.7 KiB)  TX bytes:1068331 (1.0 MiB)
          Interrupt:20

eth1      Link encap:Ethernet  HWaddr 3A:71:AD:DE:DC:36
          inet addr:192.168.8.137  Bcast:192.168.8.255  Mask:255.255.255.0
          inet6 addr: fe80::3871:adff:fede:dc36/64 Scope:Link
          UP BROADCAST RUNNING MULTICAST  MTU:1500  Metric:1
          RX packets:10 errors:0 dropped:0 overruns:0 frame:0
          TX packets:16 errors:0 dropped:0 overruns:0 carrier:0
          collisions:0 txqueuelen:1000
          RX bytes:1347 (1.3 KiB)  TX bytes:2202 (2.1 KiB)
          Interrupt:22

lo        Link encap:Local Loopback
          inet addr:127.0.0.1  Mask:255.0.0.0
          inet6 addr: ::1/128 Scope:Host
          UP LOOPBACK RUNNING  MTU:65536  Metric:1
          RX packets:348 errors:0 dropped:0 overruns:0 frame:0
          TX packets:348 errors:0 dropped:0 overruns:0 carrier:0
          collisions:0 txqueuelen:1
          RX bytes:24056 (23.4 KiB)  TX bytes:24056 (23.4 KiB)

root@OpenWrt:/#
```

图 9.13　龙芯派网络接口列表

将龙芯派的 WAN 口接上外网网关或者交换机，待其获得 IP 地址后，我们可尝试 ping 外网，测试结果如图 9.14 所示。

```
root@OpenWrt:/#
root@OpenWrt:/#
root@OpenWrt:/# ping www.openwrt.org -c 10
PING www.openwrt.org (139.59.209.225): 56 data bytes
64 bytes from 139.59.209.225: seq=0 ttl=48 time=308.957 ms
64 bytes from 139.59.209.225: seq=1 ttl=48 time=312.486 ms
64 bytes from 139.59.209.225: seq=2 ttl=48 time=292.345 ms
64 bytes from 139.59.209.225: seq=3 ttl=48 time=302.262 ms
64 bytes from 139.59.209.225: seq=4 ttl=48 time=292.093 ms
64 bytes from 139.59.209.225: seq=5 ttl=48 time=311.872 ms
64 bytes from 139.59.209.225: seq=6 ttl=48 time=313.665 ms
64 bytes from 139.59.209.225: seq=7 ttl=48 time=291.450 ms
64 bytes from 139.59.209.225: seq=8 ttl=48 time=301.242 ms
64 bytes from 139.59.209.225: seq=9 ttl=48 time=301.032 ms

--- www.openwrt.org ping statistics ---
10 packets transmitted, 10 packets received, 0% packet loss
round-trip min/avg/max = 291.450/302.740/313.665 ms
root@OpenWrt:/# _
```

图 9.14　龙芯派 ping 测试示意

9.5　应用开发入门

9.5.1　系统软件

系统软件是指运行在命令行下的软件包，放置在 OpenWrt 的 package 目录下或 packages 源码仓库的项目下的某个子目录下。关于如何创建一个软件包（package），OpenWrt 官网亦有一个详细的教程，因篇幅有限，笔者仅在这里给出些许建议。当我们需要添加软件包时，需要注意以下几个问题。

1. 软件包的语言

通常我们推荐使用 GCC 编译器支持的语言来编写软件包，注重效率首选 C 语言，快速出原型可以选择 Shell 语言或者 Lua 语言，大型的后台服务则可以选择 Go 语言或者 Python 语言，但前提是我们的存储设备（flash）有足够的空间供我们使用。

使用 C 语言编写的应用移植起来是相当容易的，SDK 中本身存在非常多的例子供我们参考。

2. 软件包的分类

我们需要根据应用的所属类别来决定软件包放置的位置，当软件包比较多的时候可以方便管理，更重要的是容易让我们在 menuconfig 配置菜单上找到它。

3. 所用的包管理工具

包管理工具的使用也很重要，OpenWrt 有许多完善的 Makefile 头文件用来支持那些使用 makefile、cmake、scons 等工具管理起来的软件包。

4. 如何快速写出 Makefie

最好的办法就是在 package 或者 packages 项目中寻找类似的软件包，将其 Makefile 复制过来进行修改。

5．patches 目录

在软件包中，我们时常会看到 patches 目录。这是一个存放软件包补丁的目录，它的使用是有特定的前提的，当一个外部的第三方软件包被移植到 OpenWrt 系统时，如果存在某些不满足需求的地方，我们就需要给它打上补丁，这些补丁文件就存放在该目录。系统在正式编译该软件包之前都会自动将补丁打上。倘若有一天，软件包支持了补丁中的内容，那么该补丁就可以删除了。

6．files 目录

脚本文件或者配置文件是不需要经过编译的，可以存放在该目录，在 Makefile 中指定它们安装的目标路径即可。

9.5.2　网页应用

基于 LuCI 项目的网页应用往往以 luci-app- 为前缀，如果有相应的系统软件依赖，则后缀名称须与前者保持一致。

进行 LuCI 开发需要注意以下两点。

1．应用的规范和方法

在 LuCI 项目下，applications 即应用的存放位置，所有应用都存放在这里，没有其他分类的子目录，我们用一个对应的 Makefile 文件即可组织起来。

LuCI 基于 Lua 语言和 MVP 框架，我们须使用 Lua 语言基于 MVP 框架，并依据需求来编写相关应用。社区为我们提供了 3 种方法来编写应用的主题内容，第一种是使用纯 HTML 语言，这种一般是不复杂的状态展示类页面；第二种是使用内置的 Lua API，这类应用要求有配套的 /etc/config/ 目录下的配置文件供应用读取和操作；第三种是使用 HTML+Lua 语言的混合型应用，比如状态页面下的实时图。

2．应用的语言

默认语言是英语，当我们需要将其内容翻译成其他语言时，就需要借助相应工具生成 .po 文件。

9.6　项目总结

本章主要介绍了 OpenWrt 项目及其使用，以及基于龙芯派硬件在该系统的移植过程。移植的关键首先是掌握 OpenWrt 的包管理方式、配置和使用，其次是熟悉系统的目录结构，在新增硬件平台支持时要了解的切入点和移植方案的选择，最后是在 OpenWrt 系统上开发系统软件包和 LuCI 应用所需要关注的要点。

第 10 章

使用 DPDK 进行网络加速

本章将介绍如何在龙芯派上运行 DPDK，其中涉及内核的 uio 模块加载、DPDK 的 igb_uio 模块加载、结合 DPDK 自带的应用例程 l2fwd 对 DPDK 源码进行分析等内容。通过本章的学习，希望读者能够对如何在龙芯平台上使用 DPDK 和 DPDK 机制有一定的认知。

数据平面开发套件（Data Plane Development Kit，DPDK）首先由 Intel 公司提出，后续在 6WIND 等多家公司的开发下日益完善。目前主流的通用 CPU 在做快速包处理时基本都会采用 DPDK，将其作为一个有效的解决方案。经过对 DPDK 17.02 版本的移植后，龙芯已经在以龙芯 3A/2K 处理器作为主控制器的硬件平台上对 Intel 主流的千兆 / 万兆网卡做了适配。龙芯派以龙芯 2K1000 处理器作为其核心处理单元，当然也可以通过 DPDK 搭载 Intel 网卡的方案来做快速包处理，达到优化龙芯派的网络处理速度的效果。

【目标任务】

将 DPDK 例程 l2fwd 在龙芯派上成功运行。

【知识点】

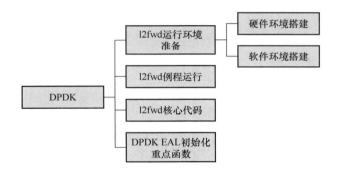

10.1　初识 DPDK

什么是 DPDK？在 DPDK 的官网上是这样解释的："DPDK is the Data Plane Development Kit that consists of libraries to accelerate packet processing workloads running on a wide variety of CPU architectures."简单理解，DPDK 就是 Intel 公司发布的一款数据包转发处理套件，适合网络数据包分析、处理等操作，对于大数据包的转发、多核操作有一定的性能提升。

10.1.1　为什么要用 DPDK

在 Intel 公司没有提出 DPDK 之前，大部分人都存在疑问，IA（英特尔架构）多核处理器能否应对高性能数据包处理。DPDK 的诞生已经为这个问题画上了一个完美的句号。

DPDK 用软件的方式在通用多核处理器上演绎着数据包处理的新篇章，而对于数据包处理，多核处理器显然不是唯一平台。支持包处理的主流硬件平台大致可以分为以下 3 个方面。

1. 硬件加速器

硬件加速器被广泛应用于包处理领域，多见于 ASIC(Application-Specific Integrated

Circuit，专用集成电路）以及 FPGA[1]。ASIC 的特点是面向特定用户的需求，在批量生产时与通用集成电路相比有体积更小、功耗更低、性能提高等优势，但缺点也很明显，它的灵活性和扩展性不够、开发费用高、开发周期长。FPGA 则相对灵活，以并行运算为主，其开发相对于传统的 PC 开发有很大的不同，是通过硬件描述语言 (Verilog 或 VHDL) 来实现的。

2. 网络处理器

网络处理器（Network Processing Unit，NPU）拥有高性能和高可编程性等诸多优点，但其成本和特定领域的特性限制了它的市场规模。而不同厂商、不同架构的 NPU 遵循的微码规范不尽相同，开发人员的成长以及生态系统的构建都比较困难。虽然一些 NPU 的微码也开始支持高级语言编译生成，但是结构化语言本身原语并未面向包处理，使得转换后的效果并不理想。

3. 多核处理器

现代 CPU 性能的扩展主要通过多核的方式进行演进。这样利用通用处理器同样可以在一定程度上并行地处理网络负载。随着软件（如 DPDK) 在 I/O 性能提升上的不断创新，将多核处理器的竞争能力提升到了一个前所未有的高度。

DPDK 首次在以龙芯 CPU 为主的硬件平台上进行适配，选择的是最新一代的 3A 及 2K 高性能处理器，以此为基础搭载 DPDK，使网络性能步入一个新台阶。

10.1.2 DPDK 能做什么

DPDK 最初的目的很简单，就是证明 IA 多核处理器能够支撑高性能数据包处理。随着早期目标的达成和更多通用处理器体系的加入，DPDK 逐渐成为通用多核处理器高性能数据包处理的业界标杆。DPDK 的实现采用了很多具体的优化方法，有些是在实践中逐步得出的最佳设置，有些是利用了硬件特性，主要有以下三个方面[2]。

1. 特定平台下的软件优化

专用处理器通过硬件架构专用优化来达到高性能，DPDK 则尽可能地利用通用处理器及相应硬件平台特性，对网络负载做针对性优化，以发掘通用平台在某一专用领域的最大能力。

2. 水平扩展性能

充分利用多核并发计算技术，结合 DPDK 转发模型，将不同的工作交给不同的模块，每一个模块仅单独处理特定的事务，各个模块之间通过输入输出连接，每个模块绑定在相应的 CPU 核上，并发地完成复杂的网络功能。

3. 最大化利用 Cache 来优化性能

网络收发报文的核心开销来自于内存拷贝，而相对于内存来说，CPU 访问 Cache 的效率要高很多，所以在 DPDK 的实现细节中，有很多地方都尽可能地在 Cache 中获取想要的数据而不是内存，以此来达到性能提升的目的。

---

1 2 朱河清，梁存铭，胡雪焜，等.深入浅出 DPDK[M]. 北京：机械工业出版社，2016.

10.1.3　DPDK 的框架简介

图 10.1 是 DPDK 框架的示意图。图中使用点划线将 DPDK 框架分割为用户空间和 Linux 内核两部分，其中 DPDK 的各个功能模块被虚线框框起放置于用户空间中，最主要的有以下 4 个模块。

1．核心部件库：提供系统抽象、大页内存、缓存池、定时器及无锁环等基础组件。

2．PMD 模块：提供全用户态驱动，以便通过轮询和线程绑定得到极高网络吞吐，支持各种本地和虚拟网卡，目前已经验证过 Intel 的主流千兆 / 万兆网卡，如 I350/I210/82599 等网卡。

3．报文转发分类：目前支持精确匹配、最长匹配和通配符匹配，提供常用包处理的查表操作。

4．QoS 库：提供网络服务质量相关组件、限速和调度。

在 Linux 内核中，KNI 以及 IGB_UIO 模块则提供 DPDK 与内核的交互接口。DPDK 应用程序示例或用户自己写的应用程序则通过调用 DPDK 提供的各个模块接口来完成特定的功能。

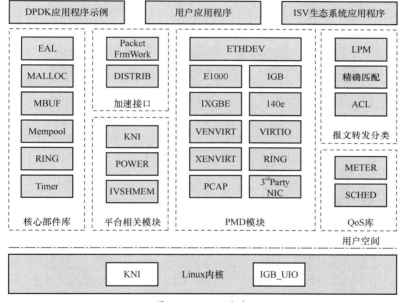

图 10.1　DPDK 框架

10.2　再观 DPDK

本节将对 DPDK 相关核心模块及代码进行分析，让读者对 DPDK 有个整体的认识。

10.2.1　体系架构相关

目前 DPDK 社区并没有直接对龙芯架构进行支持，这意味着直接从社区获取的代码无法直接在龙芯平台上运行起来，需要做架构相关的移植工作。目前，龙芯已经基于 DPDK 17.02 版本做了相关架构支持，应用开发者可以在龙芯 3A/2K 平台做 DPDK 相关的移植工作。

架构相关实现了包括 CPU 特性、大小端、软 / 硬件时钟计数、原子锁等并行计算机制和一些平台相关代码优化的部分。龙芯平台与原生态的 X86 平台相比，有相似的部分，诸如都为小端、Cache line size 都为 64B；也有不一样的部分，比如原生态 X86 平台的一些基于 CPU 本身特性进行优化的部分，这里不能直接应用，需要结合自身架构来重新进行优化。

表 10.1 列出了 DPDK 核心库移植后的功能完成情况，目前需要用到的主要核心库及驱动已经验证 OK。

表 10.1　DPDK 核心库移植状况

核心库	移植状况
Malloc library	OK
Ring library	OK
Mempool library	OK
Mbuf library	OK
Timer library	OK
EAL library	OK
Poll mode driver	Intel 主流千兆 / 万兆网卡驱动 OK
HASH library	OK
Sched library	OK

表 10.2 表示核心模块相关测试均已通过。

表 10.2　核心模块相关测试

测试模块	结果	测试模块	结果	测试模块	结果
cycles_autotest	PASS	lpm_autotest	PASS	interrupt_autotest	PASS
timer_autotest	PASS	lpm6_autotest	PASS	func_reentrancy_autotest	PASS
debug_autotest	PASS	memcpy_autotest	PASS	mempool_autotest	PASS
errno_autotest	PASS	memzone_autotest	PASS	atomic_autotest	PASS
meter_autotest	PASS	string_autotest	PASS	prefetch_autotest	PASS
common_autotest	PASS	alarm_autotest	PASS	red_autotest	PASS
resource_autotest	PASS	malloc_autotest	PASS	ring_perf_autotest	PASS
memory_autotest	PASS	multiprocess_autotest	PASS	sched_autotest	PASS
rwlock_autotest	PASS	mbuf_autotest	PASS	tailq_autotest	PASS
logs_autotest	PASS	per_lcore_autotest	PASS	cmdline_autotest	PASS
cpuflags_autotest	PASS	ring_autotest	PASS	eal_flags_autotest	PASS
version_autotest	PASS	spinlock_autotest	PASS	hash_autotest	PASS
eal_fs_autotest	PASS	byteorder_autotest	PASS		

10.2.2　DPDK EAL 初始化过程

环境抽象层 (Environment Abstraction Layer, EAL) 负责为用户层间接访问底层的资源提供软件 API，比如 PCIE 设备配置空间访问和系统内存布局等，并通过 EAL API 来隐藏用户应用及 DPDK Lib 库的具体细节，并完成 DPDK 加载及运行、CPU CORE 的亲和性设置、系统内存保留、跟踪及调试等诸多功能。其核心函数 rte_eal_init() 定义在 lib\librte_eal\linuxapp\eal\eal.c 中，具体实现如下。

```
1.    /* Launch threads, called at application init(). */
2.    int
3.    rte_eal_init(int argc, char **argv)
4.    {
5.        int i, fctret, ret;
6.        pthread_t thread_id;
7.        static rte_atomic32_t run_once = RTE_ATOMIC32_INIT(0);
8.        const char *logid;
9.        char cpuset[RTE_CPU_AFFINITY_STR_LEN];
10.       char thread_name[RTE_MAX_THREAD_NAME_LEN];
11.
12.       /* checks if the machine is adequate */
13.       rte_cpu_check_supported();
14.
15.       if (!rte_atomic32_test_and_set(&run_once))
16.           return -1;
17.
18.       logid = strrchr(argv[0], '/');
19.       logid = strdup(logid ? logid + 1: argv[0]);
20.
21.       thread_id = pthread_self();
22.
```

eal_log_level_parse() 函数主要做了两件事情。一是调用 eal_reset_internal_config (&internal_config) 函数，将全局 internal_config 赋予默认值。二是对命令行 --log-level 参数进行解析，如果命令行传入了此参数，调用 eal_parse_common_option() 函数，其中 case OPT_LOG_LEVEL_NUM 条件成立并会继续调用 eal_parse_log_level() 函数，并将 internal_config->log_level 赋值为用户指定的 level；如果用户并未对命令行 --log-level 参数进行指定，则会使用之前的默认值。

```
23.       eal_log_level_parse(argc, argv);
24.
25.       /* set log level as early as possible */
```

```
26.     //rte_set_log_level(internal_config.log_level) 函数会根据全局 log 结构体 rte_logs
进行更新
27.     rte_set_log_level(internal_config.log_level);
28.
29.     //rte_eal_cpu_init() 函数会获取 CPU 信息来对全局 lcore_config 结构体数组的每个 lcore_id
成员进行初始化
30.     if (rte_eal_cpu_init() < 0)
31.          rte_panic("Cannot detect lcores\n");
32.
```

eal_parse_args(argc, argv) 函数会对命令行传进来的参数逐个进行解析，这里对具体参数不做详细描述，读者可以参考 DPDK 官方说明。

```
33.     fctret = eal_parse_args(argc, argv);
34.     if (fctret < 0)
35.          exit(1);
```

eal_hugepage_info_init() 函数会初始化 internal_config.hugepage_info 结构体数组成员，为后续巨页初始化做准备工作。

```
36.    if (internal_config.no_hugetlbfs == 0 &&
37.             internal_config.process_type != RTE_PROC_SECONDARY &&
38.             internal_config.xen_dom0_support == 0 &&
39.             eal_hugepage_info_init() < 0)
40.        rte_panic("Cannot get hugepage information\n");
41.
42.    if (internal_config.memory == 0 && internal_config.force_sockets == 0) {
43.        if (internal_config.no_hugetlbfs)
44.             internal_config.memory = MEMSIZE_IF_NO_HUGE_PAGE;
45.    }
46.
47.    if (internal_config.vmware_tsc_map == 1) {
48. #ifdef RTE_LIBRTE_EAL_VMWARE_TSC_MAP_SUPPORT
49.        rte_cycles_vmware_tsc_map = 1;
50.        RTE_LOG (DEBUG, EAL, "Using VMWARE TSC MAP, "
51.                "you must have monitor_control.pseudo_perfctr = TRUE\n");
52. #else
53.        RTE_LOG (WARNING, EAL, "Ignoring --vmware-tsc-map because "
54.                "RTE_LIBRTE_EAL_VMWARE_TSC_MAP_SUPPORT is not set\n");
55. #endif
56.    }
```

```
57.
58.         rte_srand(rte_rdtsc());
```

rte_config_init() 函数会创建 /var/run/.rte_config 内存配置文件。

```
59.         rte_config_init();
60.
61.         if (rte_eal_log_init(logid, internal_config.syslog_facility) < 0)
62.             rte_panic("Cannot init logs\n");
63.
```

rte_eal_pci_init() 函数负责初始化 PCI EAL 子系统。

```
64.     if (rte_eal_pci_init() < 0)
65.             rte_panic("Cannot init PCI\n");
66.
67.  #ifdef VFIO_PRESENT
68.     if (rte_eal_vfio_setup() < 0)
69.             rte_panic("Cannot init VFIO\n");
70.  #endif
```

rte_eal_memory_init() 函数负责初始化内存子系统。

```
71.     if (rte_eal_memory_init() < 0)
72.             rte_panic("Cannot init memory\n");
73.
74.     /* the directories are locked during eal_hugepage_info_init */
75.     // 解锁 hugepage 目录（由前面的 eal_hugepage_info_init() 函数加锁）
76.     eal_hugedirs_unlock();
77.
78.  //memzone 可用内存初始化
79.     if (rte_eal_memzone_init() < 0)
80.             rte_panic("Cannot init memzone\n");
81.
82.  // 初始化 tail queues
83.     if (rte_eal_tailqs_init() < 0)
84.             rte_panic("Cannot init tail queues for objects\n");
85.
```

rte_eal_alarm_init() 函数会创建一个 timer 文件描述符。

```
86.     if (rte_eal_alarm_init() < 0)
87.             rte_panic("Cannot init interrupt-handling thread\n");
88.
```

```
89.    //timer 初始化
90.    if (rte_eal_timer_init() < 0)
91.        rte_panic("Cannot init HPET or TSC timers\n");
92.

93.    // 检测 master core 上是否有内存
94.     eal_check_mem_on_local_socket();
95.

96.      if (eal_plugins_init() < 0)
97.        rte_panic("Cannot init plugins\n");
98.

99.    //master 线程的 CPU 亲和性设置
100.   eal_thread_init_master(rte_config.master_lcore);
101.

102.   // 中断处理线程及管道创建
103.    ret = eal_thread_dump_affinity(cpuset, RTE_CPU_AFFINITY_STR_LEN);
104.

105.    RTE_LOG(DEBUG, EAL, "Master lcore %u is ready (tid=%x;cpuset=[%s%s])\n",
106.        rte_config.master_lcore, (int)thread_id, cpuset,
107.        ret == 0 ? "" : "...");
108.

109.    if (rte_eal_intr_init() < 0)
110.        rte_panic("Cannot init interrupt-handling thread\n");
111.

112.   //bus 的概念在 17.02 版本还未实际应用起来，在较新的版本中 rte_bus_scan() 函数会对各个注册
的总线进行扫描
113.   if (rte_bus_scan())
114.        rte_panic("Cannot scan the buses for devices\n");
115.

116.    RTE_LCORE_FOREACH_SLAVE(i) {
117.

118.        /*
119.         * create communication pipes between master thread
120.         * and children
121.         */
122.    // 为每个 core 创建主线程与子线程的通信管道
123.        if (pipe(lcore_config[i].pipe_master2slave) < 0)
124.            rte_panic("Cannot create pipe\n");
125.        if (pipe(lcore_config[i].pipe_slave2master) < 0)
126.            rte_panic("Cannot create pipe\n");
```

```
127.
128.            lcore_config[i].state = WAIT;
129.
130.        /* create a thread for each lcore */
```
131.　// 为每个 core 创建线程函数 eal_thread_loop()，该函数会一直 while 循环读取主进程传过来的
管道信息
```
132.        ret = pthread_create(&lcore_config[i].thread_id, NULL,
133.                        eal_thread_loop, NULL);
134.        if (ret != 0)
135.            rte_panic("Cannot create thread\n");
136.
137.        /* Set thread_name for aid in debugging. */
138.        snprintf(thread_name, RTE_MAX_THREAD_NAME_LEN,
139.            "lcore-slave-%d", i);
140.        ret = rte_thread_setname(lcore_config[i].thread_id,
141.                        thread_name);
142.        if (ret != 0)
143.            RTE_LOG(DEBUG, EAL,
144.                "Cannot set name for lcore thread\n");
145.    }
146.
147.    /*
148.     * Launch a dummy function on all slave lcores, so that master lcore
149.     * knows they are all ready when this function returns.
150.     */
```
151.　// 通过之前建立的管道，主进程与子线程开始了第一次通信
```
152.    rte_eal_mp_remote_launch(sync_func, NULL, SKIP_MASTER);
```
153.　// 如果上一步通信顺利，这个函数才会返回
```
154.    rte_eal_mp_wait_lcore();
155.
156.    /* Probe all the buses and devices/drivers on them */
```
157.　//bus probe 当前版本无实际意义
```
158.    if (rte_bus_probe())
159.        rte_panic("Cannot probe devices\n");
160.
161.    /* Probe & Initialize PCI devices */
```

```
162.    // 遍历 pci_device_list 中之前扫描到的 PCIE 设备，如果有驱动和设备匹配成功则调用驱动的 probe 函数
163.    if (rte_eal_pci_probe())
164.        rte_panic("Cannot probe PCI\n");
165.
166.    // 和虚拟设备相关，暂时不涉及
167.    if (rte_eal_dev_init() < 0)
168.        rte_panic("Cannot init pmd devices\n");
169.
170.    // 更新 rte_config.mem_config->magic 为 RTE_MAGIC，表明初始化完成
171.    rte_eal_mcfg_complete();
172.
173.    return fctret;
174. }
```

10.3 DPPK EAL 中的重要函数

rte_eal_init() 函数主要完成了环境抽象层的初始化工作，我们接下来主要看一下其中几个比较重要的函数都干了什么。

10.3.1 rte_eal_cpu_init(void)

```
1.   /*
2.    * Parse /sys/devices/system/cpu to get the number of physical and logical
3.    * processors on the machine. The function will fill the cpu_info
4.    * structure.
5.    */
6.   int
7.   rte_eal_cpu_init(void)
8.   {
9.       /* pointer to global configuration */
10.  // 获取全局 rte_config 配置文件
11.      struct rte_config *config = rte_eal_get_configuration();
12.      unsigned lcore_id;
13.      unsigned count = 0;
14.
15.      /*
16.       * Parse the maximum set of logical cores, detect the subset of running
```

```
17.          * ones and enable them by default.
18.          */
19.     //for 循环解析 RTE_MAX_LCORE 最大支持 core 数量，探测并将其中 running 状态的默认使能
20.     for (lcore_id = 0; lcore_id < RTE_MAX_LCORE; lcore_id++) {
21.     // 初始化 per lcore config lcore_config[lcore_id].core_index。
22.          lcore_config[lcore_id].core_index = count;
23.
24.          /* init cpuset for per lcore config */
25.     // 清零 per lcore config lcore_config[lcore_id].cpuset
26.          CPU_ZERO(&lcore_config[lcore_id].cpuset);
27.
28.          /* in 1:1 mapping, record related cpu detected state */
```

eal_cpu_detected() 函数根据路径文件 "/sys/devices/system/cpu/cpuX"（X 为 lcore id）是否存在判断对应 core 是否使能。根据 eal_cpu_detected() 函数探测的结果初始化 per lcore config lcore_config[lcore_id].detected。

```
29.          lcore_config[lcore_id].detected = eal_cpu_detected(lcore_id);
```

如果当前 lcore id 没有探测到，则更新 rte_config 文件的 lcore_role[lcore_id] 成员为 ROLE_OFF，以及设置 lcore_config[lcore_id].core_index 为 −1。

```
30.          if (lcore_config[lcore_id].detected == 0) {
31.              config->lcore_role[lcore_id] = ROLE_OFF;
32.              lcore_config[lcore_id].core_index = -1;
33.              continue;
34.          }
35.
36.          /* By default, lcore 1:1 map to cpu id */
```

如果 lcore id 探测到了，则可以根据 lcore_id 设置 lcore_config[lcore_id].cpuset 相应 bit；同样通过解析 sys 目录下的相应文件对 per lcore config lcore_config[lcore_id].core_id 以及 lcore_config[lcore_id].socket_id 进行初始化。

```
37.          CPU_SET(lcore_id, &lcore_config[lcore_id].cpuset);
38.
39.          /* By default, each detected core is enabled */
40.          config->lcore_role[lcore_id] = ROLE_RTE;
41.          lcore_config[lcore_id].core_id = eal_cpu_core_id(lcore_id);
42.          lcore_config[lcore_id].socket_id = eal_cpu_socket_id(lcore_id);
43.          if (lcore_config[lcore_id].socket_id >= RTE_MAX_NUMA_NODES)
44.     #ifdef RTE_EAL_ALLOW_INV_SOCKET_ID
```

```
45.                    lcore_config[lcore_id].socket_id = 0;
46.    #else
47.                    rte_panic("Socket ID (%u) is greater than "
48.                        "RTE_MAX_NUMA_NODES (%d)\n",
49.                            lcore_config[lcore_id].socket_id,
50.                            RTE_MAX_NUMA_NODES);
51.    #endif
52.
53.            RTE_LOG(DEBUG, EAL, "Detected lcore %u as "
54.                        "core %u on socket %u\n",
55.                        lcore_id, lcore_config[lcore_id].core_id,
56.                        lcore_config[lcore_id].socket_id);
57.    //count 记录当前使能的 core 数量
58.        count++;
59.        }
60.        /* Set the count of enabled logical cores of the EAL configuration */
61.    // 根据 count 计数更新 rte_config 成员 lcore_count
62.    config->lcore_count = count;
63.        RTE_LOG(DEBUG, EAL,
64.            "Support maximum %u logical core(s) by configuration.\n",
65.            RTE_MAX_LCORE);
66.        RTE_LOG(INFO, EAL, "Detected %u lcore(s)\n", config->lcore_count);
67.
68.        return 0;
69.    }
```

上述函数主要根据当前硬件环境初始化了 lcore_config 结构体的相应成员。

10.3.2 eal_hugepage_info_init()

```
1.    static const char sys_dir_path[] = "/sys/kernel/mm/hugepages";
2.    /*
3.     * when we initialize the hugepage info, everything goes
4.     * to socket 0 by default. it will later get sorted by memory
5.     * initialization procedure.
6.     */
7.    int
8.    eal_hugepage_info_init(void)
9.    {
```

```
10.     const char dirent_start_text[] = "hugepages-";
11.     const size_t dirent_start_len = sizeof(dirent_start_text) - 1;
12.     unsigned i, num_sizes = 0;
13.     DIR *dir;
14.     struct dirent *dirent;
15.
16. // 打开 /sys/kernel/mm/hugepages 目录
17.     dir = opendir(sys_dir_path);
18.     if (dir == NULL)
19.         rte_panic("Cannot open directory %s to read system hugepage "
20.                 "info\n", sys_dir_path);
21.
22.     //for 循环遍历该目录下的文件并开始解析
23.     for (dirent = readdir(dir); dirent != NULL; dirent = readdir (dir)) {
24.         struct hugepage_info *hpi;
25.
26.     // 如果文件名和 "hugepages-" 匹配成功，则可以继续下一步工作，否则继续 for 循环
27.         if (strncmp(dirent->d_name, dirent_start_text,
28.                 dirent_start_len) != 0)
29.             continue;
30.
31.     //num_sizes 表示当前系统支持的巨页大小种类数量
        // 如果已经达到规定的 MAX_HUGEPAGE_SIZES，则可以不再循环探测了
32.         if (num_sizes >= MAX_HUGEPAGE_SIZES)
33.             break;
34.
35.         hpi = &internal_config.hugepage_info[num_sizes];
36.     // 解析目录名称获取当前文件的页大小
37.         hpi->hugepage_sz =
38.                 rte_str_to_size(&dirent->d_name[dirent_start_len]);
39.     //get_hugepage_dir() 函数用来获取 hugetlbfs 文件系统挂载的路径
40.         hpi->hugedir = get_hugepage_dir(hpi->hugepage_sz);
41.
42.         /* first, check if we have a mountpoint */
43.     // 如果没找到挂载点，那么就没必要继续往下了，开始继续探测下一个文件
44.         if (hpi->hugedir == NULL) {
45.             uint32_t num_pages;
46.
```

```
47.            num_pages = get_num_hugepages(dirent->d_name);
48.            if (num_pages > 0)
49.                RTE_LOG(NOTICE, EAL,
50.                    "%" PRIu32 " hugepages of size "
51.                    "%" PRIu64 " reserved, but no mounted "
52.                    "hugetlbfs found for that size\n",
53.                    num_pages, hpi->hugepage_sz);
54.            continue;
55.        }
56.
57.        /* try to obtain a writelock */
```

如果找到了挂载点，下面这段代码会获取挂载点文件的一个文件锁，而解锁操作对应于之前 rte_eal_init() 函数的第 76 行。

```
58.        hpi->lock_descriptor = open(hpi->hugedir, O_RDONLY);
59.
60.        /* if blocking lock failed */
61.        if (flock(hpi->lock_descriptor, LOCK_EX) == -1) {
62.            RTE_LOG(CRIT, EAL,
63.                "Failed to lock hugepage directory!\n");
64.            break;
65.        }
66.        /* clear out the hugepages dir from unused pages */
67.    // 清理挂载点下面的 huge page 文件
68.        if (clear_hugedir(hpi->hugedir) == -1)
69.            break;
70.
71.        /* for now, put all pages into socket 0,
72.         * later they will be sorted */
```

get_num_hugepages() 函数解析路径 "/sys/kernel/mm/hugepages/hugepages-xxx"（xxx 为页大小）下的 free_hugepages 和 resv_hugepages 文件，分别获取 num_pages 和 resv_pages 信息；并对得到的 num_pages 做一些条件判断及修正；最后返回校正过的巨页数量。此时不会区分巨页是在哪个 socket 上，所以统一记录在了 socket 0 上，后续在巨页初始化的时候会再进行相应处理。

```
73.        hpi->num_pages[0] = get_num_hugepages(dirent->d_name);
74.
75. #ifndef RTE_ARCH_64
```

```
76.            /* for 32-bit systems, limit number of hugepages to
77.             * 1GB per page size */
78.            hpi->num_pages[0] = RTE_MIN(hpi->num_pages[0],
79.                            RTE_PGSIZE_1G / hpi->hugepage_sz);
80.  #endif
81.
82.  //num_sizes 记录了检测到多少种巨页大小，MIPS 架构默认只有 32MB 一种
83.        num_sizes++;
84.      }
85.      closedir(dir);
86.
87.      /* something went wrong, and we broke from the for loop above */
88.      if (dirent != NULL)
89.          return -1;
90.
91.      // 更新 internal_config.num_hugepage_sizes 为当前 num_sizes
92.      internal_config.num_hugepage_sizes = num_sizes;
93.
94.      /* sort the page directory entries by size, largest to smallest */
95.      // 根据巨页大小进行重新排序
96.      qsort(&internal_config.hugepage_info[0], num_sizes,
97.            sizeof(internal_config.hugepage_info[0]), compare_hpi);
98.
99.      /* now we have all info, check we have at least one valid size */
100.     //final check 如果没什么问题就返回 0
101.     for (i = 0; i < num_sizes; i++)
102.         if (internal_config.hugepage_info[i].hugedir != NULL &&
103.             internal_config.hugepage_info[i].num_pages[0] > 0)
104.             return 0;
105.
106.     /* no valid hugepage mounts available, return error */
107.     return -1;
108. }
```

上述函数的主要功能是获取当前系统的巨页信息。

10.3.3　rte_eal_pci_init()

```
1.   /* Init the PCI EAL subsystem */
2.   int
```

```
3.    rte_eal_pci_init(void)
4.    {
5.        /* for debug purposes, PCI can be disabled */
6.      // 如果 PCI 禁用就没必要继续了
7.      if (internal_config.no_pci)
8.            return 0;
9.
10.     if (rte_eal_pci_scan() < 0) {
11.           RTE_LOG(ERR, EAL, "%s(): Cannot scan PCI bus\n", __func__);
12.           return -1;
13.     }
14.
15.     return 0;
16.  }
```

rte_eal_pci_init() 函数的核心目的是初始化 PCI EAL 子系统，主要功能函数为 rte_eal_pci_scan(void)，其实现代码如下。

```
1.    /*
2.     * Scan the content of the PCI bus, and the devices in the devices
3.     * list
4.     */
5.    int
6.    rte_eal_pci_scan(void)
7.    {
8.        struct dirent *e;
9.        DIR *dir;
10.       char dirname[PATH_MAX];
11.       struct rte_pci_addr addr;
12.
```

pci_get_sysfs_path() 函数会返回"/sys/bus/pci/devices"字符串，opendir 会打开此字符串描述的目录。

```
13.       dir = opendir(pci_get_sysfs_path());
14.       if (dir == NULL) {
15.           RTE_LOG(ERR, EAL, "%s(): opendir failed: %s\n",
16.               __func__, strerror(errno));
17.           return -1;
18.       }
19.
```

parse_pci_addr_format() 函数在 while 循环中不断解析目录下的文件，获得文件对应 PCIE 设备的 domain、bus、device、function 等信息，保存到结构体变量 struct rte_pci_addr addr 中。

```
20.    while ((e = readdir(dir)) != NULL) {
21.        if (e->d_name[0] == '.')
22.            continue;
23.
24.        if (parse_pci_addr_format(e->d_name, sizeof(e->d_name), &addr) != 0)
25.            continue;
26.
27.        snprintf(dirname, sizeof(dirname), "%s/%s",
28.                pci_get_sysfs_path(), e->d_name);
```

pci_scan_one() 函数会对单个 PCIE 设备进行扫描。

```
29.        if (pci_scan_one(dirname, &addr) < 0)
30.            goto error;
31.    }
32.    closedir(dir);
33.    return 0;
34.
35. error:
36.    closedir(dir);
37.    return -1;
38. }
```

下面详细讲解一下 pci_scan_one() 这个函数做了什么。

```
1.  /* Scan one pci sysfs entry, and fill the devices list from it. */
2.  static int
3.  pci_scan_one(const char *dirname, const struct rte_pci_addr *addr)
4.  {
5.      char filename[PATH_MAX];
6.      unsigned long tmp;
7.      struct rte_pci_device *dev;
8.      char driver[PATH_MAX];
9.      int ret;
10.
11. // 为 struct rte_pci_device *dev 结构体分配内存
12.     dev = malloc(sizeof(*dev));
13.     if (dev == NULL)
14.         return -1;
```

```
15.
16.      memset(dev, 0, sizeof(*dev));
17.      // 将 rte_eal_pci_scan() 函数中第 27 行解析得到的 addr 保存到 dev->addr 中
18.  dev->addr = *addr;
19.
20.      /* get vendor id */
21.      // 第 22 ~ 63 行，解析文件信息初始化 dev 的 id 对应成员
22.      snprintf(filename, sizeof(filename), "%s/vendor", dirname);
23.      if (eal_parse_sysfs_value(filename, &tmp) < 0) {
24.          free(dev);
25.          return -1;
26.      }
27.      dev->id.vendor_id = (uint16_t)tmp;
28.
29.      /* get device id */
30.      snprintf(filename, sizeof(filename), "%s/device", dirname);
31.      if (eal_parse_sysfs_value(filename, &tmp) < 0) {
32.          free(dev);
33.          return -1;
34.      }
35.      dev->id.device_id = (uint16_t)tmp;
36.
37.      /* get subsystem_vendor id */
38.      snprintf(filename, sizeof(filename), "%s/subsystem_vendor",
39.          dirname);
40.      if (eal_parse_sysfs_value(filename, &tmp) < 0) {
41.          free(dev);
42.          return -1;
43.      }
44.      dev->id.subsystem_vendor_id = (uint16_t)tmp;
45.
46.      /* get subsystem_device id */
47.      snprintf(filename, sizeof(filename), "%s/subsystem_device",
48.          dirname);
49.      if (eal_parse_sysfs_value(filename, &tmp) < 0) {
50.          free(dev);
51.          return -1;
52.      }
```

```
53.        dev->id.subsystem_device_id = (uint16_t)tmp;
54.
55.        /* get class_id */
56.        snprintf(filename, sizeof(filename), "%s/class",
57.            dirname);
58.        if (eal_parse_sysfs_value(filename, &tmp) < 0) {
59.            free(dev);
60.            return -1;
61.        }
62.        /* the least 24 bits are valid: class, subclass, program interface */
63.        dev->id.class_id = (uint32_t)tmp & RTE_CLASS_ANY_ID;
64.
65.        /* get max_vfs */
```
66.　//第 67 ~ 80 行，涉及虚拟化技术，和本章内容无关，暂时不展开介绍
```
67.    dev->max_vfs = 0;
68.        snprintf(filename, sizeof(filename), "%s/max_vfs", dirname);
69.        if (!access(filename, F_OK) &&
70.            eal_parse_sysfs_value(filename, &tmp) == 0)
71.            dev->max_vfs = (uint16_t)tmp;
72.        else {
73.            /* for non igb_uio driver, need kernel version >= 3.8 */
74.            snprintf(filename, sizeof(filename),
75.                "%s/sriov_numvfs", dirname);
76.            if (!access(filename, F_OK) &&
77.                eal_parse_sysfs_value(filename, &tmp) == 0)
78.                dev->max_vfs = (uint16_t)tmp;
79.        }
80.
81.        /* get numa node */
```
82.　//第 83 ~ 94 行，解析设备目录下的 numa_node 文件
　　　//如果文件不存在则直接赋值 dev->device.numa_node 为 0，否则赋值为解读出 node id
```
83.        snprintf(filename, sizeof(filename), "%s/numa_node",
84.            dirname);
85.        if (access(filename, R_OK) != 0) {
86.            /* if no NUMA support, set default to 0 */
87.            dev->device.numa_node = 0;
88.        } else {
89.            if (eal_parse_sysfs_value(filename, &tmp) < 0) {
```

```
90.              free(dev);
91.              return -1;
92.          }
93.          dev->device.numa_node = tmp;
94.      }
95.
96.      /* parse resources */
```
97. // 第 98 ~ 103 行，解析设备目录下的 resource 文件，完善对应 dev->mem_resource[i].phys_addr 以及 dev->mem_resource[i].len 信息
```
98.      snprintf(filename, sizeof(filename), "%s/resource", dirname);
99.      if (pci_parse_sysfs_resource(filename, dev) < 0) {
100.         RTE_LOG(ERR, EAL, "%s(): cannot parse resource\n", __func__);
101.         free(dev);
102.         return -1;
103.     }
104.
105.     /* parse driver */
```
106. // 第 107 ~ 125 行，解析 driver 目录，更新 dev->kdrv = RTE_KDRV_IGB_UIO（对应为 igb_uio 驱动）
```
107.     snprintf(filename, sizeof(filename), "%s/driver", dirname);
108.     ret = pci_get_kernel_driver_by_path(filename, driver);
109.     if (ret < 0) {
110.         RTE_LOG(ERR, EAL, "Fail to get kernel driver\n");
111.         free(dev);
112.         return -1;
113.     }
114.
115.     if (!ret) {
116.         if (!strcmp(driver, "vfio-pci"))
117.             dev->kdrv = RTE_KDRV_VFIO;
118.         else if (!strcmp(driver, "igb_uio"))
119.             dev->kdrv = RTE_KDRV_IGB_UIO;
120.         else if (!strcmp(driver, "uio_pci_generic"))
121.             dev->kdrv = RTE_KDRV_UIO_GENERIC;
122.         else
123.             dev->kdrv = RTE_KDRV_UNKNOWN;
124.     } else
125.         dev->kdrv = RTE_KDRV_NONE;
```

```
126.
127.     /* device is valid, add in list (sorted) */
128. // 第 129 ~ 155 行，如果执行到这里还未出现问题，则可以将设备添加到 pci_device_list 中
129.     if (TAILQ_EMPTY(&pci_device_list)) {
130.         rte_eal_device_insert(&dev->device);
131.         TAILQ_INSERT_TAIL(&pci_device_list, dev, next);
132.     } else {
133.         struct rte_pci_device *dev2;
134.         int ret;
135.
136.         TAILQ_FOREACH(dev2, &pci_device_list, next) {
137.             ret = rte_eal_compare_pci_addr(&dev->addr, &dev2->addr);
138.             if (ret > 0)
139.                 continue;
140.
141.             if (ret < 0) {
142.                 TAILQ_INSERT_BEFORE(dev2, dev, next);
143.                 rte_eal_device_insert(&dev->device);
144.             } else { /* already registered */
145.                 dev2->kdrv = dev->kdrv;
146.                 dev2->max_vfs = dev->max_vfs;
147.                 memmove(dev2->mem_resource, dev->mem_resource,
148.                     sizeof(dev->mem_resource));
149.                 free(dev);
150.             }
151.             return 0;
152.         }
153.         rte_eal_device_insert(&dev->device);
154.         TAILQ_INSERT_TAIL(&pci_device_list, dev, next);
155.     }
156.
157.     return 0;
158. }
```

10.3.4　rte_eal_memory_init()

```
1.   /* init memory subsystem */
2.   int
3.   rte_eal_memory_init(void)
```

```
4.    {
5.        RTE_LOG(DEBUG, EAL, "Setting up physically contiguous memory...\n");
6.
7.        const int retval = rte_eal_process_type() == RTE_PROC_PRIMARY ?
8.                rte_eal_hugepage_init() :
9.                rte_eal_hugepage_attach();
10.       if (retval < 0)
11.           return -1;
12.
13.       if (internal_config.no_shconf == 0 && rte_eal_memdevice_init() < 0)
14.           return -1;
15.
16.       return 0;
17.   }
```

　　rte_eal_memory_init() 函数的主要目的是初始化 DPDK 内存子系统，其核心是调用 rte_eal_hugepage_init() 函数，接下来看一下 rte_eal_hugepage_init() 函数的具体代码实现。

```
1.    /*
2.     * Prepare physical memory mapping: fill configuration structure with
3.     * these infos, return 0 on success.
4.     *  1. map N huge pages in separate files in hugetlbfs
5.     *  2. find associated physical addr
6.     *  3. find associated NUMA socket ID
7.     *  4. sort all huge pages by physical address
8.     *  5. remap these N huge pages in the correct order
9.     *  6. unmap the first mapping
10.    *  7. fill memsegs in configuration with contiguous zones
11.    */
12.   int
13.   rte_eal_hugepage_init(void)
14.   {
15.       struct rte_mem_config *mcfg;
16.       struct hugepage_file *hugepage = NULL, *tmp_hp = NULL;
17.       struct hugepage_info used_hp[MAX_HUGEPAGE_SIZES];
18.
19.       uint64_t memory[RTE_MAX_NUMA_NODES];
20.
21.       unsigned hp_offset;
```

```
22.        int i, j, new_memseg;
23.        int nr_hugefiles, nr_hugepages = 0;
24.        void *addr;
25.
```

test_phys_addrs_available() 函数负责检测物理内存是否可用。

```
26.        test_phys_addrs_available();
27.
28.    // 将 used_hp 结构体数组内存清零
29.        memset(used_hp, 0, sizeof(used_hp));
30.
31.        /* get pointer to global configuration */
32.    //mcfg 指针指向 &rte_config->mem_config
33.        mcfg = rte_eal_get_configuration()->mem_config;
34.
35.        /* hugetlbfs can be disabled */
36.    // 第 37 ~ 52 行，如果 hugetlbfs 禁用了（一般不会），则初始化 mcfg 的 memseg 相应成员就可以
将 rte_eal_hugepage_init() 直接返回，下面几百行的代码可以不用看了，但是愿望总是美好的，现实不一
定是残酷的，代码还是要继续看的
37.        if (internal_config.no_hugetlbfs) {
38.            addr = mmap(NULL, internal_config.memory, PROT_READ | PROT_WRITE,
39.                    MAP_PRIVATE | MAP_ANONYMOUS, 0, 0);
40.            if (addr == MAP_FAILED) {
41.                RTE_LOG(ERR, EAL, "%s: mmap() failed: %s\n", __func__,
42.                        strerror(errno));
43.                return -1;
44.            }
45.            mcfg->memseg[0].phys_addr = (phys_addr_t)(uintptr_t)addr;
46.            mcfg->memseg[0].addr = addr;
47.            mcfg->memseg[0].hugepage_sz = RTE_PGSIZE_4K;
48.            mcfg->memseg[0].len = internal_config.memory;
49.            mcfg->memseg[0].socket_id = 0;
50.            return 0;
51.        }
52.
53.    /* check if app runs on Xen Dom0 */
54.    // 第 56 ~ 64 行，虚拟化相关，此处不会进入 if 条件里执行代码
55.        if (internal_config.xen_dom0_support) {
56.    #ifdef RTE_LIBRTE_XEN_DOM0
```

```
57.            /* use dom0_mm kernel driver to init memory */
58.            if (rte_xen_dom0_memory_init() < 0)
59.                return -1;
60.            else
61.                return 0;
62. #endif
63.        }
64.
65.        /* calculate total number of hugepages available. at this point we haven't
66.         * yet started sorting them so they all are on socket 0 */
67.    // 第 68 ～ 73 行，遍历所有支持的巨页大小，获取总的巨页数量为 nr_hugepages
68.    for (i = 0; i < (int) internal_config.num_hugepage_sizes; i++) {
69.            /* meanwhile, also initialize used_hp hugepage sizes in used_hp */
70.            used_hp[i].hugepage_sz = internal_config.hugepage_info[i].hugepage_sz;
71.
72.            nr_hugepages += internal_config.hugepage_info[i].num_pages[0];
73.        }
74.
75.    /*
76.     * allocate a memory area for hugepage table.
77.     * this isn't shared memory yet. due to the fact that we need some
78.     * processing done on these pages, shared memory will be created
79.     * at a later stage
80.     */
81.    // 为 struct hugepage_file *tmp_hp 申请 nr_hugepages * sizeof(struct hugepage_file)
大小的内存做一个页表
82.    tmp_hp = malloc(nr_hugepages * sizeof(struct hugepage_file));
83.        if (tmp_hp == NULL)
84.            goto fail;
85.
86.    // 将 tmp_hp 指向的内存清零
87.    memset(tmp_hp, 0, nr_hugepages * sizeof(struct hugepage_file));
88.
89.    //hp_offset 记录页表的偏移
90.    hp_offset = 0; /* where we start the current page size entries */
91.
92.    // 注册一个 SIGBUS 的信号处理函数
```

```
93.    huge_register_sigbus();
94.
95.    /* map all hugepages and sort them */
96.  // 遍历之前探测到的所有巨页种类
97.    for (i = 0; i < (int)internal_config.num_hugepage_sizes; i ++){
98.        unsigned pages_old, pages_new;
99.        struct hugepage_info *hpi;
100.
101.        /*
102.         * we don't yet mark hugepages as used at this stage, so
103.         * we just map all hugepages available to the system
104.         * all hugepages are still located on socket 0
105.         */
106.  // 获取巨页信息结构体
107.        hpi = &internal_config.hugepage_info[i];
108.
109.  // 如果对应某个巨页大小的巨页数量为 0，则无需继续操作了
110.        if (hpi->num_pages[0] == 0)
111.            continue;
112.
113.        /* map all hugepages available */
114.  // 记录原始巨页数量到变量 pages_old 中
115.        pages_old = hpi->num_pages[0];
```

map_all_hugepages(&tmp_hp[hp_offset], hpi, 1) 函数会对页表中的巨页进行映射。

```
116.        pages_new = map_all_hugepages(&tmp_hp[hp_offset], hpi, 1);
117.        if (pages_new < pages_old) {
118.            RTE_LOG(DEBUG, EAL,
119.                "%d not %d hugepages of size %u MB allocated\n",
120.                pages_new, pages_old,
121.                (unsigned)(hpi->hugepage_sz / 0x100000));
122.
123.  // 第 126 ~ 129 行，根据刚才映射的结果更新 hugepages 信息
124.            int pages = pages_old - pages_new;
125.
126.            nr_hugepages -= pages;
127.            hpi->num_pages[0] = pages_new;
128.            if (pages_new == 0)
129.                continue;
```

```
130.            }
131.
132.        if (phys_addrs_available) {
133.            /* find physical addresses for each hugepage */
134.    // 为每个巨页查找对应的物理地址
135.            if (find_physaddrs(&tmp_hp[hp_offset], hpi) < 0) {
136.                RTE_LOG(DEBUG, EAL, "Failed to find phys addr "
137.                    "for %u MB pages\n",
138.                    (unsigned int)(hpi->hugepage_sz / 0x100000));
139.                goto fail;
140.            }
141.        } else {
142.            /* set physical addresses for each hugepage */
143.            if (set_physaddrs(&tmp_hp[hp_offset], hpi) < 0) {
144.                RTE_LOG(DEBUG, EAL, "Failed to set phys addr "
145.                    "for %u MB pages\n",
146.                        (unsigned int)(hpi->hugepage_sz / 0x100000));
147.                goto fail;
148.            }
149.        }
150.
```

find_numasocket(&tmp_hp[hp_offset], hpi) 函数会根据 /proc/self/numa_maps 文件正确地设置 hugepg_tbl[i].socket_id。

```
151.        if (find_numasocket(&tmp_hp[hp_offset], hpi) < 0){
152.            RTE_LOG(DEBUG, EAL, "Failed to find NUMA socket for %u MB pages\n",
153.                    (unsigned)(hpi->hugepage_sz / 0x100000));
154.            goto fail;
155.        }
156.
157.    // 按照物理地址将页表重新排序
158.        qsort(&tmp_hp[hp_offset], hpi->num_pages[0],
159.            sizeof(struct hugepage_file), cmp_physaddr);
160.
161.        /* remap all hugepages */
```

map_all_hugepages(&tmp_hp[hp_offset], hpi, 0)，与上一次相比此次第三个参数为 0，即 orig = 0，不一样的是此次它找到连续的物理内存块，然后将它映射，并将新映射的地址更新入巨页的 final_va 成员中。

```
162.        if (map_all_hugepages(&tmp_hp[hp_offset], hpi, 0) !=
163.               hpi->num_pages[0]) {
164.               RTE_LOG(ERR, EAL, "Failed to remap %u MB pages\n",
165.                      (unsigned)(hpi->hugepage_sz / 0x100000));
166.               goto fail;
167.          }
168.
169.        /* unmap original mappings */
170.        // 对巨页的 orig_va 地址做 ummap 处理，并将其指向 NULL
171.        if (unmap_all_hugepages_orig(&tmp_hp[hp_offset], hpi) < 0)
172.               goto fail;
173.
174.        /* we have processed a num of hugepages of this size, so inc offset */
175.    //hp_offset 被更新，这样页表合适的位置将继续被初始化
176.        hp_offset += hpi->num_pages[0];
177.     }
178.
179.    huge_recover_sigbus();
180.
181.    if (internal_config.memory == 0 && internal_config.force_sockets == 0)
182.    // 根据当前所得的巨页数量更新 internal_config.memory
183.        internal_config.memory = eal_get_hugepage_mem_size();
184.
185.    // 第 186 ~ 212 行，这几行的目的就是为巨页重新洗牌做准备，如果第 202 行的条件满足，则对应
hugepage_sz 的 socket 上的 num_pages 统计会自增
186.    nr_hugefiles = nr_hugepages;
187.
188.
189.    /* clean out the numbers of pages */
190.    for (i = 0; i < (int) internal_config.num_hugepage_sizes; i++)
191.        for (j = 0; j < RTE_MAX_NUMA_NODES; j++)
192.              internal_config.hugepage_info[i].num_pages[j] = 0;
193.
194.    /* get hugepages for each socket */
195.    for (i = 0; i < nr_hugefiles; i++) {
196.        int socket = tmp_hp[i].socket_id;
197.
```

```
198.          /* find a hugepage info with right size and increment num_pages */
199.          const int nb_hpsizes = RTE_MIN(MAX_HUGEPAGE_SIZES,
200.                    (int)internal_config.num_hugepage_sizes);
201.          for (j = 0; j < nb_hpsizes; j++) {
202.              if (tmp_hp[i].size ==
203.                      internal_config.hugepage_info[j].hugepage_sz) {
204.                  internal_config.hugepage_info[j].num_pages[socket]++;
205.              }
206.          }
207.      }
208.
209.      /* make a copy of socket_mem, needed for number of pages calculation */
210.      for (i = 0; i < RTE_MAX_NUMA_NODES; i++)
211.        // 将 internal_config.socket_mem 备份到 memory 中
212.          memory[i] = internal_config.socket_mem[i];
213.
214.      /* calculate final number of pages */
```

calc_num_pages_per_socket() 函数会计算出每个 socket 上的内存大小并更新到 memory 中，然后返回当下总的巨页个数。

```
215.  nr_hugepages = calc_num_pages_per_socket(memory,
216.          internal_config.hugepage_info, used_hp,
217.          internal_config.num_hugepage_sizes);
218.
219.      /* error if not enough memory available */
220.      if (nr_hugepages < 0)
221.          goto fail;
222.
223.      /* reporting in! */
224.      for (i = 0; i < (int) internal_config.num_hugepage_sizes; i++) {
225.          for (j = 0; j < RTE_MAX_NUMA_NODES; j++) {
226.              if (used_hp[i].num_pages[j] > 0) {
227.                  RTE_LOG(DEBUG, EAL,
228.                      "Requesting %u pages of size %uMB"
229.                      " from socket %i\n",
230.                      used_hp[i].num_pages[j],
231.                      (unsigned)
```

```
232.                        (used_hp[i].hugepage_sz / 0x100000),
233.                        j);
234.                }
235.            }
236.        }
237.
238.        /* create shared memory */
239.        // 创建巨页的配置文件（比如 /var/run/.rte_hugepage_info) 并将其映射到内存，大小为
nr_hugefiles * sizeof(struct hugepage_file)
240.        hugepage = create_shared_memory(eal_hugepage_info_path(),
241.                nr_hugefiles * sizeof(struct hugepage_file));
242.
243.        if (hugepage == NULL) {
244.            RTE_LOG(ERR, EAL, "Failed to create shared memory!\n");
245.            goto fail;
246.        }
247.        // 将刚才映射的内存清零
248.    memset(hugepage, 0, nr_hugefiles * sizeof(struct hugepage_file));
249.
250.        /*
251.         * unmap pages that we won't need (looks at used_hp).
252.         * also, sets final_va to NULL on pages that were unmapped.
253.         */
254.    // 如果之前申请的巨页多于当下有效的数量，则将多余的 unmap
255.    if (unmap_unneeded_hugepages(tmp_hp, used_hp,
256.                internal_config.num_hugepage_sizes) < 0) {
257.            RTE_LOG(ERR, EAL, "Unmapping and locking hugepages failed!\n");
258.            goto fail;
259.        }
260.
261.        /*
262.         * copy stuff from malloc'd hugepage* to the actual shared memory.
263.         * this procedure only copies those hugepages that have final_va
264.         * not NULL. has overflow protection.
265.         */
266.    // 将之前 malloc 申请的 tmp_hp 拷贝到 240 行映射的内存中
267.    if (copy_hugepages_to_shared_mem(hugepage, nr_hugefiles,
268.                tmp_hp, nr_hugefiles) < 0) {
```

```
269.            RTE_LOG(ERR, EAL, "Copying tables to shared memory failed!\n");
270.            goto fail;
271.        }
272.
273.        /* free the hugepage backing files */
274.        if (internal_config.hugepage_unlink &&
275.            unlink_hugepage_files(tmp_hp, internal_config.num_hugepage_sizes) < 0) {
276.            RTE_LOG(ERR, EAL, "Unlinking hugepage files failed!\n");
277.            goto fail;
278.        }
279.
280.        /* free the temporary hugepage table */
281.        free(tmp_hp); // 回收 tmp_hp
282.        tmp_hp = NULL;
283.
284.        /* first memseg index shall be 0 after incrementing it below */
285.        j = -1;
```

for 循环遍历所有巨页，初始化 Physical memory segment descriptor，可以看出第 290 ~ 314 行的这些条件，必须是同一个 socket，相同的 page size，物理地址和虚拟地址均连续才能在同一个 memseg 中，所以这些操作会将连续的巨页聚拢起来形成一个个 memseg，更新相应的信息到内存配置文件中。

```
286.    for (i = 0; i < nr_hugefiles; i++) {
287.        new_memseg = 0;
288.
289.        /* if this is a new section, create a new memseg */
290.        if (i == 0)
291.            new_memseg = 1;
292.        else if (hugepage[i].socket_id != hugepage[i-1].socket_id)
293.            new_memseg = 1;
294.        else if (hugepage[i].size != hugepage[i-1].size)
295.            new_memseg = 1;
296.
297. #ifdef RTE_ARCH_PPC_64
298.        /* On PPC64 architecture, the mmap always start from higher
299.         * virtual address to lower address. Here, both the physical
300.         * address and virtual address are in descending order */
301.        else if ((hugepage[i-1].physaddr - hugepage[i].physaddr) !=
```

```
302.              hugepage[i].size)
303.                  new_memseg = 1;
304.          else if (((unsigned long)hugepage[i-1].final_va -
305.              (unsigned long)hugepage[i].final_va) != hugepage[i].size)
306.                  new_memseg = 1;
307. #else
308.          else if ((hugepage[i].physaddr - hugepage[i-1].physaddr) !=
309.              hugepage[i].size)
310.                  new_memseg = 1;
311.          else if (((unsigned long)hugepage[i].final_va -
312.              (unsigned long)hugepage[i-1].final_va) != hugepage[i].size)
313.                  new_memseg = 1;
314. #endif
315.
316.          if (new_memseg) {
317.              j += 1;
318.              if (j == RTE_MAX_MEMSEG)
319.                  break;
320.
321.              mcfg->memseg[j].phys_addr = hugepage[i].physaddr;
322.              mcfg->memseg[j].addr = hugepage[i].final_va;
323.              mcfg->memseg[j].len = hugepage[i].size;
324.              mcfg->memseg[j].socket_id = hugepage[i].socket_id;
325.              mcfg->memseg[j].hugepage_sz = hugepage[i].size;
326.
327.          if (!internal_config.desc_cached && hugepage[i].socket_id  == RTE_MAX_
NUMA_NODES-1)
328.          {
329.              mprotect(mcfg->memseg[j].addr, mcfg->memseg[j].len, PROT_READ | PROT_
WRITE | PROT_EXEC);
330.          }
331.
332.          }
333.          /* continuation of previous memseg */
334.          else {
335. #ifdef RTE_ARCH_PPC_64
336.          /* Use the phy and virt address of the last page as segment
337.           * address for IBM Power architecture */
```

```
338.                    mcfg->memseg[j].phys_addr = hugepage[i].physaddr;

339.                    mcfg->memseg[j].addr = hugepage[i].final_va;

340. #endif

341.                    mcfg->memseg[j].len += mcfg->memseg[j].hugepage_sz;

342.            }

343.            hugepage[i].memseg_id = j;

344.        }

345.

346.    if (i < nr_hugefiles) {

347.        RTE_LOG(ERR, EAL, "Can only reserve %d pages "

348.            "from %d requested\n"

349.            "Current %s=%d is not enough\n"

350.            "Please either increase it or request less amount "

351.            "of memory.\n",

352.            i, nr_hugefiles, RTE_STR(CONFIG_RTE_MAX_MEMSEG),

353.            RTE_MAX_MEMSEG);

354.        goto fail;

355.    }

356.

357.    munmap(hugepage, nr_hugefiles * sizeof(struct hugepage_file));

358.

359.    return 0;

360.

361. fail:

362.    huge_recover_sigbus();

363.    free(tmp_hp);

364.    if (hugepage != NULL)

365.        munmap(hugepage, nr_hugefiles * sizeof(struct hugepage_file));

366.

367.    return -1;

368. }
```

10.3.5　rte_eal_memzone_init()

```
1.    /*

2.     * Init the memzone subsystem

3.     */

4.    int

5.    rte_eal_memzone_init(void)
```

```
6.    {
7.        struct rte_mem_config *mcfg;
8.        const struct rte_memseg *memseg;
9.
10.       /* get pointer to global configuration */
11.       mcfg = rte_eal_get_configuration()->mem_config;
12.
13.       /* secondary processes don't need to initialise anything */
14.       if (rte_eal_process_type() == RTE_PROC_SECONDARY)
15.           return 0;
16.
```
17.　// 又见 memseg，我们刚把连续的内存信息放到了若干个 memseg 里，这些信息可以从 mem_config 的 memseg 成员获得
```
18.       memseg = rte_eal_get_physmem_layout();
19.       if (memseg == NULL) {
20.           RTE_LOG(ERR, EAL, "%s(): Cannot get physical layout\n", __func__);
21.           return -1;
22.       }
23.
24.       rte_rwlock_write_lock(&mcfg->mlock);
25.
26.       /* delete all zones */
```
27.　// 清零 memzone_cnt 以及 memzone 结构体
```
28.       mcfg->memzone_cnt = 0;
29.       memset(mcfg->memzone, 0, sizeof(mcfg->memzone));
30.
31.       rte_rwlock_write_unlock(&mcfg->mlock);
32.
33.       return rte_eal_malloc_heap_init();
34.   }
```

rte_eal_memzone_init() 函数用于初始化 memzone 子系统，其核心是调用 rte_eal_malloc_heap_init() 函数，其实现代码如下。

```
1.   int
2.   rte_eal_malloc_heap_init(void)
3.   {
4.       struct rte_mem_config *mcfg = rte_eal_get_configuration()->mem_config;
5.       unsigned ms_cnt;
6.       struct rte_memseg *ms;
```

```
7.
8.        if (mcfg == NULL)
9.            return -1;
10.
```

遍历 mcfg 中所有的 memseg，为每个 ms 执行 malloc_heap_add_memseg(&mcfg->malloc_heaps[ms->socket_id], ms) 函数，其第一个参数为 struct malloc_heap 类型的一个结构体，它描述了每个 socket malloc 的 heap。

```
11.    for (ms = &mcfg->memseg[0], ms_cnt = 0;
12.            (ms_cnt < RTE_MAX_MEMSEG) && (ms->len > 0);
13.            ms_cnt++, ms++) {
14.        malloc_heap_add_memseg(&mcfg->malloc_heaps[ms->socket_id], ms);
15.    }
16.
17.    return 0;
18. }
```

rte_eal_malloc_heap_init(void) 核心调用了 malloc_heap_add_memseg() 函数，继续看看这个函数做了什么。

```
1.    /*
2.     * Expand the heap with a memseg.
3.     * This reserves the zone and sets a dummy malloc_elem header at the end
4.     * to prevent overflow. The rest of the zone is added to free list as a single
5.     * large free block
6.     */
7.    static void
8.    malloc_heap_add_memseg(struct malloc_heap *heap, struct rte_memseg *ms)
9.    {
10.        /* allocate the memory block headers, one at end, one at start */
```

第 11 ~ 15 行，start_elem 指向了 memseg 的起始地址，end_elem 则指向了 memseg 的尾部（这个尾部还预留了 MALLOC_ELEM_OVERHEAD 大小的内存，如果没开 debug 则其大小即为 struct malloc_elem 结构体的大小），按照注释的意思就是分配两个 memory block headers，一个在结尾一个在开始，然后将 end_elem 按 Cacheline 对齐；计算 start 和 end 之间的大小存储到变量 elem_size 中。

```
11.        struct malloc_elem *start_elem = (struct malloc_elem *)ms->addr;
12.        struct malloc_elem *end_elem = RTE_PTR_ADD(ms->addr,
13.                ms->len - MALLOC_ELEM_OVERHEAD);
```

```
14.        end_elem = RTE_PTR_ALIGN_FLOOR(end_elem, RTE_CACHE_LINE_SIZE);
15.        const size_t elem_size = (uintptr_t)end_elem - (uintptr_t)start_elem;
16.
```

malloc_elem_init () 函数的第一个参数 elem 实际上就是 start_elem，这个函数的主要工作就是初始化 elem 这个 malloc_elem 结构体。

```
17.        malloc_elem_init(start_elem, heap, ms, elem_size);
```

malloc_elem_mkend() 函数有两个参数，分别是 end_elem 和 start_elem，其调用了一次 malloc_elem_init() 函数，只是这次初始化的是 end_elem 而且 size 为 0，这样两个 malloc_ elem 结构体就被初始化好了。

```
18.        malloc_elem_mkend(end_elem, start_elem);
```

malloc_elem_free_list_insert() 函数只有一个参数，其实参为 start_elem，而这个函数的目的就是将这个 element 添加到对的 free list。

```
19.        malloc_elem_free_list_insert(start_elem);
20.
21.        // 统计 per socket 下 malloc_heaps 的内存大小。当所有 memseg 都加入到对应 free_list 后，
    rte_eal_malloc_heap_init() 函数也可以返回了，rte_eal_memzone_init() 函数也就这样结束了
22.        heap->total_size += elem_size;
23.    }
```

10.3.6 rte_eal_pci_probe()

```
1.    /*
2.     * Scan the content of the PCI bus, and call the probe() function for
3.     * all registered drivers that have a matching entry in its id_table
4.     * for discovered devices.
5.     */
6.    int
7.    rte_eal_pci_probe(void)
8.    {
9.        struct rte_pci_device *dev = NULL;
10.        struct rte_devargs *devargs;
11.        int probe_all = 0;
12.        int ret = 0;
13.
14.        if (rte_eal_devargs_type_count(RTE_DEVTYPE_WHITELISTED_PCI) == 0)
15.            probe_all = 1;
```

```
16.
17.        TAILQ_FOREACH(dev, &pci_device_list, next) {
18.
19.            /* set devargs in PCI structure */
20.            devargs = pci_devargs_lookup(dev);
21.            if (devargs != NULL)
22.                dev->device.devargs = devargs;
23.
24.            /* probe all or only whitelisted devices */
25.            if (probe_all)
26.                ret = pci_probe_all_drivers(dev);
27.            else if (devargs != NULL &&
28.                devargs->type == RTE_DEVTYPE_WHITELISTED_PCI)
29.                ret = pci_probe_all_drivers(dev);
30.            if (ret < 0)
31.                rte_exit(EXIT_FAILURE, "Requested device " PCI_PRI_FMT
32.                    " cannot be used\n", dev->addr.domain, dev->addr.bus,
33.                        dev->addr.devid, dev->addr.function);
34.        }
35.
36.        return 0;
37.    }
```

这里假设我们没有设置什么 whiltelist 或者 blacklist，直接来看 pci_probe_all_drivers(dev)。

```
1.    /*
2.     * If vendor/device ID match, call the probe() function of all
3.     * registered driver for the given device. Return -1 if initialization
4.     * failed, return 1 if no driver is found for this device.
5.     */
6.    static int
7.    pci_probe_all_drivers(struct rte_pci_device *dev)
8.    {
9.        struct rte_pci_driver *dr = NULL;
10.       int rc = 0;
11.
12.   // 如果设备是 NULL 或者设备已经绑定过了 driver，那么就直接返回吧
13.       if (dev == NULL)
14.           return -1;
15.
```

```
16.      /* Check if a driver is already loaded */
17.      if (dev->driver != NULL)
18.          return 0;
19.
20.      TAILQ_FOREACH(dr, &pci_driver_list, next) {
21.          rc = rte_eal_pci_probe_one_driver(dr, dev);
22.          if (rc < 0)
23.              /* negative value is an error */
24.              return -1;
25.          if (rc > 0)
26.              /* positive value means driver doesn't support it */
27.              continue;
28.          return 0;
29.      }
30.      return 1;
31.  }
```

我们首先来介绍一下 pci_driver_list，以 igb 驱动为例，RTE_PMD_REGISTER_PCI(net_e1000_igb, rte_igb_pmd.pci_drv) 作为一条程序出现在 igb 驱动的代码中，其作用是为 pci_driver_list 注册一个驱动，那么它是怎么工作的呢。

```
1.  /** Helper for PCI device registration from driver (eth, crypto) instance */
2.  #define RTE_PMD_REGISTER_PCI(nm, pci_drv) \
3.  RTE_INIT(pciinitfn_ ##nm); \
4.  static void pciinitfn_ ##nm(void) \
5.  {\
6.      (pci_drv).driver.name = RTE_STR(nm);\
7.      rte_eal_pci_register(&pci_drv); \
8.  } \
9.  RTE_PMD_EXPORT_NAME(nm, __COUNTER__)
```

宏定义 RTE_INIT(pciinitfn_ ##nm) 的核心是调用了 rte_eal_pci_register，其定义如下，第 3 行将 pci 驱动插入到了 pci_driver_list 中。

```
1.  /* register a driver */
2.  void
3.  rte_eal_pci_register(struct rte_pci_driver *driver)
4.  {
5.      TAILQ_INSERT_TAIL(&pci_driver_list, driver, next);
6.      rte_eal_driver_register(&driver->driver);
7.  }
```

值得一说的是 RTE_PMD_REGISTER_PCI 中 RTE_INIT 的实现，这个函数利用了 GCC 的属性设置，__attribute__ 可以设置函数属性 (Function Attribute)、变量属性 (Variable Attribute) 和类型属性 (Type Attribute)。若函数被设定为 constructor 属性，则该函数会在 main() 函数执行之前被自动地执行。若函数被设定为 destructor 属性，则该函数会在 main() 函数执行之后或者 exit() 被调用后被自动地执行。所以这些驱动在我们没有察觉的时候已经注册好了。

```
1.    #define RTE_INIT(func) \
2.    static void __attribute__((constructor, used)) func(void)
```

10.4 DPDK 的运行

10.4.1 在龙芯派上运行 DPDK 的例程 l2fwd

本小节将介绍如何在龙芯派自带的 Loongnix 操作系统上运行 DPDK 的二层转发例程 l2fwd，相关内容会以压缩包的形式提供。此压缩包解压后有 3 个目录，分别是 igb_uio、l2fwd 以及 uio，分别代表 igb_uio 模块、l2fwd 例程以及 uio 模块。在 igb_uio 目录中已经完成了一个可以自动编译并加载各个模块，最后运行 l2fwd 例程的自动化脚本 runme.sh，但是在运行该脚本之前，系统需要联网安装一个内核开发包，用于内核模块编译所用。接下来将详细介绍环境搭建以及脚本所执行的具体内容。

（一）硬件环境搭建

由于龙芯派上目前只有一个 X1 的 PCIE 插槽，而 DPDK 的 l2fwd 例程需要至少两个端口来实现转发功能，所以采用了一个 X1 转 X16 的转接卡，这样就可以直接使用一个 X4 的 Intel I350 网卡，如图 10.2 所示。

图 10.2　硬件连接图

（二）软件环境搭建

安装内核开发包（此过程需联网完成），命令为 `sudo yum install kernel-2k-devel.mips64el`。图 10.3 为内核开发包安装过程。

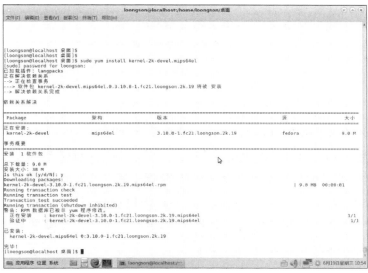

图 10.3　内核开发包安装过程

（三）自动化脚本执行内容

```
#!/bin/sh
cd ../uio
make -j4 && make install -j4
cd -
make -j4 && make install -j4
modprobe igb_uio


cd ../l2fwd
./dpdk.sh
```

上述脚本首先到 uio 目录下完成 uio 模块的编译及安装，然后回到 igb_uio 模块完成 igb_uio 模块的编译及安装，通过 modprobe 来加载 uio 以及 igb_uio 模块，最后到 l2fwd 目录下，执行 dpdk.sh 脚本完成 DPDK 运行所需要的相关配置，其内容如下。

```
#!/bin/sh
mkdir /mnt/huge && mount n /mnt/huge -t hugetlbfs
echo 24 > /sys/kernel/mm/hugepages/hugepages-32768kB/nr_hugepages


igbs=$(cd /sys/bus/pci/drivers/igb/; echo 0*;)
for i in $igbs ;
```

```
do
echo $i > /sys/bus/pci/drivers/igb/unbind
done;


for i in $(lspci -n | grep 8086 |cut -d' ' -f3);do
echo $i|sed 's/:/ /' > /sys/bus/pci/drivers/igb_uio/new_id
done


./l2fwd  -- -p3 --no-mac-updating
```

上述脚本首先挂载了 hugetlbfs 文件系统并申请巨页；然后将 igb 网卡从 igb 驱动中 unbind 并将网卡绑定到新的 igb_uio 驱动；最后运行 l2fwd 例程。如果运行成功，则会出现如图 10.4 所示的运行结果，此时绑定的两个网口已经完成必需的配置，可以正常行使二层转发的功能了。因为此时网卡会一直轮询做收发包动作，如果想退出直接按住【Ctrl+C】组合键即可。感兴趣的读者也可以在 DPDK 官网上找到 DPDK pktgen 工具，该工具可以作为一个打流工具，测试具体的网络吞吐，这里就不再对其做详细描述。

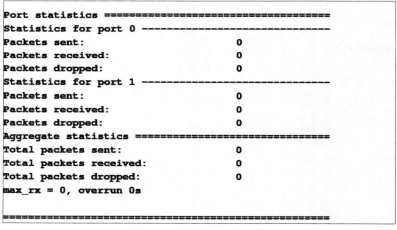

图 10.4　例程 l2fwd 运行结果

10.4.2　DPDK 的应用实例：l2fwd 程序解析

DPDK 以库的形式存在于用户层，提供包含 Buffer 管理、Queue/Ring 功能、流分类、NIC Poll Mode 库等功能，用户层与内核层通过环境抽象层隔离，用户应用与网卡进行交互而无须关心 Linux 内核以及硬件平台。图 10.5 所示为 DPDK 应用框架。

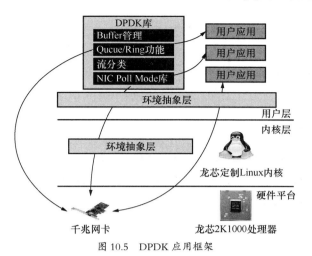

图 10.5　DPDK 应用框架

以 DPDK example/l2fwd 应用程序为例来看一下具体的 DPDK 应用实例，其核心执行流程大致如下（代码有精简）。

```
1.   int main(int argc, char **argv)
2.   {
3.       /* init EAL */
4.       ret = rte_eal_init(argc, argv);
5.   ...
6.       /* parse application arguments (after the EAL ones) */
7.       ret = l2fwd_parse_args(argc, argv);
8.   ...
9.       /* create the mbuf pool */
10.      l2fwd_pktmbuf_pool = rte_pktmbuf_pool_create("mbuf_pool", NB_MBUF*nb_ports,
11.                   MEMPOOL_CACHE_SIZE, 0, RTE_MBUF_DEFAULT_BUF_SIZE,
12.                        rte_socket_id());
13.  ...
14.
15.      /* launch per-lcore init on every lcore */
16.          rte_eal_mp_remote_launch(l2fwd_launch_one_lcore, NULL, CALL_MASTER);
17.  ...
18.      for (portid = 0; portid < nb_ports; portid++) {
19.              if ((l2fwd_enabled_port_mask & (1 << portid)) == 0)
20.                  continue;
21.              printf("Closing port %d...", portid);
22.              rte_eth_dev_stop(portid);
23.              rte_eth_dev_close(portid);
```

```
24.                    printf(" Done\n");
25.        }
26.        printf("Bye...\n");
27.
28.        return ret;
29.    }
```

上述代码的工作流程可以大致总结为，解析命令行参数 → 创建内存池→ 端口初始化→ 启动 l2fwd_launch_one_lcore 线程开始转发→ 程序在收到 SIGINT 和 SIGTERM 信号后退出程序，这里主要看一下转发线程函数的实现。

```
1.    static int
2.    l2fwd_launch_one_lcore(__attribute__((unused)) void *dummy)
3.    {
4.        l2fwd_main_loop();
5.        return 0;
6.    }
```

上述代码的第 4 行，l2fwd_launch_one_lcore 会调用 l2fwd_main_loop() 函数做实际的收发包功能，其具体实现如下。

```
1.    /* main processing loop */
2.    static void
3.    l2fwd_main_loop(void)
4.    {
5.        struct rte_mbuf *pkts_burst[MAX_PKT_BURST];
6.        struct rte_mbuf *m;
7.        int sent;
8.        unsigned lcore_id;
9.        uint64_t prev_tsc, diff_tsc, cur_tsc, timer_tsc;
10.       unsigned i, j, portid, nb_rx;
11.       struct lcore_queue_conf *qconf;
12.        const uint64_t drain_tsc = (rte_get_tsc_hz() + US_PER_S - 1) / US_PER_S *
13.              BURST_TX_DRAIN_US;
14.       struct rte_eth_dev_tx_buffer *buffer;
15.
16.       prev_tsc = 0;
17.       timer_tsc = 0;
18.
19.       lcore_id = rte_lcore_id();
20.       qconf = &lcore_queue_conf[lcore_id];
```

```
21.
22.        if (qconf->n_rx_port == 0) {
23.            RTE_LOG(INFO, L2FWD, "lcore %u has nothing to do\n", lcore_id);
24.            return;
25.        }
26.
27.        RTE_LOG(INFO, L2FWD, "entering main loop on lcore %u\n", lcore_id);
28.
29.        for (i = 0; i < qconf->n_rx_port; i++) {
30.
31.            portid = qconf->rx_port_list[i];
32.            RTE_LOG(INFO, L2FWD, " -- lcoreid=%u portid=%u\n", lcore_id,
33.                portid);
34.
35.        }
```

从下面的代码可以看出函数 l2fwd_main_loop() 的核心部分被圈在一个 while 循环中，并且在 force_quit 不为 1 的情况下会一直循环，而 force_quit 只有在接收到之前说的 SIGINT 和 SIGTERM 两个信号时才会进入 signal_handler 函数，并将 force_quit 赋值为 true，退出收发函数。

```
36.
37.        while (!force_quit) {
38.
39.    // 在进入 while 循环时就通过 rte_rdtsc() 读取当前的时间戳，并与上一轮处理完超时操作的时间戳
进行差值计算
40.            cur_tsc = rte_rdtsc();
41.
42.            /*
43.             * TX burst queue drain
44.             */
45.            diff_tsc = cur_tsc - prev_tsc;
46.    // 如果 diff_tsc 大于设定的阈值 drain_tsc，说明这时候对每个端口的 tx buffer 进行刷新操作
47.            if (unlikely(diff_tsc > drain_tsc)) {
48.
49.                for (i = 0; i < qconf->n_rx_port; i++) {
50.
51.                    portid = l2fwd_dst_ports[qconf->rx_port_list[i]];
```

```
52.                      buffer = tx_buffer[portid];

53.

54.     // 如果发送 buffer 仍有数据未发送，则会通过 rte_eth_tx_buffer_flush 调用 rte_eth_tx_burst
函数进行实际的发送操作

55.                      sent = rte_eth_tx_buffer_flush(portid, 0, buffer);

56.                      if (sent)

57.                          port_statistics[portid].tx += sent;

58.

59.                  }

60.

61.              /* if timer is enabled */

62.              if (timer_period > 0) {

63.

64.                  /* advance the timer */

65.                  timer_tsc += diff_tsc;

66.

67.                  /* if timer has reached its timeout */

68.                  if (unlikely(timer_tsc >= timer_period)) {

69.

70.                      /* do this only on master core */

71.                      if (lcore_id == rte_get_master_lcore()) {

72.                          print_stats();

73.                          /* reset the timer */

74.                          timer_tsc = 0;

75.                      }

76.                  }

77.              }

78.

79.              prev_tsc = cur_tsc;

80.          }

81.

82.          /*

83.           * Read packet from RX queues

84.           */

85.     // 接下来的 for 循环开始真正的收发包过程

86.          for (i = 0; i < qconf->n_rx_port; i++) {

87.              portid = qconf->rx_port_list[i];

88.     //rte_eth_rx_burst 会调用网卡实际驱动接收函数将包收上来
```

```
89.              nb_rx = rte_eth_rx_burst((uint8_t) portid, 0,
90.                        pkts_burst, MAX_PKT_BURST);
91.

92.              port_statistics[portid].rx += nb_rx;
93.              if (unlikely(nb_rx == 0))
94.                   continue;
95.

96.              for (j = 0; j < nb_rx; j++) {
```

在发送之前的预取函数 rte_prefetch0，其功能是将数据放到 Cache 中，这样 Cache 就存在一个内存数据的备份，在发送过程中 CPU 读取数据再无须访问内存，而是直接在相对高速的 Cache 中直接命中，这样大大地提高了传输的效率。

```
97.                  m = pkts_burst[j];
98.                  rte_prefetch0(rte_pktmbuf_mtod(m, void *));
99.  // 通过 l2fwd_simple_forward 调用 rte_eth_tx_buffer 将收到的包直接发送出去
100.                 l2fwd_simple_forward(m, portid);
101.          }
102.      }
103.    }
104. }
```

10.5　项目总结

本章以 l2fwd 例程为主线，通过讲解其初始化过程对 DPDK 的配置文件和巨页管理的实现做了介绍。由于篇幅的限制，部分内容无法做到一一详述，有兴趣的读者可以在 DPDK 官网上找到源码，做深入的代码解析。

第 **11** 章

使用 OpenCV+Qt 实现图像识别

本章将会带领大家利用 Buildroot 构建在龙芯 2K1000 处理器平台下支持 Qt 和 OpenCV 的文件系统，然后在该文件系统上运行图像识别程序。Buildroot 是一个在 Linux 平台上用于构建嵌入式 Linux 文件系统的工具。和内核相似，它也是由 Makefile 脚本和 Kconfig 配置文件构成，也可以使用图像化的 menuconfig 来配置文件系统。我们将利用 Buildroot 交叉编译好文件系统后，再利用 Buildroot 下载和生成的文件在 PC 端构建出支持龙芯 2K1000 处理器的 Qt 套件。

【目标任务】

1. 掌握 Buildroot 构建环境，了解 OpenCV 基本知识。
2. 通过 Buildroot 构建出在龙芯派上的 OpenCV+Qt 的环境。
3. 编写简单的人脸识别程序。

【知识点】

11.1　准备工作

本项目要求的开发环境如下。

● 上位机系统：Ubuntu 16.04.6 LTS

● 目标平台：龙芯派二代

● 目标平台系统：Loongnix

● 交叉编译工具链：通过链接 http://ftp.loongnix.org/loongsonpi/pi_2/toolchain/gcc-4.9.3-64-gnu.tar.gz 下载

准备一台装有 Ubuntu 系统（16.04.6 或更新的版本）的可联网计算机，也可以是虚拟机。为了方便演示，这里使用虚拟机，后文中提及的上位机就表示安装了 Ubuntu 系统的计算机终端。

准备烧写了 loongnix-20190331.iso 系统的龙芯派二代。

准备安装了串口助手或者超级终端等软件的 Windows 计算机。

参考 5.2.3 节完成交叉编译工具链的配置。

配置完毕后在上位机的终端中输入 misp 然后连击 Tab 键，如果看到图 11.1 所示的提示信息，则表明配置成功。

```
[lornyin@A-Boat:~]$mips64el-linux-
mips64el-linux-addr2line    mips64el-linux-gcov
mips64el-linux-ar           mips64el-linux-gfortran
mips64el-linux-as           mips64el-linux-gprof
mips64el-linux-c++          mips64el-linux-ld
mips64el-linux-c++filt      mips64el-linux-ld.bfd
mips64el-linux-cpp          mips64el-linux-nm
mips64el-linux-elfedit      mips64el-linux-objcopy
mips64el-linux-g++          mips64el-linux-objdump
mips64el-linux-gcc          mips64el-linux-ranlib
mips64el-linux-gcc-4.9.3    mips64el-linux-readelf
mips64el-linux-gcc-ar       mips64el-linux-size
mips64el-linux-gcc-nm       mips64el-linux-strings
mips64el-linux-gcc-ranlib   mips64el-linux-strip
```

图 11.1　交叉编译工具链

11.2　Buildroot 构建文件系统

Buildroot 是一个通过交叉编译生成嵌入式 Linux 文件系统的简单、高效、易用的工具。因为其使用 menuconfig、gconfig 和 xconfig 这样的内核配置接口，所以使用 Buildroot 构建一个基本系统非常简单，通常只需要 15 ～ 30 分钟。使用 Buildroot 可以构建出交叉编译工具链、根文件系统、内核映像编译和 Bootloader。

11.2.1　下载 Buildroot

在上位机中，通过浏览器访问 Buildroot 官网，如图 11.2 所示。下载最新版本的 Buildroot 代码包到上位机中，单击箭头处的【DOWNLOAD】按钮进入下载页面。

图 11.2　Buildroot 官网

下载选择页面如图 11.3 所示，网页中置顶给出的就是最新的长期支持版本，单击箭头处的压缩包下载。

图 11.3　Buildroot 下载

下载完成后在上位机中同时按住【Ctrl+Alt+T】组合键启动终端，在终端执行以下命令进入上位机的家目录并建立工作文件夹。

```
cd ~
mkdir work/rootfs -p
cd work/rootfs
```

在上位机中把下载好的 Buildroot 压缩包放至 ~/work/rootfs 目录（如果是在物理机下载的，并且虚拟机安装了 VM Tools，可直接拖放文件到此目录）。接着执行以下命令解压压缩包。

```
tar -vxf buildroot-2019.02.5.tar.bz2
cd buildroot-2019.02.5
ls    -l
```

执行完以上内容后可以看见如图 11.4 所示的文件内容，这时读者难免会有如何使用这些文件的疑问，接下来先简单讲解 Buildroot 的主要目录结构。

```
-l
总用量 724
drwxr-xr-x    2 lornyin boat    4096 9月    3 04:15 arch
drwxr-xr-x   54 lornyin boat    4096 9月    3 04:15 board
drwxr-xr-x   22 lornyin boat    4096 9月    3 04:15 boot
-rw-r--r--    1 lornyin boat  321071 9月    3 04:15 CHANGES
-rw-r--r--    1 lornyin boat   27037 9月    3 04:15 Config.in
-rw-r--r--    1 lornyin boat  134341 9月    3 04:15 Config.in.legacy
drwxr-xr-x    2 lornyin boat   12288 9月    3 04:15 configs
-rw-r--r--    1 lornyin boat   18767 9月    3 04:15 COPYING
-rw-r--r--    1 lornyin boat   54166 9月    3 04:15 DEVELOPERS
drwxr-xr-x    5 lornyin boat    4096 9月    3 04:18 docs
drwxr-xr-x   18 lornyin boat    4096 9月    3 04:15 fs
drwxr-xr-x    2 lornyin boat    4096 9月    3 04:15 linux
-rw-r--r--    1 lornyin boat   44270 9月    3 04:15 Makefile
-rw-r--r--    1 lornyin boat    2292 9月    3 04:15 Makefile.legacy
drwxr-xr-x 2163 lornyin boat   69632 9月    3 04:15 package
-rw-r--r--    1 lornyin boat    1079 9月    3 04:15 README
drwxr-xr-x   13 lornyin boat    4096 9月    3 04:15 support
drwxr-xr-x    3 lornyin boat    4096 9月    3 04:15 system
drwxr-xr-x    5 lornyin boat    4096 9月    3 04:15 toolchain
drwxr-xr-x    3 lornyin boat    4096 9月    3 04:15 utils
```

图 11.4　Buildroot 文件内容

11.2.2　Buildroot 目录结构

Buildroot 的主要目录结构及说明如下。

├── arch: 存放平台相关的配置脚本，如 ARM、MIPS、X86 等 CPU 相关的配置。

├── configs: 放置板级相关的配置文件。

├── dl: 存放下载的源代码及应用软件的压缩包。

├── fs: 存放各种文件系统的源代码。

├── linux: 存放 Linux Kernel 的自动构建脚本。

├── Makefile

├── output: 存放编译中间文件和生成文件。

│   ├── build: 存放解压后的各种软件包编译完成后的现场。

│   ├── host: 存放制作好的编译工具链，如 GCC、arm-linux-gcc 等工具。

│   ├── images: 存放编译好的 uboot.bin、zImage、rootfs 等镜像文件。

│   ├── staging

│   ├── target: 用来制作 rootfs 文件系统，里面存放 Linux 系统基本的目录结构，以及编译好的应用库和 bin 可执行文件。（ Buildroot 根据用户配置把 .ko .so .bin 文件安装到对应的目录，根据用户的配置安装指定位置。）

├── package: 存放应用软件的配置文件，每个应用软件的配置文件有 Config.in 和 soft_name.mk。

11.2.3　配置 Buildroot

和配置内核一样，这里使用 menuconfig 来图形化地配置 Buildroot，执行以下命令开始配置。

```
make menuconfig
```

经过一段输出后，可以看见图 11.5 所示的界面。同 4.2.4 节一样，可以使用方向键移动光标，空格键选中或取消选中复选框，回车键确认信息；选项前面方括号里有星号的表示该项被选中，选项中括号里内容表示该选项的填入内容或者选中的选项。

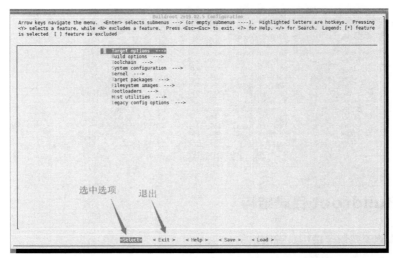

图 11.5　Buildroot 主界面

如果出现了图 11.6 所示的错误，在上位机中继续执行以下命令即可解决。

```
sudo apt install libncurses-dev
```

```
-C support/kconfig -f Makefile.br mconf
/usr/bin/gcc -DCURSES_LOC="<curses.h>" -DLOCALE  -I/home/boat/work/rootfs/buildr
oot-2019.02.5/output/build/buildroot-config -DCONFIG_=\"\"  -MM *.c > /home/boat
/work/rootfs/buildroot-2019.02.5/output/build/buildroot-config/.depend 2>/dev/nu
ll || :
/usr/bin/gcc -DCURSES_LOC="<curses.h>" -DLOCALE  -I/home/boat/work/rootfs/buildr
oot-2019.02.5/output/build/buildroot-config -DCONFIG_=\"\"  -c conf.c -o /home/
boat/work/rootfs/buildroot-2019.02.5/output/build/buildroot-config/conf.o
 *** Unable to find the ncurses libraries or the
 *** required header files.
 ***
 *** 'make menuconfig' requires the ncurses libraries.
 ***
 *** Install ncurses (ncurses-devel or libncurses-dev
 *** depending on your distribution) and try again.
 ***
Makefile:253: recipe for target '/home/boat/work/rootfs/buildroot-2019.02.5/outp
ut/build/buildroot-config/dochecklxdialog' failed
make[2]: *** [/home/boat/work/rootfs/buildroot-2019.02.5/output/build/buildroot-
config/dochecklxdialog] Error 1
Makefile:925: recipe for target '/home/boat/work/rootfs/buildroot-2019.02.5/outp
ut/build/buildroot-config/mconf' failed
make[1]: *** [/home/boat/work/rootfs/buildroot-2019.02.5/output/build/buildroot-
config/mconf] Error 2
Makefile:84: recipe for target '_all' failed
```

图 11.6　menuconfig 错误

下面再介绍一下 Buildroot 主界面中的几个常用菜单选项。

● Target options ---> 选择目标板架构特性。

● Build options ---> 配置编译选项。

● Toolchain ---> 配置交叉编译工具链，使用 Buildroot 工具链还是外部提供。

● System configuration ---> 系统参数。

● Kernel ---> 内核配置。

● Target packages ---> 配置额外安装的库，这里常常能带给我们惊喜。

● Filesystem images ---> 配置生成的文件系统格式。

下面接着图 11.5 做一些必要配置，成功后再配置需要花费较长时间下载和编译的 Qt、OpenCV。请读者按下面的顺序依次进入各级菜单目录进行配置，未给出的选项表示不做改动，使用默认即可。

```
Target options --->

    Target Architecture (MIPS64(little endian))  --->

    Target Binary Format (ELF)    --->

    Target Architecture Variant (Generic MIPS64)    --->

    Target ABI (n64)  --->

    [ ] Use soft-float  // 按【N】键去掉该项配置
Toolchain --->

    Toolchain type (External toolchain)  --->

    (/opt/gcc-4.9.3-64-gnu) Toolchain path

    (mips64el-linux) Toolchain prefix
```

```
    External toolchain gcc version (4.9.x)  --->
    External toolchain kernel headers series (3.10.x)  --->
    External toolchain C library (glibc/eglibc)  --->
    [*] Toolchain has SSP support?
    [ ] Toolchain has RPC support?
    [*] Toolchain has C++ support?
    [*] Toolchain has Fortran support?

 Filesystem images  --->
    [*] cpio the root filesystem (for use as an initial RAM filesystem)
    Compression method (gzip)  --->
```

> ⚡ **注意：**
>
> cpio 可以说是一种打包方式，它包括一个或多个成员文件的连接，每个成员文件都包含一个头，
> 后面还可以是头中所示的文件内容。存档的结尾由另一个描述名为 TRAILER 的（空）文件的头表示。

配置完毕后把光标移动到【Exit】退回主目录，最后退出 menuconfig，出现图 11.7 所示的保存提示，按回车键选择【Yes】按钮保存刚才的配置。

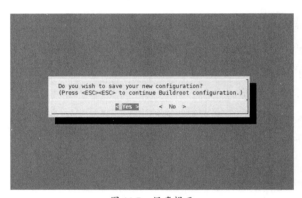

图 11.7　保存提示

接下来保证网络通畅，使用以下命令开始编译文件系统，编译之前 Buildroot 会自动下载需要的文件并自动配置。

```
make -j2
```

参数 -j2 中的数字 2 表示 2 线程编译，它根据硬件来设置，如果是数字一般表示 CPU 核心数 ×2，要和硬件匹配才能加快编译，否则会起反作用。

经过短暂的输出后，编译结束。可以在上位机中执行以下命令来查看生成的文件，如图 11.8 所示，如果有文件生成就表明基本配置成功了。

```
ls output/images/ -lh
```

```
output/images/ -lh
总用量 17M
-rw-r--r-- 1 root root 6.9M 9月     5 11:25 rootfs.cpio
-rw-r--r-- 1 root root 2.6M 9月     5 11:25 rootfs.cpio.gz
-rw-r--r-- 1 root root 7.4M 9月     5 11:25 rootfs.tar
```

图 11.8　输出文件

接下来配置并构建龙芯派上的 Qt 和 OpenCV 环境，在上位机中再次执行以下命令，来到 menuconfig 主界面继续配置。

```
make menuconfig
```

依次进入各级菜单目录，进行如下配置，配置完成后再退出，选择【Yes】按钮保存。

```
Target packages  --->
    Graphic libraries and applications (graphic/text)  --->
        [*] Qt5  --->
                [*]        gui module
                [*]          widgets module
                [*]        JPEG support
                [*]        PNG support
    Fonts, cursors, icons, sounds and themes  --->
            [*] Liberation (Free fonts)
            [*]   mono fonts
            [*]   sans fonts
            [*]   serif fonts
    Libraries  --->
        Graphics  --->
            [*] opencv3  --->
            [*]   highgui
                gui toolkit (qt5)  --->
            [*]   objdetect
            [*]   jpeg support
            [*]   png support
```

因为 Qt 5.11 不再提供字体文件，所以我们要在 Buildroot 中勾选字体。

下面开始在上位机中执行以下命令进行编译并生成 SDK，这一步可能需要 1 ~ 2 小时，也可能需要 1 ~ 2 天。

```
make -j2 && make sdk
```

编译完成后，再次执行以下命令查看输出的 image 文件，如图 11.9 所示，并把 rootfs.cpio.gz 拷贝至家目录的 work 目录中，以供后续使用。

```
ls output/images/ -lh

cp output/images/rootfs.cpio.gz ~/work/
```

```
总用量 226M
-rw-r--r-- 1 lornyin boat 93M 9月    6 10:33 mips64el-buildroot-linux-gnu_sdk-build
root.tar.gz
-rw-r--r-- 1 lornyin boat 56M 9月    6 10:32 rootfs.cpio
-rw-r--r-- 1 lornyin boat 20M 9月    6 10:32 rootfs.cpio.gz
-rw-r--r-- 1 lornyin boat 58M 9月    6 10:32 rootfs.tar
```

图 11.9　生成的文件系统

从图 11.9 中可以看见输出文件大了很多，因为里面包含了支持 OpenCV 和 Qt 的库文件。到这里支持 Qt 和 OpenCV 文件系统就做好了，下面我们准备把这个文件系统（rootfs.cpio.gz）编译到内核里。而 mips64el-buildroot-linux-gnu_sdk-buildroot.tar.gz 文件包含了编译过程中生成的目标平台的 lib 库和头文件等，后面配置 Qt 的构建套件时会使用这个文件，先执行以下命令安装 SDK 到 /opt 目录。

```
cp output/images/mips64el-buildroot-linux-gnu_sdk-buildroot.tar.gz   /opt
cd /opt
tar -vxf mips64el-buildroot-linux-gnu_sdk-buildroot.tar.gz
cd mips64el-buildroot-linux-gnu_sdk-buildroot
./ relocate-sdk.sh
```

11.3　内核编译并添加到启动项

11.3.1　内核编译

为了减小对龙芯派上原系统的改动和影响，本节将会带领读者开启内核对 Initramfs 的支持。然后把上一节中生成的 rootfs.cpio.gz 文件系统编译到内核里，再利用 GRUB 启动这个内核，从而不会破坏原有系统。这一步完成后准备工作就完成了，剩下的就是愉快地体验 OpenCV 和 Qt。

参考第 04 章编译内核的内容，在其基础上需要增加如下配置（图 11.10 所示是笔者的路径，仅供参考）。

```
General setup  --->
    [*] Initial RAM filesystem and RAM disk (initramfs/initrd) support
        (/home/[你的家目录]/work/rootfs.cpio.gz) Initramfs source file(s)
```

Initramfs 把 /init 以 PID=1 来执行，由 init 装载 rootfs.cpio.gz 这个文件系统，转到里面的 /sbin/init 运行。Initramfs 是一个运行在内存里的文件系统，可读可写，但数据在掉电后不保存。

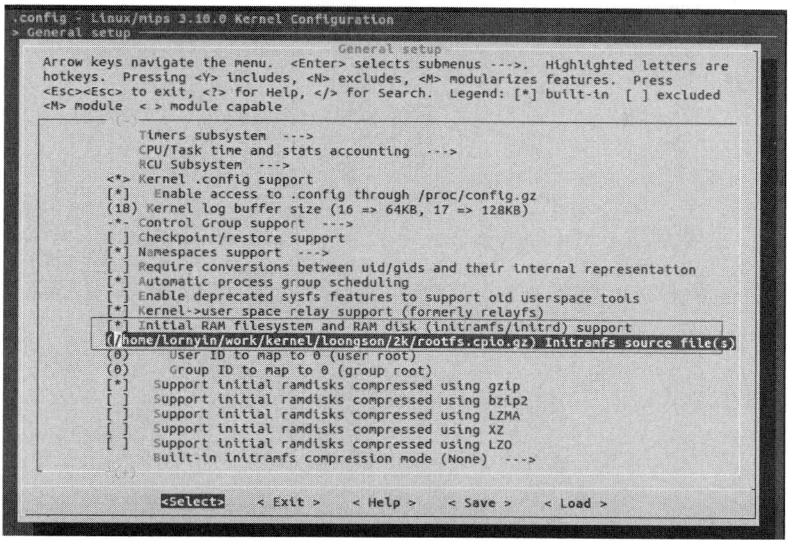

图 11.10 内核增加的配置

在内核根目录 linux-3.10/ 执行以下命令查看生成的新内核，如图 11.11 所示。

```
ls -lh
```

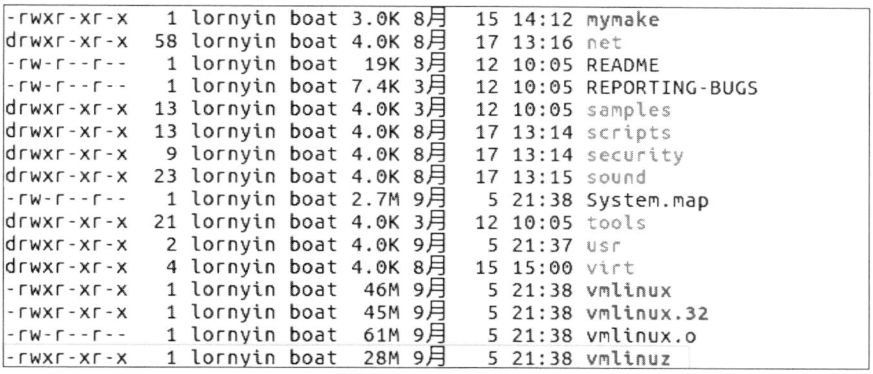

图 11.11 生成的内核

图 11.11 中大小为 28MB（不同设备大小可能有所差异）的 vmlinuz 就是接下来要使用的内核文件。然后准备一个 U 盘，并格式化为 FAT 格式，把 vmlinuz 拷贝到 U 盘中，供下一小节使用。

11.3.2 添加龙芯启动项

安装龙芯派系统并启动龙芯派，把上一小节准备的 U 盘插入龙芯派的 USB 接口，然后在龙芯派系统中打开命令行终端，使用 su 命令输入密码后切换到 root 权限进行以下操作，把 U 盘中的内核文件拷贝到龙芯派上。

```
cd ~
mkdir mnt
```

```
mount /dev/sdb1 ./mnt
cp ./mnt/vmlinuz  ./vmlinuz.my
umount ./mnt
```

⚡ **注意：**

这里的 sdbX 需要读者根据实际情况填写。

再挂载龙芯派上的 SSD，并把 vmlinuz.my 拷贝进去，然后编辑 GRUB 的启动配置，为刚刚拷贝的内核添加启动项。

```
mount  /dev/sda1 ./mnt
cp ./vmlinuz.my ./mnt
cd ./mnt
chmod 777 vmlinuz.my
```

使用 Vim 编辑 boot.cfg，添加如下内容。

```
1.    title 'busybox'
2.           kernel (wd0,0)/vmlinuz.my
3.              args console=ttyS0,115200 console=tty
```

增加后的文件内容如图 11.12 所示。

图 11.12　boot.cfg 文件内容

保存退出，在龙芯派系统中执行以下命令卸载 SSD，注意不要拔掉龙芯派连接到显示屏的 HDMI 线。

```
cd ../
umount ./mnt
halt
```

接下来的步骤就会告别界面化的操作了，连接上龙芯派的调试串口，并在上位机中用串口助手（或者超级终端等）打开串口，按复位键重启龙芯派。在屏幕出现启动选项时，按方向键选择刚刚配置的 busybox 选项启动系统，等待一分钟左右，就可以在串口助手看到图 11.13 所示的 Buildroot 欢迎信息，输入 root 按回车键后就可以进入系统了。

```
[   22.044000] no options.
[   22.061000] Loongson Hwmon Enter...
[   22.478000] rt5651 2-001a: Device with ID register 0x0 is not rt5651
[   22.496000] ret=0
[   22.511000] soc-audio soc-audio: ASoC: machine ls should use snd_soc_register_card()
[   22.530000] soc-audio soc-audio: ASoC: CODEC DAI rt5651-aif1 not registered
[   22.549000] ipip: IPv4 over IPv4 tunneling driver
[   22.569000] gre: GRE over IPv4 demultiplexor driver
[   22.586000] TCP: cubic registered
[   22.600000] Initializing XFRM netlink socket
[   22.616000] NET: Registered protocol family 17
[   22.632000] NET: Registered protocol family 15
[   22.647000] can: controller area network core (rev 20120528 abi 9)
[   22.665000] NET: Registered protocol family 29
[   22.680000] can: raw protocol (rev 20120528)
[   22.696000] can: broadcast manager protocol (rev 20120528 t)
[   22.713000] can: netlink gateway (rev 20130117) max_hops=1
[   22.735000] registered taskstats version 1
[   22.753000] Btrfs loaded, crc32c=crc32c-generic
[   22.769000] soc-audio: probe of soc-audio failed with error -22
[   22.787000] ls-rtc 1fe07800.rtc: setting system clock to 2000-05-21 03:54:04 UTC (958881244)
[   22.807000] ALSA device list:
[   22.822000]   No soundcards found.
[   22.876000] Freeing unused kernel memory: 54288K (ffffffff8186c000 - ffffffff84d70000)
[   22.929000] devpts: called with bogus options

Welcome to Buildroot
buildroot login: █
```

图 11.13 启动系统

> ⚡ **注意：**
> 最好在串口助手下查看，屏幕很可能没有这个提示信息。

11.4 搭建 Qt+OpenCV 开发环境

回到上位机在 Ubuntu 中操作，打开 Qt Creator4.8 并参考第 05 章来配置我们自己的构建套件，编译器使用 5.8.2 节配置的，只需要添加前文 Buildroot 编译出来的 Qt Versions，下面给出它的具体路径，配置后如图 11.14 所示。

```
/opt/mips64el-buildroot-linux-gnu_sdk-buildroot/bin/qmake
```

qmake 是 Qt 附带的工具之一，它能自动生成 Makefile，用于 make 命令。但是由于 Qt Creator 的高度自动化，我们感受不到它的工作过程，但能在工程的 build 目录里看见 Makefile 文件。

再添加一个名为 loongson-2k-5.11-book 的构建套件，使用这里配置的 Qt Versions，使用 5.8.2 节配置的编译器，配置好后如图 11.15 所示。

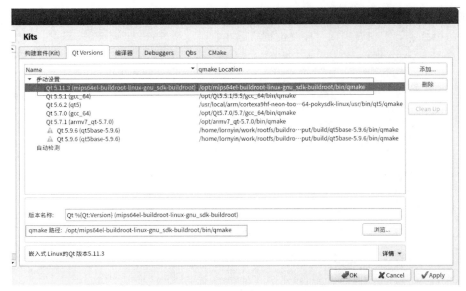

图 11.14　配置好的 Qt Versions

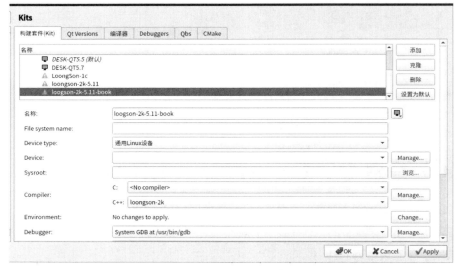

图 11.15　配置好的构建套件

　　下面先建一个 Qt 的 hello 工程来测试构建套件是否能正常编译出 2K 平台的目标文件。首先新建一个 Qt Widgets Applications，工程名为 loongson-book1，提示选择 Kit 时选择刚刚新建的 loongson-2k-5.11-book 构建套件。

　　进入编辑界面后，双击项目下 Forms 文件夹中的 mainwindow.ui，如图 11.16 所示，进入界面编辑。

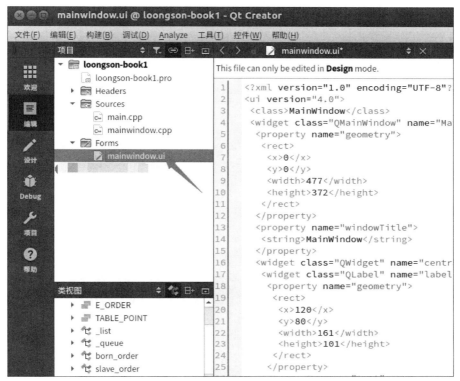

图 11.16　mainwindow.ui 文件

　　添加一个 Label 控件，双击控件，修改文本为"Hello Loongson！"，然后构建项目。构建完毕后在源代码同级目录下会生成 build 开头的构建目录 build-loongson-book1-loogson_2K_5_11_book-Debug，把目录里的 loongson-book1 拷贝到 U 盘，然后把 U 盘插到龙芯派上，挂载 U 盘，将 loongson-book1 拷贝到龙芯派，并给程序可执行权限。

```
cd ~
mkdir u_mnt
mount /dev/sdb1 u_mnt
cp u_mnt/loongson-book1  ./
chmod +x loongson-book1
```

⚡ **注意：**
　　这里 sdb1 要根据具体情况来填写，可以先查看 /dev 目录下文件，然后再插上 U 盘，再次查看 / dev 目录文件，看增加了哪一个，增加的就是 U 盘的设备节点。

　　这里是在龙芯派启动时选择 busybox 启动项，启动后在系统里进行操作。

　　现在尝试运行 loongson-book1，执行以下命令，会出现图 11.17 所示的运行错误提示，这是因为还没有设置环境变量。

```
./loongson-book1
```

```
#
#
# ./loongson-book1
This application failed to start because it could not find or load the Qt platform plugin "eglfs"
in "".

Available platform plugins are: linuxfb, minimal, offscreen.

Reinstalling the application may fix this problem.
Aborted
#
#
```

图 11.17　运行错误

在龙芯派下执行以下命令为 Qt 设置环境变量，指定 Qt 显示方式，并拷贝字体。完成后再次运行 loongson-book1，就可以看见屏幕上出现了图 11.18 所示的 hello 程序界面。

```
export QT_QPA_PLATFORM=linuxfb
mkdir /usr/lib/fonts -p
cp /usr/share/fonts/liberation/* /usr/lib/fonts
```

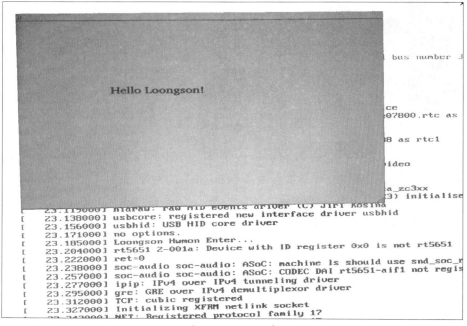

图 11.18　hello 程序

至此，Qt 编译套件测试完毕，OpenCV 在 Buildroot 构建文件系统时就已经生成了目标库和头文件，在 Qt 工程中引用它就行。下面就可以开始正式编写 OpenCV 代码了。

11.5　OpenCV 基础

OpenCV 是一个基于 BSD 许可发行的跨平台（支持 Linux、Windows、Android 和 Mac OS）计算机视觉库，起源于 1991 年 1 月发起的 CVL 项目。该项目的主要目标是人机界面，能被 UI 调用的实时计算机视觉库。OpenCV 主要由 C 语言和 C++ 语言实现，同时提供了 Python、

Ruby、MATLAB 等语言的接口，是一个轻量且高效的计算机视觉库。

11.5.1　Mat 基本图像容器

在计算机中所有图像都可以简化为数值矩以及矩阵信息。Mat 是 OpenCV 用来表示图像的一个类，Mat 由两个数据部分组成：矩阵头（包含矩阵尺寸、存储方法、存储地址等信息）和一个指针指向存储所有像素值的矩阵，这个矩阵里存放的就是图像信息，矩阵大小会根据图像大小的不同而不同。OpenCV 对图像的处理可以看作是对这个图像矩阵的运算。

11.5.2　像素的表示

表示一个像素需要指定颜色空间和数据类型。颜色空间是指对一个给定的颜色，如何组合颜色元素以对其编码。以下是一些常见的颜色空间。

- RGB：最常见的颜色系统，因为人眼采用相似的工作机制，所以它也被显示设备所采用。
- HSV、HLS：把颜色分解成色调、饱和度和亮度 / 明度，这是一种描述颜色更自然的方式。比如可以通过抛弃最后一个元素，使算法对输入图像的光照条件不敏感。
- YCrCb：主要在 JPEG 图像格式中使用。
- CIE L*a*b*：一种在感知上均匀的颜色空间，适合用来度量两个颜色之间的距离。

而数据类型则可以用 char、uchar 来表示，使用 3 个 char 可以表示 1600 万种可能的颜色（使用 RGB 颜色空间）。当然也可以采用 float、double 等更大的数据类型来表示，这样能更精细地表示出图像，但是相同的图像，如果采用更大数据类型来表示，则占用的内存空间更大。因此采用何种数据类型需要设计者综合考虑，进行取舍。

11.5.3　Haar 特征

特征是一种计算机视觉领域常用的特征描述算子。在一幅幅图像中总存在其独特的像素点，这些点就可以看作这幅图像的特征，称为特征点。我们通过对图像局部进行分析，可以找出这些特征点。计算机视觉领域中的很重要的图像特征匹配就是以特征点为基础来进行的，如在目标识别、物体追踪、图像匹配中都有体现。而 Haar 特征值反映了图像的灰度变化情况，Haar-like 特征模板中只有白色和黑色两种矩形，并定义该模板的特征值为白色矩形像素之和减去黑色矩形像素之和。

11.6　编写第一个 OpenCV 程序

在后续的实战演练中要用到人脸匹配，但它属于额外的 OpenCV 模块——opencv_contrib 模块，编译起来步骤很烦琐，因此笔者直接提供编译好龙芯平台的人脸匹配模块，文件名称为 opencv_contrib.tar。下载编译好的该模块到上位机家目录，执行以下命令添加模块。

```
tar  -vxf  opencv_contrib.tar.bz2  ./
chmod  +x  add_opencv_contrib.sh
./  add_opencv_contrib.sh
```

> ⚡ **注意：**
> 执行此条命令前请确保 Buildroot 的 SDK 安装是按照 11.3.3 进行的（目录与 11.3.3 节相同）。

11.6.1 代码编写

本小节使用基于 Haar Cascade 的人脸检测器来编写一个简单的人脸识别程序，在 Qt Creator 中再次新建一个 Qt Widgets Applications 类型的工程，工程名为 loongson-book-cv1（同样的，构建套件选择 loongson-2k-5.11-book，后续工程均使用此套件，不再赘述）。打开并编辑 loongson-book-cv1.pro 文件，添加以下内容来加入对 OpenCV 的引用，添加后文件如图 11.19 所示。

```
INCLUDEPATH  +=  /opt/mips64el-buildroot-linux-gnu_sdk-buildroot/mips64el-buildroot-
linux-gnu/sysroot/usr/include/


LIBS    +=  -L/opt/mips64el-buildroot-linux-gnu_sdk-buildroot/mips64el-buildroot-
linux-gnu/sysroot/usr/lib/  -lopencv_core  \
        -lopencv_imgproc    \
        -lopencv_imgcodecs    \
        -lopencv_highgui    \
        -lopencv_objdetect  \
```

```
15  TEMPLATE = app
16
17  # The following define makes your compiler emit warnings if you use
18  # any feature of Qt which as been marked as deprecated (the exact warnings
19  # depend on your compiler). Please consult the documentation of the
20  # deprecated API in order to know how to port your code away from it.
21  DEFINES += QT_DEPRECATED_WARNINGS
22
23  # You can also make your code fail to compile if you use deprecated APIs.
24  # In order to do so, uncomment the following line.
25  # You can also select to disable deprecated APIs only up to a certain version of Qt.
26  #DEFINES += QT_DISABLE_DEPRECATED_BEFORE=0x060000    # disables all the APIs deprecated before Qt 6.0.0
27  #INCLUDEPATH += /home/lornyin/work/rootfs/buildroot/loongson/buildroot/output/host/mips64el-buildroot-linux-gnu/sysroot/usr/i
28
29  INCLUDEPATH += /opt/mips64el-buildroot-linux-gnu_sdk-buildroot/mips64el-buildroot-linux-gnu/sysroot/usr/include/
30
31  LIBS += -L/opt/mips64el-buildroot-linux-gnu_sdk-buildroot/mips64el-buildroot-linux-gnu/sysroot/usr/lib/ -lopencv_core \
32      -lopencv_imgproc  \
33      -lopencv_imgcodecs  \
34      -lopencv_highgui  \
35      -lopencv_objdetect \
36
37
```

图 11.19　PRO 文件

接着打开 mainwindow.h 编辑，增加以下内容。

```
1.    #include <opencv2/opencv.hpp>

2.    #include <opencv2/objdetect/objdetect.hpp>

3.    #include <QDebug>

4.

5.    using namespace cv;
```

然后在 mainwindow.h 的 public 里添加以下函数声明，这两个函数是用来转换 QImage 与 Mat 两种不同图像格式的。

```
1.    cv::Mat QImage2cvMat(QImage image);        //QImage 转换为 Mat

2.    QImage cvMat2QImage(const cv::Mat& mat);      //Mat 转换为 QImage
```

接着按【F4】键[1]切换到 mainwindow.h 对应的源文件 mainwindow.cpp，添加函数对应的实现代码。

```
1.    QImage MainWindow::cvMat2QImage(const cv::Mat& mat)

2.    {

3.        //Mat 类型为 8 位无符号，通道数为 1

4.        if(mat.type() == CV_8UC1)

5.        {

6.            QImage image(mat.cols, mat.rows, QImage::Format_Indexed8);

7.            image.setColorCount(256);

8.            for(int i = 0; i < 256; i++)

9.            {

10.               image.setColor(i, qRgb(i, i, i));

11.           }

12.           uchar *pSrc = mat.data;

13.           for(int row = 0; row < mat.rows; row ++)

14.           {

15.               uchar *pDest = image.scanLine(row);

16.               memcpy(pDest, pSrc, mat.cols);

17.               pSrc += mat.step;

18.           }

19.           return image;

20.       }else if(mat.type() == CV_8UC3) //Mat 类型为 8 位无符号，通道数为 3

21.       {

22.           const uchar *pSrc = (const uchar*)mat.data;

23.           QImage image(pSrc, mat.cols, mat.rows, mat.step, QImage::Format_RGB888);

24.           return image.rgbSwapped();
```

1　【F4】键是 Qt Creator 的一个快捷键，用于在头文件和对应源文件间进行切换。

```
25.        }else if(mat.type() == CV_8UC4)    //Mat 类型为 8 位无符号，通道数为 4
26.        {
27.             const uchar *pSrc = (const uchar*)mat.data;
28.             QImage image(pSrc, mat.cols, mat.rows, mat.step, QImage::Format_ARGB32);
29.             return image.copy();
30.        }else{
31.             qDebug() << "ERROR: Mat could not be converted to QImage";
32.             return QImage();
33.        }
34.
35.
36.    }
37.
38.    cv::Mat MainWindow::QImage2cvMat(QImage image)
39.    {
40.        cv::Mat mat;
41.        switch(image.format())
42.        {
43.        case QImage::Format_ARGB32:
44.        case QImage::Format_RGB32:
45.        case QImage::Format_ARGB32_Premultiplied:
46.            mat = cv::Mat(image.height(), image.width(), CV_8UC4, (void*)image.
constBits(), image.bytesPerLine());
47.            break;
48.        case QImage::Format_RGB888:
49.            mat = cv::Mat(image.height(), image.width(), CV_8UC3, (void*)image.
constBits(), image.bytesPerLine());
50.            cv::cvtColor(mat, mat, CV_BGR2RGB);
51.            break;
52.        case QImage::Format_Indexed8:
53.            mat = cv::Mat(image.height(), image.width(), CV_8UC1, (void*)image.
constBits(), image.bytesPerLine());
54.            break;
55.        }
56.        return mat;
57.    }
```

下面添加图像处理函数，先在 mainwindow.h 文件的 mainwindow 类中的 public 下添加以下函数声明 QImage detect_face(QImage img)；再切回 mainwindow.cpp 添加函数对应的

实现函数，代码如下。

```
1.    QImage MainWindow::detect_face(QImage img)
2.    {
3.    // 设置分类器
4.    CascadeClassifier face_classifier;
5.    // 检测分类器文件是否加载成功
6.        if(!face_classifier.load("haarcascade_frontalface_default.xml")){
7.
8.            qDebug()<<"load face xml error";
9.            exit(-1);
10.       }
11.
12.       cv::Mat load_image, gray_image;
13.
14.       load_image = QImage2cvMat(img);
15.
16.       if(load_image.size == 0)qDebug()<<"read error !!!";
17.       // 转换为灰度图像
18.       cvtColor(load_image, gray_image, CV_BGR2GRAY);
19.       equalizeHist(gray_image, gray_image);
20.
21.       std::vector<Rect> face_rect;
22.
23.       face_classifier.detectMultiScale(gray_image, face_rect, 1.1, 2, 0 | CV_HAAR_
SCALE_IMAGE, Size(30, 30));
24.    // 框画出人脸
25.    for(size_t i=0; i<face_rect.size(); i++){
26.            rectangle(load_image, face_rect[i], Scalar(0, 0, 255));
27.       }
28.
29.       return cvMat2QImage(load_image);
30.
31.    }
```

11.6.2　界面设计

双击打开 mainwindow.ui(如图 11.20 所示，后文中打开 UI 文件均同理，不再附图说明)，添加一个按钮，和一个 label，编辑好的 UI 如图 11.21 所示。接下来要实现按下按钮时读取一张图片，然后处理图像，并把处理后的图像显示在 label 上。

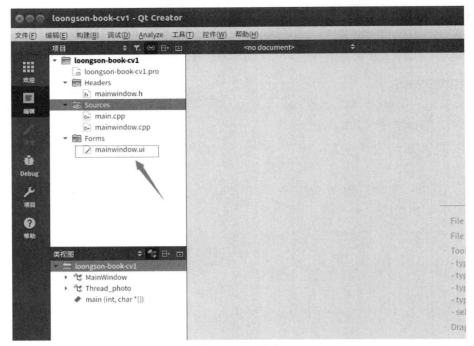

图 11.20　UI 文件

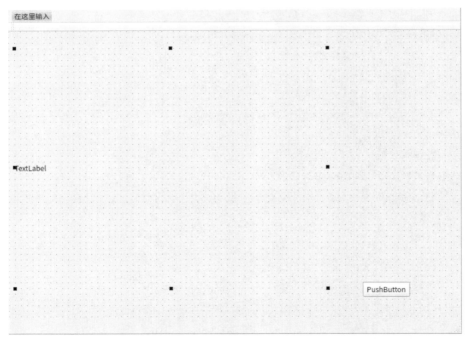

图 11.21　编辑好的 UI

接着右键单击【PushButton】转到它的 clicke() 槽，编辑槽函数（slot），添加以下内容。

> ⚡ **注意:**
>
> 　　信号槽是 Qt 框架最重要的机制之一，信号槽就是观察者模式。当某个事件发生之后，比如按钮检测到自己被单击了一下，它就会发出一个信号（signal）。这种发送类似于广播，如果有对象对该信号感兴趣，它就会使用连接（connect）函数，将该信号和自己的一个函数（称为槽函数）绑定来处理该信号。也就是说，当信号发出时，被连接的槽函数会自动被回调。这就类似观察者模式：当发生了感兴趣的事件，某一个操作就会被自动触发。

```
1.    void MainWindow::on_pushButton_clicked()
2.    {
3.        // 加载图片
4.        QImage img("test.jpg");
5.        qDebug()<<"load image size = "<<img.size();
6.        // 判断图像是否加载成功
7.        if(img.isNull()){
8.            qDebug()<<"open img error!";
9.            return;
10.       }
11.       // 调用图像识别
12.       QImage img_ok = detect_face(img);
13.
14.
15.       // 调整图像大小适应 label 大小
16.       img_ok = img_ok.scaled(ui->label->width(), ui->label->height(), Qt::KeepAspectRatio);
17.       // 把 Qimage 转换为 Qpixmap 用于 label 显示
18.       QPixmap img_pix = QPixmap::fromImage(img_ok);
19.        // 显示处理后的图片
20.       ui->label->setPixmap(img_pix);
21.
22.    }
```

　　至此，代码编写完毕，单击构建，生成目标文件。

11.6.3　程序测试

　　把目标文件 loongson-book-cv1 拷贝到 U 盘，这时还需要一个分类器文件，和一张测试图片，分类器文件从 Ubuntu 主机的 /opt/mips64el-buildroot-linux-gnu_sdk-buildroot/mips64el-buildroot-linux-gnu/sysroot/usr/share/OpenCV/haarcascades/haarcascade_frontalface_default.xml 拷贝到 U 盘，或者从 OpenCV 的 GitHub 下载，下载其中的 haarcascade_frontalface_default.xml 到 U 盘，测试图片可以拍摄几张人物的图片，将其命名为 test.jpg 也拷

贝到 U 盘。

把 U 盘插入龙芯派执行以下命令，挂载拷贝编写的程序到龙芯派运行，Qt 程序、分类器文件、测试图片需要放在龙芯派的同一级目录。

```
cd  ~
mkdir  mnt
mount  /dev/sdb1  ./mnt
cp  ./mnt/haarcascade_frontalface_default.xml  ./
cp  ./mnt/test.jpg  ./
cp  ./mnt/loongson-book-cv1  ./
chmod  +x  loongson-book-cv1
./loongson-book-cv1
```

运行程序后可以在显示屏上看见我们运行的程序，单击按钮，开始人脸识别，识别结果如图 11.22 所示，人脸被框选了起来。

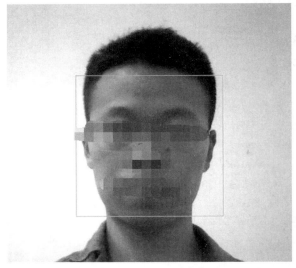

图 11.22 人脸识别结果

11.6.4 代码优化

在上一节运行程序时读者可能发现，单击按钮后，界面会卡死几秒，处理后的图像才会显示出来。在这几秒的时间里，算力都用到了图像处理上，导致界面没有响应，用户体验很不好。接下来把图像处理放到另一个线程里（这也是一种常用的做法），处理结束后再发射一个信号，让 manwindow 显示。

下面新建一个 Qt Widgets Applications 类型的工程，工程名为 loongson-book-cv2，同样地编辑 UI、添加一个 label 和一个按钮，然后打开 mainwindow.h，添加头文件，代码如下。

```
1.    #include <opencv2/opencv.hpp>
2.    #include <opencv2/objdetect/objdetect.hpp>
3.    #include <QDebug>
4.    #include <QThread>
5.    using namespace cv;
```

再在 mainwindow.h 添加一个类，代码如下。

```
1.    class Thread_photo: public QThread
2.    {
3.
4.        Q_OBJECT
5.
6.    public:
7.        void run();
8.        QImage image_raw;        // 存放待处理的图片
9.        QImage image_ok;         // 存放处理后的图片
10.
11.   bool get_image_flag;      // 图像处理 flag
12.
13.       // 两个图像格式转换的函数
14.       cv::Mat QImage2cvMat(QImage image);
15.       QImage cvMat2QImage(const cv::Mat& mat);
16.
17.   signals:
18.       void image_detect_ok(void);        // 处理结束后发射信号
19.
20.   };
```

按【F4】键切换到源文件，编辑源文件，添加 Thread_photo 类成员函数的实现。

```
1.    void Thread_photo::run()
2.    {
3.
4.        get_image_flag = 0;
5.
6.    // 设置分类器
7.    CascadeClassifier face_classifier;
8.    // 检测分类器文件是否加载成功
9.        if(!face_classifier.load("haarcascade_frontalface_default.xml")){
10.
```

```
11.          qDebug()<<"load face xml error";
12.          exit(-1);
13.      }
14.   cv::Mat load_image, gray_image;
15.
16.      while(1){
17.          // 当 get_image_flag==true 且图像不为空时处理图像
18.          if(get_image_flag &&(!image_raw.isNull())){
19.              // 转换图像为 Mat 格式
20.              load_image = QImage2cvMat(image_raw);
21.
22.              // 转换为灰度图像
23.   cvtColor(load_image, gray_image, CV_BGR2GRAY);
24.              equalizeHist(gray_image, gray_image);
25.
26.              std::vector<Rect> face_rect;
27.              // 开始检测
28.              face_classifier.detectMultiScale(gray_image, face_rect, 1.1, 2, 0 | CV_
HAAR_SCALE_IMAGE, Size(30, 30));
29.              // 框选出人脸
30.              for(size_t i=0; i<face_rect.size(); i++){
31.
32.                  rectangle(load_image, face_rect[i], Scalar(0, 0, 255));
33.              }
34.
35.              image_ok = cvMat2QImage(load_image);
36.
37.              qDebug()<<"img ok";
38.              get_image_flag = 0;
39.
40.              emit image_detect_ok();
41.
42.          }
43.
44.          msleep(50);
45.      }
46.
47.   }
```

而 cv::Mat QImage2cvMat(QImage image);和 QImage cvMat2QImage(const cv::Mat& mat);代码不变,使用 loongson-book-cv2 里的代码,但把类名修改为 Thread_photo,修改后的转换函数如图 11.23 所示。

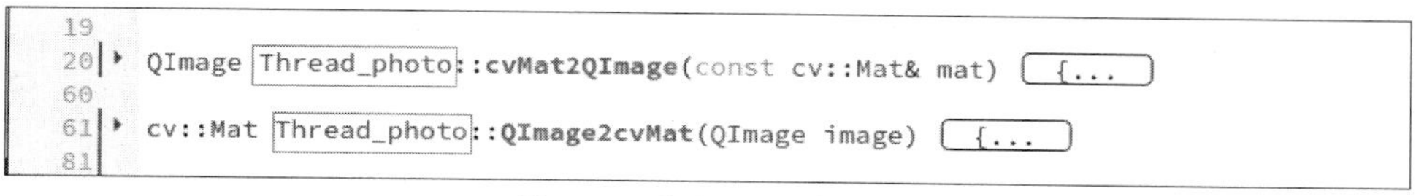

```
19
20 ▶ QImage Thread_photo::cvMat2QImage(const cv::Mat& mat)  {...}
60
61 ▶ cv::Mat Thread_photo::QImage2cvMat(QImage image)  {...}
81
```

图 11.23　修改后的转换函数

到这里 Thread_photo 就修改完毕。下面打开 mainwindow.h,在 class MainWindow 的 public 下实例化一个 Thread_photo,在 private slots 里声明一个槽函数,用来接收 Thread_photo 处理完图像的信号,具体代码如下。

```
1.  public:
2.      explicit MainWindow(QWidget *parent = nullptr);
3.      ~MainWindow();
4.
5.      Thread_photo *thread_image = new Thread_photo;
6.
7.  private slots:
8.      void on_pushButton_clicked();
9.      void show_img(void);
```

切换到 mainwindow.cpp,先修改初始化函数,在初始化函数里连接 thread_image 的 image_detect_ok() 信号和 mainwindow 里的 show_img() 槽函数,当 image_detect_ok() 被发射时,show_img() 会被自动调用。

```
1.   MainWindow::MainWindow(QWidget *parent) :
2.       QMainWindow(parent),
3.       ui(new Ui::MainWindow)
4.   {
5.       ui->setupUi(this);
6.       // 连接信号和槽函数
7.       connect(thread_image, SIGNAL(image_detect_ok()), this, SLOT(show_img()));
8.       // 启动线程
9.       thread_image->start();
10.  }
```

接着编写 show_img() 槽函数的实现代码。

```
1.   void MainWindow::show_img()
2.   {
```

```
3.        // 从 thread_image 取出图像
4.        QImage img_ok = thread_image->image_ok;
5.        // 调整图像大小适应 label 大小
6.        img_ok = img_ok.scaled(ui->label->width(), ui->label->height(), Qt::KeepAspectRatio);
7.        // 把 QImage 转换为 QPixmap，用于 label 显示
8.        QPixmap img_pix = QPixmap::fromImage(img_ok);
9.        // 显示处理后的图片
10.       ui->label->setPixmap(img_pix);
11.
12.   }
```

双击 mainwindow.ui，为 PushButton 添加 clicked() 槽函数。

```
1.    void MainWindow::on_pushButton_clicked()
2.    {
3.        // 加载图片
4.        QImage img("test.jpg");
5.        // 打印图像大小
6.        qDebug()<<"load image size = "<<img.size();
7.        // 判断图像是否加载成功
8.        if(img.isNull()){
9.            qDebug()<<"open img error!";
10.           return;
11.       }
12.   // 把图像放到 thread_image 里
13.   thread_image->image_raw = img;
14.       // 开启 flag
15.       thread_image->get_image_flag = true;
16.
17.   }
```

构建工程，把生成的目标文件 loongson-book1-cv2 通过 U 盘拷贝到龙芯派，然后执行以下命令运行程序，单击按钮，运行结果和图 11.22 相同，但在图像处理期间界面也是有响应的。

```
./loongson-book1-cv2
```

11.7　从摄像头采集图像处理

此前处理的图像都是通过 U 盘拷贝到龙芯派上的，本节将从摄像头实时获取图像，对图像进行处理，最后把处理结束的图像显示到界面上。

11.7.1　准备工作

从摄像头实时获取图像并处理需进行以下准备。

1. 需要一颗支持 UVC 协议[1]的 USB 摄像头，如图 11.24 所示。

图 11.24　USB 摄像头

2. 为了保证实验效果，需要准备一张 USB 3.0 扩展卡，如图 11.25 所示。

图 11.25　USB 3.0 拓展卡

1　UVC（USB Video Class）即 USB 视频类，是一种为 USB 视频捕获设备定义的协议标准，由 Microsoft 与另外几家设备厂商联合推出，目前已成为 USB org 标准之一。

3. 在 https://github.com/lornyin/v4l2_c 下载 V4L2 代码，如图 11.26 所示。

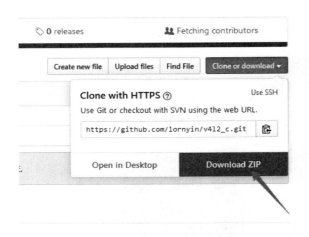

图 11.26　V4L2 代码

4. 参考第 04 章的内容编译内核，在其基础上需要增加如下配置。

```
Device  Drivers    --->
  <*>  Multimedia  support    --->
    [*]      Media  USB  Adapters    --->
      <*>      USB  Video  Class  (UVC)
      [*]      UVC  input  events  device  support
      <*>      GSPCA  based  webcams    --->
        <*>      ZC3XX  USB  Camera  Driver
```

配置好内核后进行编译，替换内核，重新启动龙芯派。

11.7.2　编写采集代码

回到虚拟机进行操作，新建一个 Qt Widgets Applications 类型的工程，工程名为 loongson-book-cv3。

PRO 文件改动同前面 11.6 节一样，接着把 v4l2_c 拷贝到工程文件夹下，工程目录结构如图 11.27 所示。

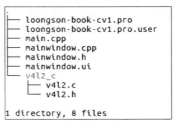

图 11.27　工程目录结构

在 Qt Creator 右键单击工程，选择添加现有文件选项，把 v4l2_c 里的文件添加进来，接着打开 manwindow.h 编辑，添加以下内容。

```
1.    #include <opencv2/opencv.hpp>
2.    #include <opencv2/objdetect/objdetect.hpp>
3.    #include <QDebug>
4.    #include <QThread>
5.    #include <QTimer>
6.
7.    extern "C"{
8.
9.    #include "v4l2_c/v4l2.h"
10.
11.    }
```

在 class MainWindow 的 public 下添加以下内容。

```
1.        pass_data pd;
2.        QTimer *timer = new QTimer;      // 用于定时采集图像
3.        CascadeClassifier face_classifier;      // 分类文件
4.        cv::Mat QImage2cvMat(QImage image);      // 转换函数
5.        QImage cvMat2QImage(const cv::Mat& mat);        // 转换函数
6.
7.    private slots:
8.    void get_img();      // 定时器的槽函数
9.
10.   MainWindow::MainWindow(QWidget *parent) :
11.       QMainWindow(parent),
12.       ui(new Ui::MainWindow)
13.   {
14.       ui->setupUi(this);
15.       // 选定摄像头
16.       pd.dev_name = "/dev/video0";
17.       // 初始化摄像头
18.       int flag = init_dev(&pd);
19.       // 判断摄像头是否初始化成功
20.       if (flag == -1) {
21.           qDebug()<<"no device";
22.           return;
23.       }else if (flag == -2) {
```

```
24.            qDebug()<<"device is wrong";
25.            return;
26.        }else if (flag == -3) {
27.            qDebug()<<"can not open device";
28.            return;
29.        }
30.        // 设置分类器
31.        if(!face_classifier.load("haarcascade_frontalface_default.xml")){
32.
33.            qDebug()<<"load face xml error";
34.            exit(-1);
35.        }
36.        // 连接定时器的信号到 get_img()
37.        connect(timer, SIGNAL(timeout()), this, SLOT(get_img()));
38.        timer->start(500);          // 每隔 500ms 采集一次图像
39.    }
40.
41.
42.    void MainWindow::get_img()
43.    {
44.
45.
46.        QImage image_raw;
47.        // 读取一帧图像
48.        read_frame (&pd);
49.        // 把图像装载到 QImage
50.        image_raw.loadFromData((const uchar *)pd.buffers[pd.buf.index].start,pd.
buffers[pd.buf.index].length);
51.        // 返还空间
52.        return_data(&pd);
53.
54.        cv::Mat load_image, gray_image;
55.
56.        load_image = QImage2cvMat(image_raw);
57.
58.        cvtColor(load_image, gray_image, CV_BGR2GRAY);
59.        equalizeHist(gray_image, gray_image);
60.
```

```
61.        std::vector<Rect> face_rect;

62.

63.    face_classifier.detectMultiScale(gray_image, face_rect, 1.1, 2, 0 | CV_HAAR_
SCALE_IMAGE, Size(30, 30));

64.    // 框选出人脸

65.        for(size_t i=0; i<face_rect.size(); i++){

66.

67.            rectangle(load_image, face_rect[i], Scalar(0, 0, 255));

68.        }

69.        // 显示处理后的图像

70.        QImage image_ok = cvMat2QImage(load_image);

71.        QPixmap img_pix = QPixmap::fromImage(image_ok);

72.        ui->label->setPixmap(img_pix);

73.

74.    }
```

　　两个转换函数和前面工程的一样，没有改动，直接复制粘贴即可。到这里代码就编写完毕。构建工程，把目标文件、程序同 11.6 节一样拷贝到龙芯派。硬件实物连接方式如图 11.28 所示，把 USB 拓展卡插到 PCIE 上，把摄像头接到拓展卡上的 USB 接口。

图 11.28　硬件实物连接

　　执行以下命令，运行 loongson-book-cv3。

```
./loongson-book-cv3
```

这样便可在屏幕上看见运行结果，同时晃动下鼠标可以发现鼠标出现卡顿现象，这一问题同样可以通过把图像处理放到线程里来解决，这里就不再演示，留给各位读者进行练习。

11.8 实战演练

我们已经掌握了 Qt+OpenCV 环境的构建，也做了简单的人脸识别，并把识别到的人脸框选起来。想必大家已经迫不及待地想使用 OpenCV 来做一些更有意思的事情，接下来，笔者就将带领大家使用 OpenCV 进行实战演练。

目标：利用 OpenCV 实现人脸匹配程序。

描述：提前采集人脸信息，并进行训练，在识别到人脸后，对人脸进行匹配，并在人脸上方标识出不同人的名字。

11.8.1 采集人脸信息

本小节的任务是在 PC 端编写代码调用摄像头采集人脸信息，将其作为后面的训练数据，先安装 Windows 端的 Qt Creator 和 Qt5.9，下载地址如下。

- Qt Creator：http://download.qt.io/official_releases/qtcreator/4.10/4.10.0/qt-creator-opensource-windows-x86-4.10.0.exe
- Qt 5.9：http://download.qt.io/official_releases/qt/5.9/5.9.8/qt-opensource-windows-x86-5.9.8.exe

Qt Creator 的安装，根据提示单击【NEXT】按钮即可，qt-opensource-windows-x86-5.9.8.exe 运行后，在选择安装包时按图 11.29 所示配置选择安装，其他选项均采用默认即可。

图 11.29　Qt 安装配置

　　安装好 Qt 后下载 OpenCV 在 PC 端的包，文件名称为 OPENCV-build（由笔者提供）。在 C 盘新建一个 MACKE_COOK 目录，并把压缩包解压到这个文件夹。接着打开 Qt　Creator 新建一个 C++ 的工程，工程名为 opecv_getface，如图 11.30 所示。后文中新建 C++ 工程均是如此操作，不再附图。

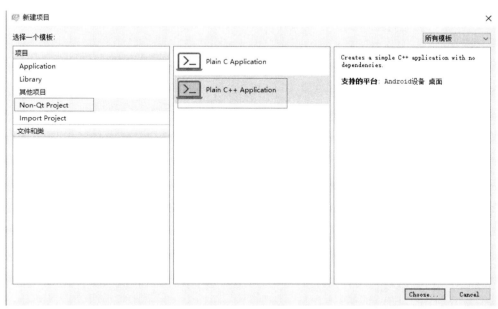

图 11.30　新建 C++ 工程

　　编辑 PRO 文件，添加如下代码。

```
1.    INCLUDEPATH += C:\MAKE_COOK\OPENCV-build\install\include
2.    CONFIG(debug, debug|release): {
3.    LIBS += -LC:\MAKE_COOK\OPENCV-build\install\x86\mingw\lib\
4.    -lopencv_core346 \
5.    -lopencv_imgproc346 \
6.    -lopencv_imgcodecs346 \
7.    -lopencv_highgui346 \
8.    -lopencv_ml346 \
9.    -lopencv_video346 \
10.   -lopencv_videoio346 \
11.   -lopencv_features2d346 \
12.   -lopencv_calib3d346 \
13.   -lopencv_objdetect346 \
14.   -lopencv_flann346
15.   } else:CONFIG(release, debug|release): {
16.   LIBS += -LC:\MAKE_COOK\OPENCV-build\install\x86\mingw\lib \
```

```
17.    -lopencv_core346 \
18.    -lopencv_imgproc346 \
19.    -lopencv_imgcodecs346 \
20.    -lopencv_highgui346 \
21.    -lopencv_ml346 \
22.    -lopencv_video346 \
23.    -lopencv_features2d346 \
24.    -lopencv_calib3d346 \
25.    -lopencv_objdetect346 \
26.    -lopencv_flann346
27.    }
```

接着编辑 main.cpp 文件，添加如下代码。

```cpp
1.     #include <opencv2/opencv.hpp>
2.     #include <opencv2/videoio.hpp>
3.
4.     #include <vector>
5.     #include <iostream>
6.     #include<stdio.h>
7.
8.     using namespace std;
9.     using namespace cv;
10.
11.    #define PHOTO_COUNT 11        // 采集样本的数目
12.
13.    int main()
14.    {
15.        CascadeClassifier cascada;
16.        cascada.load("haarcascade_frontalface_alt2.xml");
17.        VideoCapture cap(0);
18.        Mat frame, myFace;
19.        int pic_num = 1;
20.
21.        while (1) {
22.
23.            // 摄像头读图像
24.            cap >> frame;
25.            vector<Rect> faces;//vector 容器存检测到的 faces
26.            Mat frame_gray;
```

```
27.            cvtColor(frame, frame_gray, COLOR_BGR2GRAY);// 转灰度化，方便后续运算
28.            cascada.detectMultiScale(frame_gray, faces, 1.1, 4, CV_HAAR_DO_ROUGH_
SEARCH, Size(70, 70), Size(1000, 1000));
29.            printf("get face number: %d\n", faces.size());
30.
31.            for (int i = 0; i < faces.size(); i++)
32.            {
33.                rectangle(frame, faces[i], Scalar(255, 0, 0), 2, 8, 0);
34.            }
35.            // 当只有一张人脸时，开始拍照
36.            if (faces.size() == 1)
37.            {
38.                Mat faceROI = frame_gray(faces[0]);// 在灰度图中将圈出的脸所在区域裁剪出
39.                resize(faceROI, myFace, Size(92, 112));// 将兴趣域 Size 为 92×112
40.                putText(frame, to_string(pic_num), faces[0].tl(), 3, 1.2, (0, 0, 225),
2, 0);// 在 faces[0].tl() 的左上角上面写序号
41.                string filename = format("%d.jpg", pic_num); // 存放在当前项目文件夹以
1~10.jpg 命名
42.                imwrite(filename, myFace);// 存在当前目录下
43.                imshow(filename, myFace);// 显示下 size 后的脸
44.
45.                waitKey(500);// 等待 500μs
46.                destroyWindow(filename);
47.
48.                pic_num++;
49.
50.                if (pic_num == PHOTO_COUNT)
51.                {
52.                    return 0;// 当序号为 11 时退出循环
53.                }
54.            }
55.            int c = waitKey(10);
56.            if ((char)c == 27) { break; } //10μs 内输入 esc 则退出循环
57.            imshow("frame", frame);// 显示视频流
58.            waitKey(120);// 等待 100μs
59.        }
60.
61.        return 0;
62.    }
```

至此，代码编写完毕，单击构建，然后参考 11.7 节拷贝 haarcascade_frontalface_alt2. xml 文件到构建目录。运行程序，把脸对准摄像头，程序会自动采集 10 张图片到程序构建目录下，如图 11.31 所示，新建一个文件夹，名为 s1；再邀请一名小伙伴来采集图像，并新建一个名为 s2 的文件夹来存放小伙伴的人脸信息，这两个文件夹将在后面小节训练时用到。

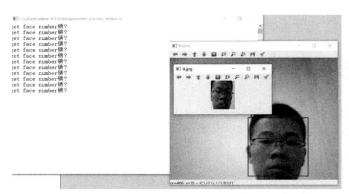

图 11.31　采集图像

11.8.2　训练采集到的人脸信息

本小节也是在 Windows 上进行，在 C 盘 MACKE_COOK 目录下新建一个名为 att_faces 的文件夹，把上一小节的 s1、s2 两个文件夹放到这个目录下。在正式开始编写代码前，我们还需要创建一个名为 cvs.txt 的文本文件，在里面存放训练文件的文件名和人脸的标签名，后面程序匹配到人脸时就会返回人脸的对应标签名。

```
1.    C:\MAKE_COOK\att_faces\s1\1.jpg; 1
2.    C:\MAKE_COOK\att_faces\s1\2.jpg; 1
3.    C:\MAKE_COOK\att_faces\s1\3.jpg; 1
4.    C:\MAKE_COOK\att_faces\s1\.jpg; 1
5.    C:\MAKE_COOK\att_faces\s1\5.jpg; 1
6.    C:\MAKE_COOK\att_faces\s1\6.jpg; 1
7.    C:\MAKE_COOK\att_faces\s1\7.jpg; 1
8.    C:\MAKE_COOK\att_faces\s1\8.jpg; 1
9.    C:\MAKE_COOK\att_faces\s1\9.jpg; 1
10.   C:\MAKE_COOK\att_faces\s1\10.jpg; 1
11.   C:\MAKE_COOK\att_faces\s2\1.jpg; 2
12.   C:\MAKE_COOK\att_faces\s2\2.jpg; 2
13.   C:\MAKE_COOK\att_faces\s2\3.jpg; 2
14.   C:\MAKE_COOK\att_faces\s2\.jpg; 2
15.   C:\MAKE_COOK\att_faces\s2\5.jpg; 2
16.   C:\MAKE_COOK\att_faces\s2\6.jpg; 2
```

```
17.   C:\MAKE_COOK\att_faces\s2\7.jpg; 2
18.   C:\MAKE_COOK\att_faces\s2\8.jpg; 2
19.   C:\MAKE_COOK\att_faces\s2\9.jpg; 2
20.   C:\MAKE_COOK\att_faces\s2\10.jpg; 2
```

接着打开 Qt　Creator 新建一个 C++ 工程，名为 Practice_opencv，PRO 文件添加内容同上一小节一样，编辑 main.cpp，添加以下代码。

```
1.    #include<opencv2\face\facerec.hpp> //OpenCV3 需要
2.    #include<opencv2\core.hpp>
3.    #include<opencv2\face.hpp>
4.    #include<opencv2\highgui.hpp>
5.    #include<opencv2\imgproc.hpp>
6.    #include <math.h>
7.    // 使用 void read_csv() 函数必需的 3 个头文件
8.    #include <iostream>
9.    #include <fstream>
10.   #include <sstream>
11.
12.
13.   using namespace cv;
14.   using namespace cv::face;
15.   using namespace std;
16.
17.   static Mat norm_0_255(InputArray _src) {
18.       Mat src = _src.getMat();
19.       // 创建和返回一个归一化后的图像矩阵
20.       Mat dst;
21.       switch (src.channels()) {
22.       case 1:
23.           cv::normalize(_src, dst, 0, 255, NORM_MINMAX, CV_8UC1);
24.           break;
25.       case 3:
26.           cv::normalize(_src, dst, 0, 255, NORM_MINMAX, CV_8UC3);
27.           break;
28.       default:
29.           src.copyTo(dst);
30.           break;
31.       }
32.       return dst;
```

```
33.    }
34.
35.    // 使用 CSV 文件去读图像和标签，主要使用 stringstream 和 getline 方法
36.    static void read_csv(const string& filename, vector<Mat>& images, vector<int>&
labels, char separator = ';') {
37.        std::ifstream file(filename.c_str(), ifstream::in);//c_str() 函数可用可不用，无
须返回一个标准 C 类型的字符串
38.        if (!file)
39.        {
40.            string error_message = "No valid input file was given, please check the
given filename.";
41.            CV_Error(CV_StsBadArg, error_message);
42.        }
43.        string line, path, classlabel;
44.        while (getline(file, line)) // 从文本文件中读取一行字符，未指定限定符默认限定符为 "/n"
45.        {
46.            stringstream liness(line);// 这里采用 stringstream 来做字符串的分割
47.            getline(liness, path, separator);// 读入图片文件路径，以分号作为限定符
48.            getline(liness, classlabel);// 读入图片标签，默认限定符
49.            if (!path.empty() && !classlabel.empty()) // 如果读取成功，则将图片和对应标
签压入对应容器中
50.            {
51.                images.push_back(imread(path, 0));
52.                labels.push_back(atoi(classlabel.c_str()));
53.            }
54.        }
55.    }
56.
57.    int main()
58.    {
59.        // 读取你的 CSV 文件路径
60.        //string fn_csv = string(argv[1]);
61.        string fn_csv = "cvs.txt";
62.
63.        // 两个容器分别用来存放图像数据和对应的标签
64.        vector<Mat> images;
65.        vector<int> labels;
66.        // 读取数据，如果文件不合法就会出错
```

```
67.     // 输入的文件名已经有了
68.     try
69.     {
70.         read_csv(fn_csv, images, labels); // 从 csv 文件中批量读取训练数据
71.     }
72.     catch (cv::Exception& e)
73.     {
74.         cerr << "Error opening file \"" << fn_csv << "\". Reason: " << e.msg << endl;
75.         // 文件有问题，我们什么也做不了，退出
76.         exit(1);
77.     }
78.     // 如果没有读取到足够图片，也退出
79.     if (images.size() <= 1) {
80.         string error_message = "This demo needs at least 2 images to work. Please add
more images to your data set!";
81.         CV_Error(CV_StsError, error_message);
82.     }
83.
84.     for (int i = 0; i < images.size(); i++)
85.     {
86.         if (images[i].size() != Size(92, 112))
87.         {
88.             cout << i << endl;
89.             cout << images[i].size() << endl;
90.         }
91.     }
92.
93.
94.     // 下面的几行代码仅仅是从数据集中移除最后一张图片，作为测试图片
95.     //[gm: 自然这里需要根据自己的需要修改，这里简化了很多问题 ]
96.     Mat testSample = images[images.size() - 1];
97.     int testLabel = labels[labels.size() - 1];
98.     images.pop_back();// 删除最后一张图片，此图片作为测试图片
99.     labels.pop_back();// 删除最后一张图片的 labels
100.    // 下面几行创建了一个特征脸模型用于人脸识别
101.    // 通过 CSV 文件读取的图像和标签来训练它
102.    // T 这里是一个完整的 PCA 变换
103.    // 如果你只想保留 10 个主成分，使用以下语句
```

```
104.      //      cv::createEigenFaceRecognizer(10);
105.      //
106.      // 如果你还希望使用置信度阈值来初始化，使用以下语句
107.      //      cv::createEigenFaceRecognizer(10, 123.0);
108.      //
109.      // 如果你使用所有特征并且使用一个阈值，使用以下语句
110.      //      cv::createEigenFaceRecognizer(0, 123.0);
111.
112.      // 创建一个 PCA 人脸分类器，暂时命名为 model
          // 创建完成后调用其中的成员函数
113.      train() 来完成分类器的训练
114.      Ptr<BasicFaceRecognizer> model = EigenFaceRecognizer::create();
115.      model->train(images, labels);
116.      model->save("MyFacePCAModel.xml");// 保存路径可自己设置，但注意用 "\\"
117.
118.      Ptr<BasicFaceRecognizer> model1 = FisherFaceRecognizer::create();
119.      model1->train(images, labels);
120.      model1->save("MyFaceFisherModel.xml");
121.
122.      Ptr<LBPHFaceRecognizer> model2 = LBPHFaceRecognizer::create();
123.      model2->train(images, labels);
124.      model2->save("MyFaceLBPHModel.xml");
125.
126.      // 下面对测试图像进行预测，predictedLabel 是预测标签结果
127.      // 注意 predict() 入口参数必须为单通道灰度图像，如果图像类型不符，需要先进行转换
128.      //predict() 函数返回一个整形变量作为识别标签
129.      int predictedLabel = model->predict(testSample);// 加载分类器
130.      int predictedLabel1 = model1->predict(testSample);
131.      int predictedLabel2 = model2->predict(testSample);
132.
133.      // 还有一种调用方式，可以获取结果同时得到阈值
134.      // int predictedLabel = -1;
135.      // double confidence = 0.0;
136.      //  model->predict(testSample, predictedLabel, confidence);
137.
138.      string result_message = format("Predicted class = %d / Actual class = %d.",
predictedLabel, testLabel);
139.      string result_message1 = format("Predicted class = %d / Actual class = %d.",
predictedLabel1, testLabel);
```

```
140.        string result_message2 = format("Predicted class = %d / Actual class = %d.",
predictedLabel2, testLabel);
141.        cout << result_message << endl;
142.        cout << result_message1 << endl;
143.        cout << result_message2 << endl;
144.
145.        getchar();
146.        //waitKey(0);
147.        return 0;
148.    }
```

由于样本数目少，所以很快就能训练完成，如图 11.32 所示，在构建目录下生成了 MyFaceFisherModel.xml 的 xml 文件，在下一小节它会和交叉编译出来的程序一起拷贝到龙芯派。

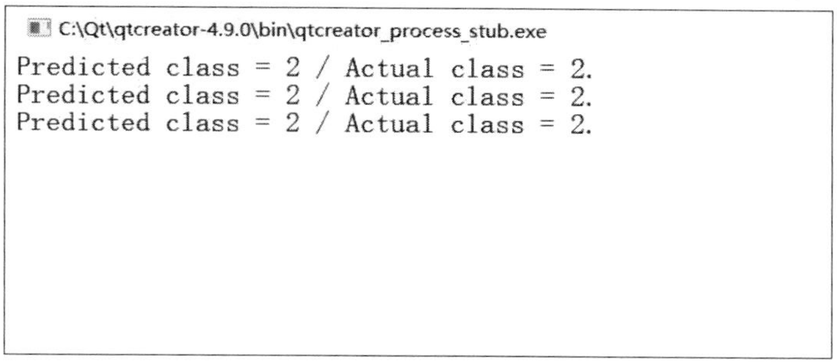

```
C:\Qt\qtcreator-4.9.0\bin\qtcreator_process_stub.exe
Predicted class = 2 / Actual class = 2.
Predicted class = 2 / Actual class = 2.
Predicted class = 2 / Actual class = 2.
```

图 11.32　训练完成

11.8.3　编写人脸匹配程序

平台：龙芯派

系统：Buildroot 构建的系统

本小节在上位机中操作，新建一个名为 loongson-book-cv4 的 Qt　Widgets　Application 工程，PRO 文件添加内容参考 11.7 节，并增加 opencv_face 模块。

```
LIBS    += -L/opt/mips64el-buildroot-linux-gnu_sdk-buildroot/mips64el-buildroot-
linux-gnu/sysroot/usr/lib/ -lopencv_core \
                -lopencv_imgproc    \
                -lopencv_imgcodecs   \
                -lopencv_highgui    \
                -lopencv_objdetect  \
                -lopencv_videoio  \
                -lopencv_face  \
```

编辑 UI，添加一个 label 用于显示处理后的图像，在 mainwindow.h 中添加如下代码。

```
#include  <QTimer>

#include  <QtDebug>


#include  <opencv2/face.hpp>

#include  <opencv2/face/facerec.hpp>

#include  <opencv2/opencv.hpp>

#include  <opencv2/objdetect/objdetect.hpp>


extern   "C"{


#include  "v4l2_c/v4l2.h"


}


using  namespace  cv;

using  namespace  cv::face;
```

继续在 MainWindow 类下的 public 中添加如下代码。

```
1.      QTimer *face_timer =new QTimer;

2.      cv::Mat QImage2cvMat(QImage image);

3.      QImage cvMat2QImage(const cv::Mat& mat);

4.

5.      CascadeClassifier cascade;

6.      pass_data pd;

7.      Ptr<FaceRecognizer> model;

8.

9. int Predict_labe(Mat src_image);

10.  private slots:

11.      void predict(void);
```

按【F4】键切换到 mainwindow.cpp，在 UI 初始化中（ui->setupUi(this); 之后）添加如下代码。

```
1.   pd.dev_name = "/dev/video0";

2.

3.   int flag = init_dev(&pd);   // 打开摄像头

4.

5.   if (flag == -1) {

6.       qDebug()<<"no device";

7.       return;
```

```
8.    }else if (flag == -2) {
9.        qDebug()<<"device is wrong";
10.       return;
11.   }else if (flag == -3) {
12.       qDebug()<<"can not open device";
13.       return;
14.   }
15.
16.   if(!cascade.load("haarcascade_frontalface_alt2.xml")){
17.
18.       qDebug()<<"load face xml error";
19.       exit(-1);
20.   }
21.
22.   model = FisherFaceRecognizer::create();
23.   // 加载训练好的分类器
24.   model->read("MyFaceFisherModel.xml");// OpenCV2 用 load
25.
26.   connect(face_timer, SIGNAL(timeout()), this, SLOT(predict()));
27.   face_timer->start(100);
```

继续添加以下函数的实现代码。

```
void  MainWindow::predict(void)
{

    Mat   frame;
    Mat   gray;
    QImage   image_raw;

    RNG   g_rng(12345);
    std::vector<Rect>   faces(0);// 建立用于存放人脸的向量容器


    read_frame   (&pd);

    image_raw.loadFromData((const   uchar   *)pd.buffers[pd.buf.index].start,pd.
buffers[pd.buf.index].length);


    return_data(&pd);
    frame   =   QImage2cvMat(image_raw);
```

```
    cvtColor(frame, gray, CV_RGB2GRAY);// 测试图像必须为灰度图

    equalizeHist(gray, gray); // 变换后的图像进行直方图均值化处理
    // 检测人脸
    cascade.detectMultiScale(gray, faces,
                        1.1, 4, 0
                        //|CV_HAAR_FIND_BIGGEST_OBJECT
                        | CV_HAAR_DO_ROUGH_SEARCH,
                        //| CV_HAAR_SCALE_IMAGE,
                        Size(30, 30), Size (500, 500));
    Mat* pImage_roi = new Mat[faces.size()];        // 定义数组
    Mat face;
    Point text_lb;// 文本写在的位置
    // 框选出人脸
    QString str;
    for (int i = 0; i < faces.size(); i++)
    {
        pImage_roi[i] = gray(faces[i]); // 将所有的脸部保存起来
        text_lb = Point(faces[i].x, faces[i].y);
        if (pImage_roi[i].empty())
            continue;
        switch (Predict_labe(pImage_roi[i])) // 对每张人脸进行识别
        {
        case 1:str = "JunChao_Zhao "; break;
        case 2:str = "My_girl"; break;
        default: str = "Error"; break;
        }
        Scalar color = Scalar(g_rng.uniform(0, 255), g_rng.uniform(0, 255),
g_rng.uniform(0, 255));// 所取的颜色任意值
        rectangle(frame, Point(faces[i].x, faces[i].y), Point(faces[i].x + faces[i].
width, faces[i].y + faces[i].height), color, 1, 8);// 放入缓存
        putText(frame, str.toLatin1().data(), text_lb, FONT_HERSHEY_COMPLEX, 1,
Scalar(0, 0, 255));// 添加文字
    }
    delete[]pImage_roi;

    image_raw = cvMat2QImage(frame);
```

```
      ui->label->setPixmap(QPixmap::fromImage(image_raw));

}




int  MainWindow::Predict_labe(Mat  src_image)      // 识别图片
{
    Mat  face_test;
    int  predict  =  0;
    // 截取的 ROI 人脸尺寸调整
    if  (src_image.rows  >=  120)
    {
        // 改变图像大小，使用双线性差值
        cv::resize(src_image,  face_test,  Size(92,  112));

    }
    // 判断是否正确检测 ROI
    if  (!face_test.empty())
    {
        // 测试图像应该是灰度图
        predict  =  model->predict(face_test);
    }
    return  predict;
}
```

　　cvMat2QImage 和 QImage2cvMat 函数的实现代码参考 11.7 节，此处不再重复展示。至此，代码就编写完毕，单击构建，参考 11.7 节拷贝程序到龙芯派，执行以下命令运行程序，运行结果如图 11.33 所示。

```
./loongson-book-cv4
```

图 11.33　人脸匹配结果

11.9　**项目总结**

相信经过 11.4 节 Qt 开发环境构建的练习，Qt 环境的构建在该项目中应该不会太难。该项目的难点在于 OpenCV 环境构建和理解 Buildroot 构建出来的 SDK。构建出 OpenCV 的库后，还需要添加库的路径和头文件路径，才能在 Qt 中使用 OpenCV 的库函数。当然该项目只能算是很初级的图像处理，但是 OpenCV 在龙芯派的环境构建和对环境的验证，为基于龙芯派的 OpenCV 应用起到抛砖引玉的作用。

第 **12** 章

语音关键词检索

语音关键词检索是一项在连续语音中检测出关键词所在位置的技术，也是语音识别技术的基础。它在日常生活中起到越来越重要的作用。我们使用的智能手机、智能音箱都会使用这一项技术，比如苹果手机的"Hi Siri"、小米音箱的"小爱同学"等，都会利用检索固定的关键词来作为唤醒设备的条件。然而，实现整套的关键词检索的系统比较烦琐，本章会将关键词检索流程简化，准备两个语音关键词片段，利用匹配的方法来比较是否为相同的词。

【目标任务】

在本次设计中，要求事先存储好待测的关键词样例，以及要进行检测的待测语音。系统需要根据关键词样例，在多个待测语音段中找到包含关键词的语音段。

【知识点】

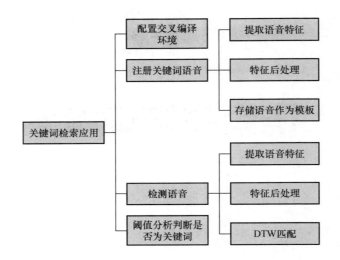

12.1　应用需求设计

基于语音样例的关键词检索整体流程比较清晰，首先确定要检测的关键词，并准备好相应的语音作为注册模板以供识别检索。之后整个程序分为两个主要阶段，一是注册阶段，系统将对关键词进行若干次注册并进行统计分析，将统计结果存储为模型以备下阶段使用；二是识别阶段，系统将根据模型在待测语音中检索关键词，并反馈结果。

12.2　配置交叉编译环境

龙芯派作为嵌入式开发设备，采用的指令集为 MIPS 指令集，而上位机作为 PC 机，通常采用 X86 指令集。由于采用 X86 指令集编译的可执行文件不能在 MIPS 指令集的系统上运行，所以需要在上位机中安装linux-mips交叉编译工具,将程序编译为可在 MIPS 指令集下运行的可执行程序。之后将可执行文件拷贝到龙芯派中，便可以正常运行程序。

12.2.1 开发环境要求

应用采用的开发环境如下。

● 上位机操作系统：ubuntu-16.04.1

● 龙芯派操作系统：Loongnix

● 开发语言：C/C++

12.2.2 下载安装交叉编译工具

在安装 Ubuntu 的上位机中安装 linux-mips 交叉编译工具，访问 http://ftp.loongnix.org/embedd/ls3a/toolchain/gcc-4.9.3-gnu.tar.gz，下载对应的交叉编译工具。由于我们编写的语音关键词检索程序是 32 位程序，所以下载对应的 32 位编译器。若需编译 64 位程序，则可参考5.2.3 节。

下载完成后，按住【Ctrl+Alt+T】组合键打开命令行终端，进入文件所在的文件夹，执行如下命令解压文件并将交叉编译器移动到 /opt 目录下。

```
tar -xvf gcc-4.9.3-gnu.tar.gz
mv gcc-4.9.3-gnu /opt
```

解压后我们就得到了交叉编译器，但现在还不能直接使用，需要将交叉编译器路径添加进系统环境变量，步骤如下。

STEP 1 打开 HOME 目录下的 .bashrc，如图 12.1 所示。

图 12.1　打开 .bashrc

STEP 2 向 .bashrc 中添加交叉编译器路径。将 export PATH=$PATH:/opt/gcc-4.9.3-64-gnu/bin 添加到文件最后一行，其中 /opt/gcc-4.9.3-64-gnu/bin 根据编译器解压后的路径来进行更改。

STEP 3 一般来说，在终端执行的路径信息是不会保存的，因此需要通过执行 source 语句来保证下次启动时仍然保存了环境变量。在命令行中执行 source ~/.bashrc，使用该语句来更新环境变量配置。

STEP 4 运行 mipsel-linux-gcc -v 来确定版本信息，如果显示图 12.2 所示的信息，则说明交叉编译工具安装成功。相应地，如果安装 64 位交叉编译工具，则使用 mips64el-linux-gcc-v 命令来确认版本信息。

```
liuzuozhen@ubuntu:~$ mipsel-linux-gcc -v
Using built-in specs.
COLLECT_GCC=mipsel-linux-gcc
COLLECT_LTO_WRAPPER=/home/liuzuozhen/software/package/gcc-4.9.3-32-gnu/opt/gcc-4
.9.3-gnu/bin/../libexec/gcc/mipsel-linux/4.9.3/lto-wrapper
Target: mipsel-linux
Configured with: ../gcc-loongson-4.9.3/configure --disable-werror --prefix=/opt/
gcc-4.9.3-gnu/ --host=i486-pc-linux-gnu --build=i486-pc-linux-gnu --target=mipse
l-linux --host=i486-pc-linux-gnu --with-sysroot=/opt/gcc-4.9.3-gnu//sysroot --wi
th-abi=32 --enable-static --with-build-sysroot=/opt/gcc-4.9.3-gnu//sysroot --ena
ble-poison-system-directories --with-arch=loongson3a --with-gmp=/opt/gcc-4.9.3-g
nu/ --with-mpfr=/opt/gcc-4.9.3-gnu/ --with-mpc=/opt/gcc-4.9.3-gnu/ --with-cloog=
/opt/gcc-4.9.3-gnu/ --disable-nls --enable-shared --disable-multilib --enable-__
cxa_atexit --enable-c99 --enable-long-long --enable-threads=posix --enable-langu
ages=c,c++,fortran
Thread model: posix
gcc version 4.9.3 20150626 (Red Hat 4.9.3-2) (GCC)
liuzuozhen@ubuntu:~$
```

图 12.2　确定版本信息

12.3　系统代码设计

12.3.1　系统函数定义

　　面向对象编程是 C++ 的重要特性之一，我们需要在最开始时将整个算法流程模块化，然后封装为函数，并定义在类中。在 function.h 中进行头文件的声明，并对应在 function.cpp 中进行对应函数的实现。

```
1.    #define NUM_TEMPLATE 3

2.

3.    #define MIN(X,Y)   (((X)<(Y))?X:Y)

4.    #define MAX(X,Y)   (((X)>(Y))?X:Y)

5.

6.    class CSpeechRecognitionCore

7.    {

8.    public:

9.        CSpeechRecognitionCore();    // 构造函数用于初始化参数

10.       ~CSpeechRecognitionCore();   // 析构函数

11.

12.       float score[NUM_TEMPLATE];   // 存语音与模板打分

13.

14.       int EnrollSegment(float* pfFeaOri, int nFrameOri);   // 注册语音函数

15.       int DetectSegment(float* pfFeaOri, int nFrameOri);   // 检测语音函数

16.       void Reseat();   // 重置参数

17.   private:

18.       int nDim;   // 每帧语音特征最终维数 = nDimBase*nDet

19.       int nDimBase;    // 每帧语音特征最初维数
```

```
20.     int nDet;      // 差分次数
21.     int EnrollStatus;     // 注册样例个数
22.     int DTWPenalty; //DTW 匹配路径惩罚值
23.     float *pfModel[NUM_TEMPLATE];     // 存放注册模板
24.     int nModelLen[NUM_TEMPLATE];      // 注册模板对应长度
25.     float* ProcessFeature(float* pfFeaOri, int nFrameOri);   // 对初始语音特征进行处理
26.     //DTW 匹配函数
27.     float DTWCal(float *pfFea, float *pfEnrollFea, int nFeaFrame, int nEnrollFeaFrame);
28.
29.  };
```

12.3.2 提取语音特征

在对语音执行注册用于检索之前，要对语音进行读取并提取语音特征。特征提取可以将语音采样点的表示形式抽象为特征的表示形式，最大限度地提取出语音中的有效信息，同时降低语音匹配过程中的计算量。

通常根据语音的长度，语音可以被切分为多个帧长为 20ms、帧移为 10ms 的语音帧，如图 12.3 所示。每帧语音提取出 13 维的梅尔倒谱系数（Mel-scale Frequence Cepstral Coefficients，MFCC）特征。常见的 8k 采样率音频中一帧语音的采样点数为 160 个。如果不进行特征提取，采用采样点直接进行匹配，会使计算量急剧增多，并且一些冗余信息还会对匹配带来负面影响。所以语音特征提取几乎是所有音频处理中首先要进行的步骤，可以分为以下三个阶段。

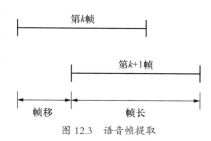

图 12.3 语音帧提取

（一）读取音频文件

不同的语音文件有不同的存储格式。以读取 wav 格式语音为例，wav 格式语音存储符合 RIFF 文件规范，用于保存 Windows 平台的音频信息资源。wav 文件包含头文件和 PCM 编码的音频数据两部分。其中，wav 文件以一个 44 字节的特定格式的头文件来存储整条 wav 的各种信息，表 12.1 是 wav 头文件的存储格式以及代表内容。

表 12.1 wav 头文件的存储格式以及代表内容

偏移地址	字段描述	类型	字节大小	备注
00H	RIFF 段头	char	4	"RIFF"
04H	文件长度	int	1	文件总长，从下个地址到文件尾的字节数
08H	文件格式	char	4	"WAVE"
0CH	Fmt 段头	char	4	"fmt"
10H	格式块长度	int	1	PCM 格式为 16
14H	编码格式	short	1	PCM 格式

偏移地址	字段描述	类型	字节大小	备注
16H	声道数	short	1	多为1或2
18H	采样率	int	1	8k 或 16k 语音较为常见
1CH	传输速率	int	1	声道数·采样率·量化位数 /8
20H	单次采样字节数	short	1	声道数·量化位数 /8
22H	量化位数	int	1	多数为 16bit 量化
24H	Data 段头	char	4	"data"
28H	数据段长度	char	4	数据段长度·文件总长（字节）-44

根据头文件的格式可以直接定义 wavhead 结构体来对文件头内容进行存储，具体代码如下。

```
1.    struct CCreateFeature::Swavhead
2.    {
3.        char ChunkID[4];                    // "RIFF" 标志
4.        unsigned int ChunkSize;        // 文件长度 (WAVE 文件的大小，不含前 8 字节)
5.        char Format[4];                     // "WAVE" 标志
6.        char SubChunk1ID[4];                // "fmt " 标志
7.        unsigned int SubChunk1Size; // 过渡字节（不定）
8.        unsigned short int AudioFormat;      // 格式类别 (10H 为 PCM 格式的声音数据 )
9.        unsigned short int NumChannels;      // 通道数（单声道为1，双声道为2）
10.       unsigned short int SampleRate;       // 采样率（每秒样本数），表示每个通道的播放速度
11.       unsigned int ByteRate;           // 波形音频数据传输速率，其值为通道数 * 每秒数据位
数 * 每样本的数据位数 /8
12.       unsigned short int BlockAlign;       // 每样本的数据位数（按字节算），其值为通道数
* 每样本的数据位值 /8
13.       unsigned short int BitsPerSample;  // 每样本的数据位数，表示每个声道中各个样本的
数据位数
14.       char SubChunk2ID[4];                // 数据标记 "data"
15.       unsigned int SubChunk2Size;       // 语音数据的长度
16.   };   wavhead
```

定义好存储文件头的结构体后，可以使用 fread 函数来对语音头进行按位读取，并将读取的头文件内容存入 wavhead 结构体中。fread 是一个用于在文件流中读取数据的函数，函数原型为 size_t fread (void *buffer, size_t size, size_t count, FILE *stream)；其中各个参数的含义如下。

- buffer：用于接收数据的内存地址。
- size：要读的每个数据项的字节数，单位是字节。
- count：读取的数据项的个数，每个数据项有 size 字节。

● stream：输入文件流。

```
1.    FILE *wavfile = fopen(fList.c_str(), "rb"); // 打开语音文件
2.    if (wavfile == NULL)
3.    {
4.        cout << "文件" << fList << "打开错误";
5.        return 0;
6.    }
7.
8.    // 读文件头信息
9.    Swavhead wavhead;
10.   fread(&wavhead, sizeof(struct Swavhead), 1, wavfile);
```

此时，wav 文件的头信息都存在了 wavhead 结构体中，之后我们通过头文件中的信息来对数据部分进行读取，在读取的过程中主要是确定需要读取的字节数，否则会出现读取失败的问题。

```
1.    int sampleSize = wav.SubChunk2Size / wav.BlockAlign;    // 采样点总数
2.    sample = new short[sampleSize];
3.    int temp = fread(sample, sizeof(short), sampleSize, wavfile);
```

结合保存在头文件中的采样点数信息，利用 fread 函数对 wav 文件剩下的部分进行读取，我们将 wav 文件中的语音部分存在 sample 数组中，供后续使用。

（二）提取 MFCC 特征

在任意一个语音识别系统中，对语音数据进行的第一步处理就是提取语音特征，换句话说，我们需要把音频信号中具有辨识性的成分提取出来，把不关心的信息如背景噪声等过滤掉。

提取语音特征常采用 MFCC 来完成。MFCC 是一个利用人耳听觉模型的特征，同时对输入信号又不做任何的假设和限制，在语音识别中有很好的鲁棒性，信噪比低且有很好的识别性能。

MFCC 特征提取过程如图 12.4 所示。

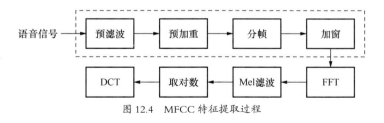

图 12.4　MFCC 特征提取过程

由于提取 MFCC 特征的代码比较复杂，在这里就不过多描述，我们直接调用已经封装好的类 lassFeature 中的 GetFeatureForMLP 函数来提取特征。

```
1.    WaveSimple aWav;
2.    CreateFeature *classFeature;
3.    classFeature = new CreateFeature();
```

```
4.
5.    char csLine[256] = {0}, *p;
6.    float *pfFea = NULL;
7.
8.    p = strtok(csLine, "\n");    // 读取文件一行中 \n 前的内容，即 wav 文件位置
9.    FeatureHeader aHeader;
10.   int smpNum = aWav.readWave_slack(p);    // 采样点数
11.   // 语音特征
12.   pfFea = classFeature->GetFeatureForMLP(aWav.getData(), smpNum, &aHeader, true);
13.   int nFrame = aHeader.frameNum;  // 语音帧数
```

特征存入 pfFea 中，每一帧语音提取 13 维 MFCC 特征，所以 pfFea 数组的总长为 nFrame×13。

在对每帧语音提取 13 维 MFCC 特征后，要继续对特征做一些处理，包括提取语音的差分以及对特征做均值方差规整，这些处理方法可以在基维特征的基础上，进一步提高特征对语音的表现力，使得整个系统有更好的效果。我们定义函数 float* ProcessFeature(float* pfFeaOri,int nFrameOri) 来对提出的基本特征进行后续的处理，输入的是原始特征与语音帧数，返回的是处理后的特征。

（三）对语音特征进行后处理

MFCC 可以很好地表达语音的特征，但只是静态的特征。因为通过 MFCC 提取的特征是每帧单独提取的，只能表现出这一帧的特征，所以需要进一步提取动态特征。一般采用一阶或二阶差分提取动态特征，这里为了加快计算的速度，只对特征做一阶差分。

一阶差分就是离散函数中的连续相邻两项之差，定义函数 $X(k)$，则 $Y(k)=X(k+1)-X(k)$ 就是此函数的一阶差分。特征的一阶差分的物理意义就是当前语音帧与前一语音帧之间的关系，代码实现如下。

```
1.    float *pfFea = NULL;
2.    float *pfFeaFull = new float[nFrameOri*nDim];
3.
4.    // 将前 13 维赋值
5.    for (int iFrame = 0; iFrame < nFrameOri; iFrame++)
6.    {
7.        for (int iDim = 0; iDim < nDimBase; iDim++)
8.        {
9.            pfFeaFull[iFrame*nDim + iDim] = pfFeaOri[iFrame*nDimBase + iDim];
10.       }
11.   }
12.
13.
14.   for (int iDet = 0; iDet<nDet - 1; iDet++)
```

```
15.   {
16.       for (int i = 0; i<nFrameOri; i++)
17.       {
18.           for (int j = 0; j<nDimBase; j++)
19.           {
20.               double sum = 0;
21.               for (int k = 1; k <= 2; k++)
22.               {
23.                   float *ffeat = pfFeaFull + MIN(i + k, nFrameOri - 1)*nDim + Det*nDimBase;
24.                   float *bfeat = pfFeaFull + MAX(i - k, 0)*nDim + iDet*nDimBase;
25.                   sum += k*(ffeat[j] - bfeat[j]);
26.               }
27.               pfFeaFull[i*nDim + (iDet + 1)*nDimBase + j] = float(sum*0.1);
28.           }
29.       }
30.   }
```

之后我们对已经差分过的 26 维语音特征进行均值方差归一化。均值方差归一化可以平衡各个维度特征的数值在后续计算距离时的贡献。如果一个特征值范围非常大，那么距离计算就主要取决于这个特征值，从而不能很好地反馈出实际情况。均值方差归一化可以适当地减少数值较高的特征值在综合分析中的作用，同时加强数值水平较低的特征值的作用。

```
1.    // 对每维计算均值方差
2.    float *mean = new float[nDim];
3.    float *var = new float[nDim];
4.    memset(mean, 0, nDim * sizeof(float));
5.    memset(var, 0, nDim * sizeof(float));
6.    for (int iFrame = 0; iFrame<nFrameOri; iFrame++)
7.    {
8.        for (int iDim = 0; iDim<nDim; iDim++)
9.        {
10.           mean[iDim] += pfFeaFull[iFrame * nDim + iDim];
11.           var[iDim] += pfFeaFull[iFrame * nDim + iDim] * pfFeaFull[iFrame * nDim +
iDim];
12.       }
13.   }
14.
15.   for (int iDim = 0; iDim<nDim; iDim++)
```

```
16.    {
17.        mean[iDim] /= nFrameOri;
18.        if (nFrameOri > 1)
19.            var[iDim] = sqrt((var[iDim] - nFrameOri * (mean[iDim] * mean[iDim])) /
(nFrameOri - 1));
20.        else
21.            var[iDim] = 1.0;
22.    }
23.
24.    // 均值方差归一化
25.    pfFea = new float[nFrameOri * nDim];
26.    for (int iFrame = 0; iFrame<nFrameOri; iFrame++)
27.    {
28.        for (int iDim = 0; iDim<nDim; iDim++)
29.        {
30.            pfFea[iFrame * nDim + iDim] = (pfFeaFull[iFrame * nDim + iDim] - mean[
iDim]) / var[iDim];
31.        }
32.    }
```

12.3.3 注册语音作为模板

在对初始语音特征进行一阶差分和均值方差归一化后，我们将处理后的语音特征保存起来作为注册模板，用于在检测过程中对待测语音进行匹配，从而确定待测语音是否是注册的关键词。

```
1.    int CSpeechRecognitionCore::EnrollSegment(float* pfFeaOri, int nFrameOri)
2.    {
3.        float *pfFea = NULL;
4.        pfFea = ProcessFeature(pfFeaOri, nFrameOri);      //26 维语音特征
5.
6.        pfModel[EnrollStatus] = pfFea;
7.        nModelLen[EnrollStatus] = nFrameOri;
8.
9.        EnrollStatus++; // 注册模板数加一
10.
11.        return 0;
12.    }
```

此时，pfModel[EnrollStatus]中存储的是对应第 EnrollStatus 个注册语音的特征模板，nModelLen[EnrollStatus] = nFrameOri 对应第 EnrollStatus 个注册语音的帧数。

在这一部分，我们可以对注册模板进行一系列操作，如对它做一个简单的语音活动性检测（Voice Activity Detection，VAD），检测整条语音的静音部分位置和语音部分位置，切分出静音部分并丢掉，因为我们主要关注关键词部分，静音部分在匹配过程中无法提供信息，过长的静音段还会弱化语音部分在匹配矩阵中的权重。我们只需要在注册和匹配的部分都对语音做同样的操作，就可以让整个过程减少大量的计算量。以上只是一个举例，优化的方法有很多，由于篇幅原因，本节就不做详细的介绍。

12.3.4　对待测语音进行检测

通过之前的操作，我们已经对待检测关键词进行了注册。下面要对语音是否是关键词进行检测，步骤如下。

（一）测试整体框架

对于测试部分来说，我们同样提取语音特征并调用 FeatureProcess 函数来对语音特征进行处理，得到 26 维经过均值方差归一化的特征。之后，利用动态时间规整（Dynamic Time Warping，DTW）算法将待测语音与之前存储的样例模板进行距离计算，从而进行打分。最后，根据输出的打分结果与阈值间的比较来确定语音是否是注册的关键词。

```
1.      int CSpeechRecognitionCore::DetectSegment(float* pfFeaOri, int nFrameOri)
2.      {
3.          float *pfFea = NULL;
4.          pfFea = ProcessFeature(pfFeaOri,nFrameOri);
5.          float minDist = 9999;
6.          int bestTemplate = -1;
7.
8.          // 将待测语音与每个模板都利用 DTW 进行匹配
9.          for (int i = 0; i < NUM_TEMPLATE; i++)
10.         {
11.             if (pfModel[i] != NULL)
12.             {
13.                 //DTW 计算模板与待测语音间的差异程度
14.                 score[i] = DTWCal(pfFea,pfModel[i],nFrameOri,nModelLen[i]);
15.                 // 存储差异程度最小的模板编号和打分值
16.                 if (score[i] != -1 && score[i] < minDist)
17.                 {
18.                     minDist = score[i];
19.                     bestTemplate = i;
20.                 }
21.             }
```

```
22.        }
23.
24.        delete[] pfFea;
25.
26.        return bestTemplate;
27.
28.   }
```

（二）DTW 算法介绍及实现

在比较两段音频的差异的过程中，我们会面临一个问题，就是两段音频的长度通常是不相等的，在语音上表现为不同人的语速不同。即使两个序列长度完全相等的音频，它们发的同一个音，也有可能时间长度不同，而且同一个单词内不同音素发音速度也不同，如图 12.5 所示。在这些复杂的情况下，传统的欧氏距离无法有效地判断出两时序列的相似性。

图 12.6 是两个语音序列，图中的实线和虚线分别是同一个词的两个语音波形。可以看到，两个语音的波形形状很相似，但是时间轴上是不对齐的，如果利用传统的欧氏距离来计算相似性明显是不合适的。我们可以通过 DTW 来找到两个波形对齐的点，从而来计算波形的相似度。

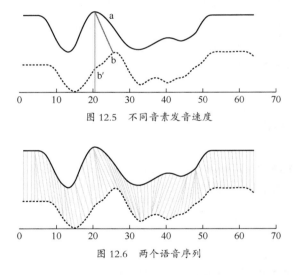

图 12.5　不同音素发音速度

图 12.6　两个语音序列

为了解决语音序列时间轴不对齐的问题，需要将其中一个序列在时间轴上扭曲一下，以此达到更好的对齐效果。DTW 就是通过将时间序列进行延伸或缩短，来计算两个时间序列之间的相似性。那如何才知道两个波形是否对齐呢？直观上理解，一个序列经过时间扭曲之后，与另一个序列完全重合，即为两个序列对齐。当然实际并不会出现这种理想情况，那我们放宽要求，时间扭曲后两个序列中所有对应点之间的距离和最小，我们就视为对齐，这个距离和就可以作为两个序列间的相似性度量。考虑到不同时间段缩放的程度不同，我们使用动态规划的方法来解决这个问题。

为了对齐两个长度分别为 m 和 n 的序列 P 和序列 Q，首先我们需要构造一个 $n \times m$ 大小的矩阵，

矩阵中元素 (i, j) 表示 a_i 和 b_j 两个点的距离 $d(p_i, q_j)$，一般采用欧式距离。矩阵中每个元素 (i, j) 表示 p_i 和 q_j 对齐。需要利用动态时间规整算法找到一条连接网络中若干个点的路径，路径通过的点就是两个序列进行计算的对齐的点，如图 12.7 所示。

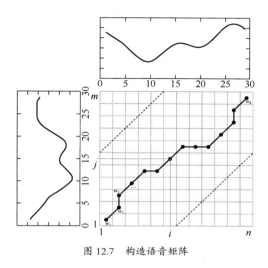

图 12.7　构造语音矩阵

假设我们定义路径为 w，每一步位置为 w_n，那么在路径的选择上，需要满足以下约束条件。

● 边界条件：$w_1=(i,j)$ 和 $w_k=(m,n)$。在语音信号中，发音快慢可能有变化，但时序上的先后顺序不会变，对比时一定要从两个语音的第一帧比对到最后一帧。体现在路径中就是所选路径一定是从左下角出发，在右上角结束。

● 连续性：如果 $w_{k-1}=(p',q')$，那么对于路径的下一个点 $w_k=(p,q)$，需要满足 $p-p' \leqslant 1$ 并且 $q-q' \leqslant 1$。也就是说不能跨点匹配，只能和自己相邻的点匹配，这样就可以保证匹配的路径是一个连续的路径。

● 单调性：如果 $w_{k-1}=(p',q')$，那么对于路径的下一个点 $w_k=(p,q)$，需要满足 $(p-p') \geqslant 0$ 并且 $(q-q') \geqslant 0$，这限制了匹配的过程必须是随着时间单调进行的，不能向过去的时间进行匹配。

结合以上三项约束条件，矩阵中每个点后续可访问的路径就只有三个。如果当前所在位置为 (i,j)，那么下一个通过的位置只能是以下三种情况之一：$(i+1, j)$、$(i, j+1)$ 或 $(i+1, j+1)$

符合上述约束条件的路径有指数个，DTW 的最终目的是使下面的规整代价路径最小。

$$DTW(A, B) = \min\left\{\sqrt{\frac{\sum_{k=1}^{K} w_k}{K}}\right\}$$

我们从 $(0,0)$ 开始进行匹配，每经过一个点，就将距离进行累加。到达终点（m,n）后，累积的距离就是最后的总距离，利用动态规划的思想对最小累计距离进行计算，累计距离可以表示为

$$r(i, j)=d(p_i,q_j)+\min\{r(i-1, j-1), r(i-1, j), r(i, j-1)\}$$

DTW 算法的代码实现如下。

```
1.    float CSpeechRecognitionCore::DTWCal(float *pfFea, float *pfEnrollFea,int nFeaFrame,
 int nEnrollFeaFrame)
2.    {
3.        float *pfMatDist = new float[nFeaFrame*nEnrollFeaFrame]; // 建立矩阵计算距离
4.        for (int iFeaFrame = 0; iFeaFrame < nFeaFrame; iFeaFrame++)
5.        {
6.            for (int iEnrollFeaNum = 0; iEnrollFeaNum < nEnrollFeaFrame; iEnrollFeaNum++)
7.            {
8.                pfMatDist[iFeaFrame*nFeaFrame + iEnrollFeaNum] = 0;
9.                for (int iDim = 0; iDim < nDim; iDim++)
10.               {
11.                   pfMatDist[iFeaFrame*nFeaFrame + iEnrollFeaNum] += (pfFea[iFeaFrame*
nDim + iDim] - pfEnrollFea[iEnrollFeaNum*nDim + iDim])*
(pfFea[iFeaFrame*nDim + iDim] - pfEnrollFea[iEnrollFeaNum*nDim + iDim]);
12.               }
13.               pfMatDist[iFeaFrame*nFeaFrame + iEnrollFeaNum] = sqrt(pfMatDist
[iFeaFrame*nFeaFrame + iEnrollFeaNum]);
14.           }
15.       }
16.
17.       //DTW
18.       float *pfMatAccDist = new float[nFeaFrame*nEnrollFeaFrame]; // 存放匹配步数
19.       int *pnMatAccLen = new int[nFeaFrame*nEnrollFeaFrame]; // 存放匹配总距离
20.       for (int iFeaFrame = 0; iFeaFrame < nFeaFrame; iFeaFrame++)
21.       {
22.           for (int jEnrollFeaFrame = 0; jEnrollFeaFrame < nEnrollFeaFrame;
jEnrollFeaFrame ++)
23.           {
24.               if (iFeaFrame == 0 && jEnrollFeaFrame == 0)
25.               {
26.                   pfMatAccDist[0] = pfMatDist[0];
27.                   pnMatAccLen[0] = 1;
28.               }
29.               else if (jEnrollFeaFrame == 0)    // 计算矩阵第一列
30.               {
31.                   pfMatAccDist[iFeaFrame*nFeaFrame] = pfMatAccDist
[(iFeaFrame - 1)*nFeaFrame] + pfMatDist[iFeaFrame*nFeaFrame] + DTWPenalty;
```

```
32.                       pnMatAccLen[iFeaFrame*nFeaFrame] = iFeaFrame + 1;
33.                 }
34.             else if (iFeaFrame == 0)   // 计算矩阵第一行
35.             {
36.                       pfMatAccDist[jEnrollFeaFrame] = pfMatAccDist[jEnrollFeaFrame - 1] +
pfMatDist[jEnrollFeaFrame] + DTWPenalty;
37.                       pnMatAccLen[jEnrollFeaFrame] = jEnrollFeaFrame + 1;
38.             }
39.             else   // 根据边界条件计算矩阵中间每个元素的距离
40.             {
41.                       float dist1 = pfMatAccDist[(iFeaFrame - 1) * nFeaFrame +
jEnrollFeaFrame] + pfMatDist[iFeaFrame * nFeaFrame + jEnrollFeaFrame] + DTWPenalty;
42.                       float dist2 = pfMatAccDist[(iFeaFrame - 1) * nFeaFrame + jEnrollFeaFrame
- 1] + pfMatDist[iFeaFrame * nFeaFrame + jEnrollFeaFrame];
43.                       float dist3 = pfMatAccDist[iFeaFrame * nFeaFrame + jEnrollFeaFrame
- 1] + pfMatDist[iFeaFrame * nFeaFrame + jEnrollFeaFrame] + DTWPenalty;
44.
45.                       float len1 = pnMatAccLen[(iFeaFrame - 1) * nFeaFrame + jEnrollFeaFrame]
+ 1;
46.                       float len2 = pnMatAccLen[(iFeaFrame - 1) * nFeaFrame + jEnrollFeaFrame
- 1] + 1;
47.                       float len3 = pnMatAccLen[iFeaFrame * nFeaFrame + jEnrollFeaFrame
- 1] + 1;
48.
49.                       // 取最小的距离存入矩阵
50.                 float min_dist = dist1 / len1;
51.                 pfMatAccDist[iFeaFrame * nFeaFrame + jEnrollFeaFrame] = dist1;
52.                 pnMatAccLen[iFeaFrame * nFeaFrame + jEnrollFeaFrame] = len1;
53.                 if (min_dist > dist2 / len2)
54.                 {
55.                     min_dist = dist2 / len2;
56.                       pfMatAccDist[iFeaFrame * nFeaFrame + jEnrollFeaFrame] = dist2;
57.                       pnMatAccLen[iFeaFrame * nFeaFrame + jEnrollFeaFrame] = len2;
58.                 }
59.                 if (min_dist > dist3 / len3)
60.                 {
```

```
61.                    pfMatAccDist[iFeaFrame * nFeaFrame + jEnrollFeaFrame] = dist3;
62.                    pnMatAccLen[iFeaFrame * nFeaFrame + jEnrollFeaFrame] = len3;
63.                }
64.
65.            }
66.
67.        }
68.    }
69.
70.    float fFinalDist = pfMatAccDist[nFeaFrame*nEnrollFeaFrame - 1] / pnMatAccLen
[nFeaFrame*nEnrollFeaFrame - 1];
71.    if (fFinalDist < 0)
72.        fFinalDist = 0;
73.
74.    delete[]pfMatDist;
75.    delete[]pfMatAccDist;
76.    delete[]pnMatAccLen;
77.
78.    return fFinalDist;
79.
80. }
```

我们在计算下一步距离的时候，加上意向 DTWPenalty 作为惩罚项，使匹配过程中尽量多的匹配向斜上方前进，这个值可以根据实际情况更改或取消。

之后我们可以调用测试的函数，返回 DTW 匹配的距离值。

```
1.    int bestTemplate = cCore.DetectSegment(pfFea, nFrame);
2.
3.    float minDist = cCore.score[bestTemplate];
4.
5.    if (bestTemplate != -1)
6.        printf("%s %d %f\n", p, bestTemplate, minDist);
7.
8.    cCore.Reseat();
```

我们将距离值打印出来，后续处理定义一个阈值，小于该阈值就视为注册关键词，大于该阈值就视为不是该关键词。

这样我们就完成了整个关键词检索的工程代码。编译成可执行文件后，将应用程序拷贝到龙芯派中即可运行。

12.4 将应用拷贝到龙芯派上

我们在 12.3 节完成的开发工作都是在上位机中进行的，还需要将程序拷贝到龙芯派上执行。因此我们需要在上位机中将代码文件编译为 MIPS 指令集的可执行文件，再拷贝到龙芯派上执行。

项目完成后，我们利用之前安装好的 mips64el-linux-g++ 对程序进行编译，完成后如 12.8 所示。

```
liuzuozhen@ubuntu:~/WakeUpWord/DTW$ ls
cFFT.o    CreateFeature.o         feat.o       logmath.o  mapfile   my_wave.o
config.o  DTW_Speech_Recognition  function.o   Makefile   mfcc.o    src
```

图 12.8   完成 g++ 编译

有一个绿色的 DTW_Speech_Recognition 的可执行文件，将该文件拷贝到 U 盘中，然后将 U 盘插入开发板，并将可执行文件拷贝到龙芯派中。在终端中执行命令 ./DTW_Speech_ Recognition model.list test.list 即可开始进行关键词检测，其中 model.list 内容为关键词样例，test.list 内容为待测语音。

12.5 实战演练

在之前的应用中只能实现单一的关键词检测，本节将对已有的程序进行修改，让其可以支持多个关键词的检测任务。

在最初的程序中我们定义了 pfModel[NUM_TEMPLATE]，用来存放一个关键词的 NUM_ TEMPLATE 个注册模板。现在我们要实现多个关键词检索，只需要将注册关键词种类数增多，即将原有的一维数组改为二维数组，增加一个维度 [NUM_ENROLL] 存放不同种类的注册模板，代码实现如下。

```
1.    #define NUM_TEMPLATE 3

2.    #define NUM_ENROLL 3

3.

4.    #define MIN(X,Y)    (((X)<(Y))?X:Y)

5.    #define MAX(X,Y)    (((X)>(Y))?X:Y)

6.

7.    class CSpeechRecognitionCore

8.    {

9.    public:

10.       CSpeechRecognitionCore();    // 构造函数用于初始化参数

11.       ~CSpeechRecognitionCore();   // 析构函数
```

```
12.
13.       float score[NUM_ENROLL][NUM_TEMPLATE];    // 存放语音与模板打分
14.
15.       int EnrollSegment(float* pfFeaOri, int nFrameOri); // 注册语音函数
16.       int DetectSegment(float* pfFeaOri, int nFrameOri); // 检测语音函数
17.       void Reseat();          // 重置参数
18.  private:
19.       int nDim;               // 每帧语音特征最终维数 = nDimBase*nDet
20.       int nDimBase;           // 每帧语音特征最初维数
21.       int nDet;               // 差分次数
22.       int EnrollStatus;       // 注册样例个数
23.       int DTWpenalty;  //DTW 匹配路径惩罚值
24.       float *pfModel[NUM_ENROLL][NUM_TEMPLATE];    // 存放注册模板
25.       int nModelLen[NUM_ENROLL][NUM_TEMPLATE];     // 注册模板对应长度
26.       float* ProcessFeature(float* pfFeaOri, int nFrameOri); // 对初始语音特征进行处理
27.       //DTW 匹配函数
28.       float DTWCal(float *pfFea, float *pfEnrollFea, int nFeaFrame, int nEnrollFeaFrame);
29.
30.  };
```

　　同时，在对应的注册过程中，需要根据关键词的不同，将注册模板存入不同的 NUM_ENROLL 值的数组中。在检测过程中，需要在原有代码的基础上，对不同的关键词注册样本都做同样的匹配操作，记录 DTW 算法代价最小的 NUM_ENROLL 值，同时进行与之前相同的阈值分析，在匹配距离低于阈值的情况下认为该段语音是 NUM_ENROLL 值对应的关键词。

12.6 项目总结

　　基于 DTW 的关键词检索代码本身难度并不高，但目前我们介绍的只是一个最基础的版本，在检测的速度、准确率上都没有进行进一步的优化。后续一些优化内容可以由读者来自行实现，比如关键词前后的静音部分不能对匹配过程提供任何信息，反而还会降低匹配的准确度，因此可以在匹配之前去掉静音部分，只使用语音部分进行匹配；我们使用的 DTW 算法只能实现注册语音和待测语音头尾对齐的匹配，能否进一步放宽 DTW 算法的边界条件约束，从而能在连续的语音流中检测出关键词的位置。DTW 算法中可以优化或提升的地方还有很多，留给读者自行实现。